T0225187

Vom Kontinuum zum Integral

Rudolf Taschner

Vom Kontinuum zum Integral

Eine Einführung in die intuitionistische Mathematik

Springer Spektrum

Rudolf Taschner
Institut für Analysis und Scientific Computing
Technische Universität Wien
Wien, Österreich

ISBN 978-3-658-23379-2   ISBN 978-3-658-23380-8 (eBook)
https://doi.org/10.1007/978-3-658-23380-8

Die Deutsche Nationalbibliothek verzeichnet diese Publikation in der Deutschen Nationalbibliografie; detaillierte bibliografische Daten sind im Internet über http://dnb.d-nb.de abrufbar.

Springer Spektrum
© Springer Fachmedien Wiesbaden GmbH, ein Teil von Springer Nature 2018

Textgestaltung: Christoph Eyrich
Verantwortlich im Verlag: Ulrike Schmickler-Hirzebruch

Gedruckt auf säurefreiem und chlorfrei gebleichtem Papier

Springer Spektrum ist ein Imprint der eingetragenen Gesellschaft Springer Fachmedien Wiesbaden GmbH und ist ein Teil von Springer Nature.
Die Anschrift der Gesellschaft ist: Abraham-Lincoln-Str. 46, 65189 Wiesbaden, Germany

Vorwort

Etiam si omnes
ego non

Exakt hundert Jahre, nachdem Hermann Weyl seine fulminante Schrift über das Kontinuum veröffentlicht hatte, präsentiert das vorliegende Buch die von ihm und von seinem kongenialen Mitstreiter und Kollegen Luitzen Egbertus Jan Brouwer vertretene intuitionistische Mathematik.

Konstruktive, genauer: intuitionistische Mathematik stellt eine höchst attraktive Alternative zur konventionellen, auf den willkürlich gesetzten Axiomen der Mengentheorie fußenden formalen Mathematik dar. Darüber hinaus schärft sie den Blick auf die Mathematik, weil sie sich nicht auf die sträflich opaken Veranschaulichungen verlässt, welche die formale Mathematik für jene bereit hält, die einer naiven Mengenlehre vertrauen. Intuitionistische Mathematik wird in diesem Text so vorgestellt, dass sie mit elementaren Schulkenntnissen als Voraussetzung verstanden werden kann. Allerdings muss man bei der Lektüre ein gerüttelt Maß an Geduld und Akribie investieren – es ist eine Investition, die sich lohnt: die hier präsentierten spektakulären Einsichten über Stetigkeit und gleichmäßige Stetigkeit, über gleichmäßige Konvergenz oder über die Vertauschung von Limes und Integral bleiben der formalen Mathematik gänzlich verwehrt.

Weyls später zuweilen geäußerte Befürchtung, Brouwers Zugang schränke das „Mathematisieren" zu sehr ein, trifft gottlob nicht zu. In einem diesen Text ergänzenden dreibändigen Lehrbuch über anwendungsorientierte Mathematik belege ich, dass intuitionistische Mathematik all das zu erfassen erlaubt, was in den exakten Natur-, Ingenieur-, Wirtschafts- und Gesellschaftswissenschaften benötigt wird.

Dem Verlag Springer, namentlich Frau Ulrike Schmickler-Hirzebruch, danke ich, meinen Text in der hervorragenden Gestaltung, für die Springer bekannt ist, zu veröffentlichen. Frau Stefanie Winkler hat das Manuskript mit großer Sorgfalt korrigiert. Für alle verbliebenen Fehler zeichne selbstverständlich ich verantwortlich.

Wien, im Mai 2018   Rudolf Taschner

Inhalt

1 Einführung

In dieser Schrift handelt es sich nicht darum, den „sicheren Fels", auf den das Haus der Analysis gegründet ist, im Sinne des Formalismus mit einem hölzernen Schaugerüst zu umkleiden und nun dem Leser und am Ende sich selber weiszumachen: dies sei das eigentliche Fundament. Hier wird vielmehr die Meinung vertreten, dass jenes Haus zu einem wesentlichen Teil auf Sand gebaut ist.

1918 schrieb Hermann Weyl diese Worte am Beginn seines Buches *Das Kontinuum*, in dem er die von Georg Cantor und Richard Dedekind vorgeschlagene Grundlegung der Analysis als haltlos verwarf. Sie erweist sich nämlich durchaus nicht als ein „sicherer Fels". Obwohl emsige Gelehrte während der danach folgenden hundert Jahre das „Haus der Analysis" zu einem veritablen Wolkenkratzer ausbauten, bleibt Weyls Vorwurf nach wie vor aufrecht: Dieses Haus ist zu einem wesentlichen Teil auf Sand gebaut. Weyls Kritik missachtend wurde und wird trotzdem bis heute in Einführungskursen wie ein unangreifbares Mantra verkündet: Man habe der Mengenlehre zu gehorchen, für die Cantor und Dedekind verantwortlich zeichnen, um das Fundament der Mathematik untermauern zu können. Wie sich bald herausstellen wird, ist das eine ebenso apodiktische wie unsachgemäße Behauptung und als Leitsatz mathematischer Lehre gröbster Unfug. Leopold Kronecker übertrieb keineswegs, als er seinen ehemaligen Schüler Georg Cantor einen „Verderber der Jugend" schalt.

Um diese zugegeben harsche Position nachvollziehen zu können, legen wir dar, warum sich aus Weyls Sicht die von Dedekind ersonnenen „Schnitte", mit denen er das Kontinuum atomisieren wollte, als trügerische Phantasmagorien entpuppen. Dazu müssen wir lernen, was genau unter einem Dedekindschen Schnitt zu verstehen ist. Zu diesem Zweck werden wir zuerst die rationalen Zahlen systematisch anordnen. Sodann werden wir aus dieser Anordnung entnehmen, welche Erwägungen Dedekind zur Definition seiner Schnitte verleiteten. Schließlich werden wir die Erkenntnis ziehen, dass es nicht gelingt, Dedekindsche Schnitte so scharf zu ziehen, wie sich dies ihr Erfinder vorstellte und verwirklicht zu haben glaubte.

1.1 Fareybrüche

Anfang des neunzehnten Jahrhunderts erstellte der Geologe John Farey auf sehr ausgeklügelte Weise eine Tabelle von Bruchzahlen: In die erste Zeile schrieb er

© Springer Fachmedien Wiesbaden GmbH, ein Teil von Springer Nature 2018
R. Taschner, *Vom Kontinuum zum Integral*, https://doi.org/10.1007/978-3-658-23380-8_1

$0/1$ und $1/1$. Benennt k eine der Zahlen 2 oder 3 oder 4 usw. als Nummer der nachfolgenden Zeile, gelangte Farey folgendermaßen von der $(k-1)$-ten Zeile zur k-ten Zeile: Er kopierte zunächst die $(k-1)$-te Zeile. Bezeichnen p/n und q/m darin zwei (von links nach rechts) aufeinanderfolgende Brüche, schob er sodann – aber nur dann, wenn $n + m \le k$ zutrifft – den Bruch $(p + q)/(n + m)$, den sogenannten *Median* der beiden Brüche p/n und q/m, dazwischen. Für die Konstruktion der zweiten Zeile bedeutet dies: Weil $1 + 1 \le 2$ zutrifft, schob Farey $(0 + 1)/(1 + 1)$ zwischen $0/1$ und $1/1$ und erhielt $0/1$, $1/2$, $1/1$ als zweite Zeile. Die dritte Zeile lautet dementsprechend $0/1$, $1/3$, $1/2$, $2/3$, $1/1$. Um daraus die vierte Zeile zu erhalten, schob er die Mediane $(0 + 1)/(1 + 3)$ und $(2 + 1)/(3 + 1)$ ein, nicht aber die Mediane $(1 + 1)/(3 + 2)$ und $(1 + 2)/(2 + 3)$. Die ersten fünf Zeilen der Fareytabelle lauten demgemäß:

$$\frac{0}{1} \qquad\qquad\qquad\qquad\qquad\qquad\qquad\qquad \frac{1}{1}$$

$$\frac{0}{1} \qquad\qquad\qquad\qquad \frac{1}{2} \qquad\qquad\qquad\qquad \frac{1}{1}$$

$$\frac{0}{1} \qquad\qquad \frac{1}{3} \qquad \frac{1}{2} \qquad \frac{2}{3} \qquad\qquad \frac{1}{1}$$

$$\frac{0}{1} \quad \frac{1}{4} \quad \frac{1}{3} \qquad \frac{1}{2} \qquad \frac{2}{3} \quad \frac{3}{4} \qquad \frac{1}{1}$$

$$\frac{0}{1} \quad \frac{1}{5} \quad \frac{1}{4} \quad \frac{1}{3} \quad \frac{2}{5} \quad \frac{1}{2} \quad \frac{3}{5} \quad \frac{2}{3} \quad \frac{3}{4} \quad \frac{4}{5} \quad \frac{1}{1}$$

Bereits aus dieser kleinen Tabelle lassen sich eine Reihe interessanter Eigenschaften entnehmen: Alle auftretenden Brüche sind gekürzt. Alle gekürzten Brüche p/n zwischen Null und Eins mit einem Nenner n, für den $n \le k$ stimmt, kommen in der k-ten Zeile vor. Bezeichnen p/n und q/m aufeinanderfolgende Brüche der k-ten Zeile, dann treffen die Beziehungen $qn - pm = 1$ und $n + m > k$ zu. Wir werden diese Eigenschaften sogar für eine viel umfassendere Tabelle begründen: Farey hätte nämlich gleich mit allen ganzen Zahlen ..., -3, -2, -1, 0, 1, 2, 3, ... – in Bruchform als ..., $-3/1$, $-2/1$, $-1/1$, $0/1$, $1/1$, $2/1$, $3/1$, ... notiert – in der ersten Zeile beginnen können. Diese so geschriebene erste Zeile aller ganzen Zahlen bezeichnen wir mit $\mathbb{Q}_1$. Dann konstruieren wir für jede ganze Zahl k, die größer als 1 ist, die k-te Zeile aus der $(k-1)$-ten Zeile nach der gleichen Regel wie zuvor. Die so erhaltene k-te Zeile nennen wir $\mathbb{Q}_k$.

Bezeichnen p/n und q/m aufeinanderfolgende Brüche aus $\mathbb{Q}_k$, dann gilt:
$qn - pm = 1$.

Beweis. Für $k = 1$ ist das sicher richtig. Nun nehmen wir an, die Behauptung stimmt bereits für die $(k-1)$-te Zeile $\mathbb{Q}_{k-1}$. Bezeichnen p/n und q/m aufeinanderfolgende Brüche in $\mathbb{Q}_{k-1}$, lauten die darunter liegenden aufeinanderfolgenden Brüche der k-ten Zeile $\mathbb{Q}_k$ entweder wie vorher p/n, q/m oder aber p/n, $(p+q)/(n+m)$ sowie $(p+q)/(n+m)$, q/m. Dann gilt im ersten Fall, wie zuvor, $qn-pm=1$ und im zweiten Fall entsprechend $(p+q)n-p(n+m)=qn-pm=1$ sowie $q(n+m)-(p+q)m=qn-pm=1$. Folglich ist die Behauptung mit Induktion bewiesen. □

Aus der soeben bewiesenen Behauptung ziehen wir zwei Folgerungen:

Jeder Bruch in der Tabelle ist gekürzt.
Die Brüche sind in jeder Zeile ihrer Größe nach von links nach rechts angeordnet.

Sodann beweisen wir die folgende Tatsache:

Bezeichnen p/n und q/m aufeinanderfolgende Brüche in $\mathbb{Q}_k$, ist unter allen Brüchen, deren Werte dazwischen liegen, der Median $(p+q)/(n+m)$ derjenige Bruch mit dem kleinstmöglichen Nenner.

Beweis. Zunächst stellen wir fest, dass der Median von p/n und q/m der erste Bruch ist, der zwischen die beiden eingeschoben wird, wenn man die Tabelle Zeile für Zeile fortsetzt. Dieser Median wird in der $(n+m)$-ten Zeile auftauchen. Somit ist gesichert, dass

$$\frac{p}{n} < \frac{p+q}{n+m} < \frac{q}{m}$$

zutrifft. Nun soll r/l einen zwischen p/n und q/m liegenden Bruch bezeichnen, es soll demnach $p/n < r/l < q/m$ zutreffen. Hieraus folgt

$$\frac{q}{m} - \frac{p}{n} = (\frac{q}{m} - \frac{r}{l}) + (\frac{r}{l} - \frac{p}{n}) = \frac{ql-rm}{ml} + \frac{rn-pl}{nl} \geq \frac{1}{ml} + \frac{1}{nl} = \frac{n+m}{nml},$$

woraus wir die Formel

$$\frac{n+m}{nml} \leq \frac{qn-pm}{nm} = \frac{1}{nm}$$

gewinnen, aus der wir $l \geq n+m$ entnehmen. Sollte $l > n+m$ zutreffen, erweist sich r/l als Bruch, der nicht den kleinstmöglichen Nenner unter den zwischen p/n und q/m liegenden Brüchen besitzt. Stimmt hingegen $l = n+m$, dann verwandelt sich das obige $\geq$-Zeichen zu einem Gleichheitszeichen. Demnach treffen $ql-rm=1$ und $rn-pl=1$ zu. Nach r gelöst ergibt dies $r=p+q$, und daher ist tatsächlich $(p+q)/(n+m)$ derjenige zwischen p/n und q/m liegende Bruch mit dem kleinstmöglichen Nenner, wobei dieser Nenner $n+m$ lautet. □

Jeder gekürzte Bruch r/l mit einem ganzzahligen Zähler r und einem positiven ganzzahligen Nenner l kommt in allen Zeilen $\mathbb{Q}_k$ vor, für die $k \geq l$ zutrifft.

Beweis. Für $l = 1$ ist das sicher richtig Nun nehmen wir an, es stimme bei einem l, das größer als 1 ist, bereits für $l - 1$. Der gekürzte Bruch r/l darf dem Konstruktionsschema der Tabelle zufolge nicht in der $(l - 1)$-ten Zeile aufscheinen. Demgemäß muss es zwei aufeinanderfolgende Brüche p/n und q/m der Zeile $\mathbb{Q}_{l-1}$ geben, für die $p/n < r/l < q/m$ zutrifft. Wir wissen, dass auch

$$\frac{p}{n} < \frac{p+q}{n+m} < \frac{q}{m}$$

stimmt. Weil die Brüche p/n und q/m in der Zeile $\mathbb{Q}_{l-1}$ aufeinanderfolgen, kommt deren Median $(p + q)/(n + m)$ in der Zeile $\mathbb{Q}_{l-1}$ nicht vor, woraus wir auf $n + m > l - 1$ schließen. Weil der obige Satz $l \geq n + m$ erzwingt, ergibt sich hieraus notwendig $l = n + m$. Folglich ist r/l derjenige Bruch zwischen p/n und q/m mit kleinstmöglichem Nenner. Wir ersehen daraus $r = p + q$ und dass $r/l = (p + q)/(n + m)$ in der Zeile $\mathbb{Q}_l$ und somit auch in allen weiteren Zeilen $\mathbb{Q}_k$ aufscheint, für die $k \geq l$ zutrifft.   □

1.2   Das Pentagramm

Der Legende nach lehrte Pythagoras von Samos, dass sich alle Beziehungen im Universum auf Verhältnisse, also auf Brüche ganzer Zahlen zurückführen lassen. Jede diese Beziehungen wäre mit anderen Worten in einer der Zeilen $\mathbb{Q}_k$ auffindbar, wenn man nur die Zeilennummer k genügend groß ansetzt. Einer weiteren Legende zufolge gelang Hippasos von Metapont, einem Schüler des Pythagoras, eine Widerlegung der Lehre des Pythagoras. Er betrachtete ein Pentagramm und berechnete das Verhältnis φ seiner Diagonalenlänge d zu seiner Seitenlänge s:

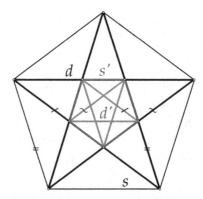

Abbildung 1.1. *Pentagramm im regelmäßigen Fünfeck*

Man erhält ein Pentagramm, indem man die Diagonalen eines regelmäßigen Fünfecks zeichnet. Die Schnittpunkte dieser Diagonalen bilden ihrerseits die Ecken eines regelmäßigen Fünfecks mit s' als Länge seiner Seiten und mit d' als Länge seiner Diagonalen. Es bestehen die Proportionen

$$\varphi = \frac{d}{s} = \frac{d'}{s'} \quad \text{und} \quad \frac{d}{d'} = \frac{s}{s'} \,,$$

weil die beiden Pentagramme einander ähnlich sind. Weiters erkennt man unmittelbar, dass die Formeln

$$d = s + d' \quad \text{und} \quad s = d' + s'$$

stimmen. Hieraus ergibt sich:

$$\frac{d}{s} = \frac{d}{d - d'} = \frac{d - d' + d'}{d - d'} = 1 + \frac{d'}{d - d'} = 1 + \frac{1}{\dfrac{d}{d'} - 1}$$

$$= 1 + \frac{1}{\dfrac{s}{s'} - 1} = 1 + \frac{s'}{s - s'} = \frac{s - s' + s'}{s - s'} \stackrel{.}{=} \frac{s}{s - s'} = \frac{s}{d'} \,.$$

Demgemäß taucht bei den vier Längen d, s, d', s' von Diagonalen und Seiten der beiden Pentagramme dreimal das gleiche Verhältnis auf:

$$\varphi = \frac{d}{s} = \frac{s}{d'} = \frac{d'}{s'} \,.$$

Am bemerkenswertesten ist die sich hieraus ergebende Folgerung

$$\varphi = \frac{d}{s} = \frac{s + d'}{s} = 1 + \frac{d'}{s} = 1 + \frac{1}{\dfrac{s}{d'}} = 1 + \frac{1}{\varphi} \,.$$

Nun gehen wir von dem Bruch $p_0/n_0 = 1/1$ aus, also vom Zähler $p_0 = 1$ und vom Nenner $n_0 = 1$. Mit Induktion definieren wir für $k = 1$ oder $k = 2$ oder $k = 3$ usw.

$$\frac{p_k}{n_k} = 1 + \frac{1}{\dfrac{p_{k-1}}{n_{k-1}}} = \frac{p_{k-1} + n_{k-1}}{p_{k-1}} \,,$$

also die Zähler $p_k = p_{k-1} + n_{k-1}$ und die Nenner $n_k = p_{k-1}$. Hieraus ergibt sich insbesondere $p_1/n_1 = 2/1$, und es stimmt für jede positive ganze Zahl k

$$\frac{p_{k+1}}{n_{k+1}} = \frac{p_k + n_k}{p_k} = \frac{p_k + p_{k-1}}{p_{k-1} + n_{k-1}} = \frac{p_k + p_{k-1}}{n_k + n_{k-1}} \,.$$

Hieraus ersieht man, dass der Bruch p_{k+1}/n_{k+1} der Median der beiden vorher genannten Brüche p_k/n_k und p_{k-1}/n_{k-1} ist. Folglich bildet die Folge der Brüche

$$\frac{p_0}{n_0} = \frac{1}{1} \,, \quad \frac{p_1}{n_1} = \frac{2}{1} \,, \quad \frac{p_2}{n_2} = \frac{3}{2} \,, \quad \frac{p_3}{n_3} = \frac{5}{3} \,, \quad \frac{p_4}{n_4} = \frac{8}{5} \,, \quad \cdots$$

in der Fareytabelle die Folge von Ecken einer in die Tiefe sinkenden Zickzacklinie. Jede nachfolgende Ecke dieser Linie ist der Median der beiden vorangehenden Ecken. Die Teilfolge der Brüche p_k/n_k mit geradzahligen Indizes k wächst monoton:

$$\frac{p_0}{n_0} = \frac{1}{1} < \frac{p_2}{n_2} = \frac{3}{2} < \frac{p_4}{n_4} = \frac{8}{5} < \frac{p_6}{n_6} = \frac{21}{13} < \frac{p_8}{n_8} = \frac{55}{34} < \dots .$$

Die Teilfolge der Brüche p_k/n_k mit ungeradzahligen Indizes k fällt monoton:

$$\frac{p_1}{n_1} = \frac{2}{1} > \frac{p_3}{n_3} = \frac{5}{3} > \frac{p_5}{n_5} = \frac{13}{8} > \frac{p_7}{n_7} = \frac{34}{21} > \frac{p_9}{n_9} = \frac{89}{55} > \dots .$$

Außerdem gilt stets: $p_{2j+1}/n_{2j+1} > p_{2k}/n_{2k}$.

Weil einerseits $\varphi > 1 = p_0/n_0$ zutrifft und andererseits die beiden Formeln

$$\frac{p_{k+1}}{n_{k+1}} = 1 + \frac{1}{\dfrac{p_k}{n_k}} \qquad \text{und} \qquad \varphi = 1 + \frac{1}{\varphi}$$

richtig sind, bestehen der Reihe nach die Ungleichungen

$$\varphi < \frac{p_1}{n_1}, \quad \varphi > \frac{p_2}{n_2}, \quad \varphi < \frac{p_3}{n_3}, \quad \varphi > \frac{p_4}{n_4}, \quad \varphi < \frac{p_5}{n_5}, \quad \varphi > \frac{p_6}{n_6}, \quad \dots$$

Das Verhältnis φ liegt folglich immer zwischen zwei aufeinanderfolgenden Brüchen p_k/n_k, p_{k+1}/n_{k+1}. Niemals aber stimmt es mit einem dieser Brüche überein. Anschaulich gesprochen: Die in die Tiefe sinkende Zickzacklinie mit den p_k/n_k als Ecken mäandert in der Fareytabelle um den Wert φ, trifft ihn aber nie an einer ihrer Ecken. Demgemäß muss φ von jedem Bruch ganzer Zahlen verschieden sein.

1.3 Kettenbrüche

Es bezeichnen p/n und q/m aufeinanderfolgende Brüche in einer Zeile der Fareytabelle. Wir stellen fest, dass die aus ihnen gebildeten Brüche

$$\frac{p+q}{n+m}, \quad \frac{2p+q}{2n+m}, \quad \frac{3p+q}{3n+m}, \quad \dots, \quad \frac{kp+q}{kn+m}, \quad \dots$$

den ersten, den zweiten, den dritten, …, den k-ten, … Median zwischen p/n und q/m in den nachfolgenden Zeilen der Tabelle bezeichnen, die unmittelbar auf der rechten Seite an p/n anschließen. Für $k = 1$ stimmt dies selbstverständlich. Angenommen, diese Feststellung stimmt auch für k. Dann folgen die Brüche p/n und $(kp+q)/(kn+m)$ in der $(kn+m)$-ten Zeile der Fareytabelle aufeinander, wobei p/n links von $(kp+q)/(kn+m)$ liegt. Da der Median dieser beiden Brüche

$$\frac{p+(kp+q)}{n+(kn+m)} = \frac{(k+1)p+q}{(k+1)n+m}$$

lautet, ist somit die Feststellung auch für $k + 1$ belegt. Im gleichen Sinne bezeichnen die aus den Brüchen p/n und q/m gebildeten Brüche

$$\frac{p+q}{n+m}, \quad \frac{p+2q}{n+2m}, \quad \frac{p+3q}{n+3m}, \quad \dots, \quad \frac{p+kq}{n+km}, \quad \dots$$

den ersten, den zweiten, den dritten, ..., den k-ten, ... Median zwischen p/n und q/m in den nachfolgenden Zeilen der Tabelle, die unmittelbar auf der linken Seite an q/m anschließen. Unter Beachtung dieser beiden Feststellungen können wir definieren, was man unter dem *Kettenbruch*

$$[a_0; a_1, a_2, \dots, a_k, \dots]$$

versteht: In diesem Symbol bezeichnet a_0 eine ganze Zahl und $a_1, a_2, \dots, a_k, \dots$ bilden eine endliche oder eine unendliche Folge von positiven ganzen Zahlen. Dieses Symbol steht anschaulich für eine Zickzacklinie mit Brüchen der Fareytabelle als Ecken, wobei diese Linie so konstruiert ist: Sie beginnt mit der ganzen Zahl $p_0/n_0 = [a_0] = a_0$, d. h. mit $p_0 = a_0$, $n_0 = 1$ als erster Ecke links und mit dem Bruch

$$\frac{p_1}{n_1} = [a_0; a_1] = a_0 + \frac{1}{a_1} = \frac{a_1 a_0 + 1}{a_1}, \quad \text{d. h. mit } p_1 = a_1 p_0 + 1, \; n_1 = a_1 n_0$$

als zweiter Ecke rechts. Angenommen, wir kennen zwei aufeinanderfolgende Ecken der Zickzacklinie, genauer: wir kennen für eine positive ganze Zahl k die diese beiden Ecken bezeichnenden Brüche

$$\frac{p_{k-1}}{n_{k-1}} = [a_0; a_1, \dots, a_{k-1}], \quad \frac{p_k}{n_k} = [a_0; a_1, \dots, a_{k-1}, a_k]$$

in der Fareytabelle. Dann errechnet sich die nachfolgende Ecke der Zickzacklinie als Bruch

$$\frac{p_{k+1}}{n_{k+1}} = [a_0; a_1, \dots, a_{k-1}, a_k, a_{k+1}] = \frac{a_{k+1} p_k + p_{k-1}}{a_{k+1} n_k + n_{k-1}}.$$

Es handelt sich bei ihm um den a_{k+1}-ten Median zwischen p_{k-1}/n_{k-1} und p_k/n_k in den nachfolgenden Zeilen der Tabelle, der unmittelbar an p_k/n_k angrenzt. Mit anderen Worten: Wir beginnen mit den Startwerten

$$p_{-2} = 0, \quad p_{-1} = 1, \quad n_{-2} = 1, \quad n_{-1} = 0$$

und berechnen danach die Zähler p_k und die Nenner n_k mit Induktion für $k = 0$ oder $k = 1$ oder $k = 2$ oder $k = 3$ usw. nach den Formeln

$$p_k = a_k p_{k-1} + p_{k-2}, \quad n_k = a_k n_{k-1} + n_{k-2}.$$

Hieraus erhalten wir schrittweise die Brüche

$$\frac{p_0}{n_0} = [a_0], \quad \frac{p_1}{n_1} = [a_0; a_1], \quad \frac{p_2}{n_2} = [a_0; a_1, a_2],$$

$$\dots, \quad \frac{p_k}{n_k} = [a_0; a_1, \dots, a_{k-1}, a_k], \quad \dots$$

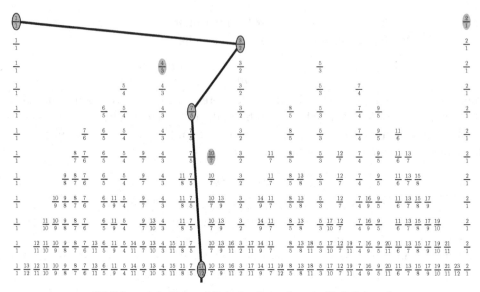

Abbildung 1.2. *Zickzacklinie des Kettenbruchs* $[1; 2, 2, 2, \dots]$

in der Fareytabelle, welche die Ecken der Zickzacklinie formen, die wir mit dem Kettenbruch $[a_0; a_1, a_2, \dots, a_k, \dots]$ symbolisieren (Abb. 1.2).

Erweist sich die Folge der positiven ganzen Zahlen a_1, a_2, ..., a_k, ... als endlich und bricht sie mit dem letzten Folgeglied a_j ab, setzen wir den zuletzt erhaltenen Bruch

$$\frac{p_j}{n_j} = [a_0; a_1, \dots, a_k, \dots, a_j]$$

mit dem Kettenbruch als solchem gleich. Ist hingegen die Folge der positiven ganzen Zahlen a_1, a_2, ..., a_k, ... unendlich, sinkt die Zickzacklinie des Kettenbruchs in der Fareytabelle in die Tiefe und wird nie bei einer Ecke enden. Das Verhältnis der Diagonalenlänge zur Seitenlänge des Pentagramms

$$\varphi = [1; 1, 1, 1, \dots, 1, \dots]$$

bildete hierfür unser erstes Beispiel.

1.4 Spezielle Quadratwurzeln

Es bezeichne m eine positive ganze Zahl. Es gibt nur eine einzige positive Lösung ψ der Gleichung

$$\psi = \frac{1}{2m + \psi}.$$

Denn diese Gleichung lässt sich zur quadratischen Gleichung $\psi^2 + 2m\psi - 1 = 0$ umformen, für die sich

$$\psi = \sqrt{m^2 + 1} - m$$

als einzige positive Lösung herausstellt. Völlig analog zum Verhältnis φ der Diagonalenlänge zur Seitenlänge des Pentagramms kann man auch der Größe ψ einen auf sie zugeschnittenen Kettenbruch konstruieren:

Zu diesem Zweck beginnen wir mit dem Bruch $p_0/n_0 = 0/1$, d. h. mit $p_0 = 0$, $n_0 = 1$. Mit Induktion definieren wir für $k = 1$ oder $k = 2$ oder $k = 3$ usw.

$$\frac{p_k}{n_k} = \frac{1}{2m + \dfrac{p_{k-1}}{n_{k-1}}} = \frac{n_{k-1}}{2mn_{k-1} + p_{k-1}},$$

d. h. $p_k = n_{k-1}$, $n_k = 2mn_{k-1} + p_{k-1}$. Hieraus errechnen sich einerseits $p_1/n_1 = 1/2m$ und andererseits für $k = 1$ oder $k = 2$ oder $k = 3$ usw.

$$\frac{p_{k+1}}{n_{k+1}} = \frac{n_k}{2mn_k + p_k} = \frac{2mn_{k-1} + p_{k-1}}{2mn_k + n_{k-1}} = \frac{2mp_k + p_{k-1}}{2mn_k + n_{k-1}}.$$

Der ganz rechts stehende Bruch deckt p_{k+1}/n_{k+1} als den $2m$-ten Median zwischen den beiden Brüchen p_k/n_k und p_{k-1}/n_{k-1} auf, der direkt an p_k/n_k angrenzt. Mit anderen Worten: Die Folge der Brüche

$$\frac{p_0}{n_0} = [0] \,, \quad \frac{p_1}{n_1} = [0; 2m] \,, \quad \frac{p_2}{n_2} = [0; 2m, 2m] \,,$$

$$\dots \,, \quad \frac{p_k}{n_k} = [0; 2m, 2m, \dots, 2m] \,, \quad \dots$$

beschreibt in der Fareytabelle die Folge von Ecken einer in die Tiefe sinkenden Zickzacklinie. Jede Ecke dieser Zickzacklinie ist der $2m$-te Median zwischen den beiden unmittelbar darüber liegenden Ecken – und zwar an der Ecke unmittelbar zuvor angrenzend. Die aus den Brüchen p_k/n_k mit geradzahligen Indizes k bestehende Teilfolge wächst monoton:

$$\frac{p_0}{n_0} < \frac{p_2}{n_2} < \frac{p_4}{n_4} < \frac{p_6}{n_6} < \frac{p_8}{n_8} < \dots$$

Die aus den Brüchen p_k/n_k mit ungeradzahligen Indizes k bestehende Teilfolge fällt monoton:

$$\frac{p_1}{n_1} > \frac{p_3}{n_3} > \frac{p_5}{n_5} > \frac{p_7}{n_7} > \frac{p_9}{n_9} > \dots.$$

Überdies gilt stets $p_{2j+1}/n_{2j+1} > p_{2k}/n_{2k}$.

Aus der Beziehung $\psi > 0 = p_0/n_0$ und den beiden Formeln

$$\frac{p_{k+1}}{n_{k+1}} = \frac{1}{2m + \dfrac{p_k}{n_k}} \quad \text{und} \quad \psi = \frac{1}{2m + \psi}$$

folgt demgemäß ohne Unterlass

$$\psi < \frac{p_1}{n_1}, \quad \psi > \frac{p_2}{n_2}, \quad \psi < \frac{p_3}{n_3}, \quad \psi > \frac{p_4}{n_4}, \quad \psi < \frac{p_5}{n_5}, \quad \psi > \frac{p_6}{n_6}, \quad \dots$$

Darum befindet sich ψ immer zwischen den beiden aufeinanderfolgenden Brüchen p_k/n_k, p_{k+1}/n_{k+1}, kann aber keinesfalls mit einem von ihnen übereinstimmen. Anschaulich gesprochen: Die in die Tiefe sinkende Zickzacklinie mit den p_k/n_k als Ecken mäandert in der Fareytabelle um den Wert ψ, trifft ihn aber nie an einer ihrer Ecken. Demgemäß müssen

$$\psi = [0; 2m, 2m, \dots, 2m, \dots] \quad \text{wie auch} \quad \sqrt{m^2 + 1} = [m; 2m, 2m, \dots, 2m, \dots]$$

von jedem Bruch ganzer Zahlen verschieden sein. Dies ist der wohl zwingendste Beweis dafür, dass $\sqrt{2}$, $\sqrt{5}$, $\sqrt{10}$, $\sqrt{17}$, $\sqrt{26}$, ... irrational sind.

1.5   Dedekindsche Schnitte

All das bisher Gesagte war – jedenfalls vom Prinzip her – den Mathematikern des antiken Griechenland bekannt. Sie hätten sich darüber hinaus dagegen verwehrt, die von unendlichen Kettenbrüchen eingegrenzten Größen wie φ oder ψ, die sich aus geometrischen Herleitungen oder aus algebraischen Gleichungen ergeben, mit dem Namen „Zahlen" zu belegen. Ihnen war völlig schleierhaft, worum es sich bei Größen wie φ oder ψ in Wahrheit handelt. Und dieser Schleier umhüllte Größen dieser Art tatsächlich bis zum Ende des neunzehnten Jahrhunderts, als Dedekind glaubte, ihn ein für alle Male gelüftet zu haben. 1872 verfasste er ein kleines Buch mit dem Titel *Stetigkeit und irrationale Zahlen*, dem 1888 seine berühmte Schrift *Was sind und was sollen die Zahlen* folgte. Seine in diesem Buch beschriebene Vorgangsweise mutet brachial an:

Dedekinds Vorschlag lautet: Die in die Tiefe sinkende Zickzacklinie eines Kettenbruchs ist durch eine senkrecht in die Tiefe weisende Gerade zu ersetzen. Bricht der Kettenbruch

$$[a_0; a_1, \dots, a_k, \dots, a_j]$$

ab, stellt er also nur eine endliche Zickzacklinie in der Fareytabelle dar, die bei der letzten Ecke

$$\frac{p_j}{n_j} = [a_0; a_1, \dots, a_k, \dots, a_j]$$

aufhört, dann ist Dedekinds in die Tiefe weisende Gerade jene Vertikale, die durch den Bruch p_j/n_j hindurchläuft. Bricht hingegen der Kettenbruch

$$[a_0; a_1, \dots, a_k, \dots]$$

nicht ab, dann ist Dedekinds in die Tiefe weisende Gerade jene Vertikale, bei der alle Brüche der Gestalt

$$\frac{p_{2j}}{n_{2j}} = [a_0; a_1, \ldots, a_k, \ldots, a_{2j}]$$

(mit geradzahligen Indizes $2j$) links von ihr, und alle Brüche der Gestalt

$$\frac{p_{2j+1}}{n_{2j+1}} = [a_0; a_1, \ldots, a_k, \ldots, a_{2j+1}]$$

(mit ungeradzahligen Indizes $2j + 1$) rechts von ihr liegen. Anschaulich formuliert: Die Zickzacklinie des unendlichen Kettenbruchs $[a_0; a_1, \ldots, a_k, \ldots]$ schlängelt sich entlang dieser Senkrechten und schneidet sie stets auf dem Weg von einer Ecke zur nächsten.

Dedekind übertrug dieses anschauliche Bild in die abstrakte Mathematik. Er stützte sich dabei auf Cantors mengentheoretische Sprache: Ein *Schnitt* $\vartheta = (P|Q)$ ist als Paar zweier Mengen P und Q definiert, wobei die folgenden Voraussetzungen erfüllt sind:

1. Beide Mengen P und Q sind nichtleere Teilmengen von Brüchen aus der Fareytabelle.

2. Die Vereinigung der Mengen P und Q ergibt die ganze Fareytabelle, d. h. die Gesamtheit aller rationalen Zahlen.

3. Für alle Brüche $a = p/n$, $b = q/m$ der Fareytabelle gilt das Folgende: Aus $a < b$ und $b \in P$ folgt $a \in P$. Aus $a < b$ und $a \in Q$ folgt $b \in Q$.

4. Der Durchschnitt der Mengen P und Q ist entweder leer, oder er besteht aus einem einzigen Bruch.

Liegt der endliche Kettenbruch

$$[a_0; a_1, \ldots, a_k, \ldots, a_j]$$

vor, sieht der durch diesen Kettenbruch dargestellte Dedekindsche Schnitt $(P|Q)$ folgendermaßen aus: Die Menge P besteht aus allen Brüchen p/n mit

$$\frac{p}{n} \leq [a_0; a_1, \ldots, a_k, \ldots, a_j],$$

und die Menge Q besteht aus allen Brüchen q/m mit

$$\frac{q}{m} \geq [a_0; a_1, \ldots, a_k, \ldots, a_j].$$

Liegt der unendliche Kettenbruch

$$[a_0; a_1, \ldots, a_k, \ldots]$$

vor, sieht der durch diesen Kettenbruch dargestellte Dedekindsche Schnitt $(P|Q)$ folgendermaßen aus: Es bezeichne r/l irgendeinen Bruch. Angenommen, die positive ganze Zahl k ist so groß, dass sich r/l in der n_{2k}-ten Zeile befindet (was bei $n_{2k} \geq l$ sicher stimmt). In diesem Fall gehört r/l der Menge P genau dann an, wenn

$$\frac{r}{l} \leq \frac{p_{2k}}{n_{2k}} = [a_0; a_1, \dots, a_{2k-1}, a_{2k}]$$

zutrifft. Angenommen, die positive ganze Zahl k ist so groß, dass sich r/l in der n_{2k+1}-ten Zeile befindet (was bei $n_{2k+1} \geq l$ sicher stimmt). In diesem Fall gehört r/l der Menge Q genau dann an, wenn

$$\frac{r}{l} \geq \frac{p_{2k+1}}{n_{2k+1}} = [a_0; a_1, \dots, a_{2k}, a_{2k+1}]$$

zutrifft. Durch diese Festlegung wird gewährleistet, dass der Schnitt $(P|Q)$ stets zwischen den linken Ecken

$$\frac{p_{2k}}{n_{2k}} = [a_0; a_1, \dots, a_{2k-1}, a_{2k}]$$

und den rechten Ecken

$$\frac{p_{2k+1}}{n_{2k+1}} = [a_0; a_1, \dots, a_{2k}, a_{2k+1}]$$

jener Zickzacklinie liegt, die der unendliche Kettenbruch $[a_0; a_1, \dots, a_k, \dots]$ symbolisiert.

Trotz dieser scheinbar klaren Festlegung handelt man sich mit dem Begriff des Dedekindschen Schnitts unüberwindliche Probleme ein. Als Beispiel sei der Kettenbruch der Größe π herangezogen, des Verhältnisses vom Umfang eines Kreises zu seinem Durchmesser:

$$\pi = [3; 7, 15, 1, \dots].$$

Es gilt in der Tat:

$$[3] = \frac{3}{1} < \pi, \qquad\qquad\qquad \text{aber} \quad 4 > \pi,$$

$$[3; 7] = \frac{7 \cdot 3 + 1}{7 \cdot 1 + 0} = \frac{22}{7} > \pi, \qquad \text{aber} \quad \frac{8 \cdot 3 + 1}{8 \cdot 1 + 0} = \frac{25}{8} < \pi,$$

$$[3; 7, 15] = \frac{15 \cdot 22 + 3}{15 \cdot 7 + 1} = \frac{333}{106} < \pi, \qquad \text{aber} \quad \frac{16 \cdot 22 + 3}{16 \cdot 7 + 1} = \frac{355}{113} > \pi,$$

$$[3; 7, 15, 1] = \frac{1 \cdot 333 + 22}{1 \cdot 106 + 7} = \frac{355}{113} > \pi, \quad \text{aber} \quad \frac{2 \cdot 333 + 22}{2 \cdot 106 + 7} = \frac{688}{219} < \pi.$$

Danach muss man außerordentlich lang warten, bis der zwischen $333/106$ und $355/113$ befindliche Bruch auftaucht, der unter den Medianen von $333/106$ und

355/113 als größter noch immer kleiner als π bleibt: Erst der 292-te Median, der an 355/113 auf dessen linker Seite angrenzt, macht uns diesen Gefallen. Erst bei diesem Median stimmt, dass

$$[3; 7, 15, 1, 292] = \frac{292 \cdot 355 + 333}{292 \cdot 113 + 106} = \frac{103\,993}{33\,102} < \pi$$

zutrifft, wohingegen der Bruch

$$\frac{293 \cdot 355 + 333}{293 \cdot 113 + 106} = \frac{104\,348}{33\,215}$$

größer als π ist. Erst bis wir in die 33 215-te Zeile $\mathbb{Q}_{33215}$ der Fareytabelle eintauchen, kommen wir zu diesem Resultat. Anhand dieses Beispiels erahnt man, welche Tücken hinter den Dedekindschen Schnitten lauern: Niemand kann besten Wissens und Gewissens dafür einstehen, dass jede senkrechte Linie in der Fareytabelle die Gesamtheit aller Brüche nachvollziehbar in einen Schnitt $(P|Q)$ aufteilt. Wir wissen das mit letzter Sicherheit – mit der ganzen Tiefe der Tabelle, und nicht nur bis zur 33 215-ten Zeile, konfrontiert – nicht einmal bei einer so prominenten Größe wie π. Angesichts der regelrechten Unmenge senkrechter Geraden, die man in der Tabelle ziehen kann, muss man alle Hoffnung auf eine effektiv nachvollziehbare Erfassung Dedekindscher Schnitte fahren lassen.

1.6 Weyls Kritik

Weyl begründete in seiner Schrift *Das Kontinuum,* warum er das Konzept des Dedekindschen Schnitts in Bausch und Bogen verdammt: Zwar ist klar, wie bei Vorliegen eines Kettenbruchs $[a_0; a_1, \ldots, a_k, \ldots]$ der von ihm definierte Schnitt $\vartheta = (P|Q)$ lautet. Denn die im vorigen Abschnitt beschriebene Regel legt unmissverständlich fest, ob ein Bruch der Menge P oder der Menge Q angehört. Wenn hingegen in der Fareytabelle eine senkrechte Gerade ϑ gezogen wird, bleibt es im allgemeinen völlig rätselhaft, wie man angesichts dieser Gerade die Brüche der Fareytabelle in zwei Mengen P und Q so einteilt, dass $\vartheta = (P|Q)$ zutrifft.

Zielt zum Beispiel die senkrechte Gerade ϑ auf den Bruch $1/2$, wobei sie ihn möglicherweise nicht exakt trifft, hat man diese Gerade in der Fareytabelle tief nach unten zu verfolgen, um feststellen zu können, welcher der beiden Mengen P oder Q der Bruch $1/2$ angehört: Es könnte ja sein, dass die Gerade tatsächlich exakt den Bruch $1/2$ trifft – dies bedeutet $\vartheta = 1/2$ und der Bruch $1/2$ gehört beiden Mengen P und Q an. Es könnte aber sein, dass die Gerade den Bruch $1/2$ um einen Hauch verfehlt und extrem knapp links an ihm vorbeiläuft – dies bedeutet $\vartheta < 1/2$ und der Bruch $1/2$ gehört nur der Menge Q an. Schließlich könnte es sein, dass die Gerade den Bruch $1/2$ um einen Hauch verfehlt und extrem knapp rechts an ihm vorbeiläuft – dies bedeutet $\vartheta > 1/2$ und der Bruch $1/2$ gehört nur der Menge P an.

Mit anderen Worten: Es ist gänzlich unklar, ob $\vartheta = [0; 1, 1] = [0; 2]$ zutrifft, oder aber ob $\vartheta = [0; 2, \ldots]$ richtig ist, oder aber ob $\vartheta = [0; 1, 1, \ldots]$ stimmt. Wie weit in die Tiefe muss man in der Fareytabelle hinabsteigen, um sicher feststellen zu können, welcher der drei genannten Fälle tatsächlich gilt? Dies ist eine verfängliche Frage. Eigentlich müsste man „unendlich tief" blicken können, anders gesagt: die unendliche Gesamtheit *aller* Brüche der Fareytabelle in einem Blick erfassen können. Doch ein derartiger Blick ist uns prinzipiell nicht vergönnt. Er wird uns ewig versagt bleiben – eben darin tritt das Wesen des Unendlichen zutage.

In dem 1921 erschienenen Aufsatz *Über die neue Grundlagenkrise der Mathematik* kommt Weyl auf eben diese verfängliche Frage zu sprechen, wenn er schreibt:

> Nur muss man sich durchaus vor der Vorstellung hüten, dass, wenn eine unendliche Menge definiert ist, man nicht bloß die für ihre Elemente charakteristische Eigenschaft kenne, sondern diese Elemente selber sozusagen ausgebreitet vor sich liegen habe und man sie nur der Reihe nach durchzugehen brauche, wie ein Beamter auf dem Polizeibüro seine Register, um ausfindig zu machen, ob in der Menge ein Element von dieser oder jener Art existiert. Das ist gegenüber einer unendlichen Menge sinnlos.

David Hilbert schlug vor, der verfänglichen Frage zu entkommen, indem man die Erörterung der tatsächlichen Sachverhalte in einen inhaltsleeren Formalismus überführt, gleichsam „unendlich" als sinnentleerte Vokabel betrachtet. Doch Hilberts Empfehlung läuft im Grunde auf eine Camouflage, auf ein Tarnmanöver hinaus. Statt den Dingen auf den Grund zu gehen, verniedlichen Hilbert und die Heerschar seiner den gegenwärtigen Wissenschaftsbetrieb der Mathematik beherrschenden Epigonen alles zu einem bedeutungslosen Gerede, einem Wortgeklingel. Sie verharmlosen die mit den Dedekindschen Schnitten verwobenen Rätsel zu einer lästigen Ruhestörung, die ihrer Meinung nach lediglich am vernachlässigbaren Rande der Mathematik drohe. Man könne, so behaupten sie, die verfängliche Frage trickreich mit dem Postulat inhaltsleerer Axiome übergehen. So gefährde man in keiner Weise die innere Solidität und Sicherheit der Mathematik. Weyl ließ solche Ausflüchte nicht gelten: „Erklärungen" dieser Art, schrieb er in dem oben genannten Aufsatz,

> welche von berufener Seite über diese Ruhestörungen abgegeben wurden (in der Absicht, sie zu dementieren oder zu schlichten), tragen aber fast alle nicht den Charakter einer aus völlig durchleuchtender Evidenz geborenen, klar auf sich selbst ruhenden Überzeugung, sondern gehören zu jener Art von halb bis dreiviertel ehrlichen Selbsttäuschungsversuchen, denen man im politischen und philosophischen Denken so oft begegnet. In der Tat: jede ernste und ehrliche Besinnung muss zu der Einsicht führen, dass jene Unzuträglichkeiten in den Grenzbezirken der Mathematik als Symptome gewertet werden müssen; in ihnen kommt an den Tag, was der äußerlich glänzende und reibungslose Betrieb im Zentrum verbirgt: die innere Haltlosigkeit der Grundlagen, auf denen der Aufbau des Reiches ruht.

In seiner Schrift *Das Kontinuum* erörterte Weyl einen Vorschlag, wie man das Übel an der Wurzel packen könne. In dem drei Jahre später erschienenen Aufsatz *Über die neue Grundlagenkrise der Mathematik* verwarf er seinen eigenen Lösungsvorschlag zugunsten der bestechenden Grundlegung der Mathematik aus der Hand des genialen Luitzen Egbertus Jan Brouwer. Die nachfolgenden Kapitel zeigen, wie wir auf dem von Brouwer nicht auf Sand, sondern auf festem Stein ruhenden Fundament ein tragfähiges Gebäude der reellen Analysis errichten. Dabei stellt sich heraus, dass dieses auf solidem Grund errichtete Gebäude geräumig genug ist, um all das von der Analysis beherbergen zu können, was einerseits zum unvergänglichen und wertvollen Bestand mathematischer Erkenntnisse zählt und was andererseits von all jenen benötigt wird, die in ihrem Tätigkeitsfeld auf Anwendungen der Mathematik angewiesen sind. Überdies gelangen wir auf dem von Brouwer gelegten Pfad zu bemerkenswerten und außerordentlich ansprechenden Einsichten, die den Anhängern Cantors, Dedekinds und Hilberts verborgen bleiben, weil – metaphorisch gesprochen – die Dedekindschen Schnitte in ihrer grenzenlosen Schärfe den Zugang zu diesen Einsichten kappen.

2 Reelle Größen

2.1 Definition reeller Größen

2.1.1 Zahlen, ganze Zahlen und Dezimalzahlen

Die Zahlen 1, 2, 3, ... „hat der liebe Gott gemacht, alles andere ist Menschenwerk."
Kronecker hat völlig recht: Nichts lässt sich einfacher und elementarer denken
als das Konzept der *Zahlen*. Wir vereinbaren: Wenn im Folgenden von „Zahlen" -
ohne beigestelltes Adjektiv - die Rede ist, so sind die Objekte 1, 2, 3, ..., also die
möglichen Ergebnisse bei der Tätigkeit des Zählens, gemeint. Nach Giuseppe Peano
gründet das Zählen auf den folgenden Axiomen:

1. Das Zählen beginnt mit 1.

2. Bezeichnet n eine Zahl, zählt man mit der um 1 vermehrten Zahl $n + 1$ weiter.

3. Die Gleichheit $n + 1 = m + 1$ besteht dann und nur dann, wenn $n = m$ gilt.

4. Für jede Zahl n ist $n + 1$ von 1 verschieden.

5. Mit dem in 1. und 2. beschriebenen Zählen erreicht man schließlich jede Zahl.

Wir betrachten die fünf Axiome Peanos keinesfalls als willkürliche Setzungen,
sondern als Gehalt dessen, was intuitiv unter der Tätigkeit des Zählens verstanden
wird.

Die *ganzen Zahlen* gewinnt man aus den Zahlen mithilfe einer einfachen
Konstruktion: Man betrachtet formale Differenzen $n - m$ zweier Zahlen n und m,
wirtschaftlich gesehen: die Bilanz des mit der Zahl n bezifferten Guthabens und
der mit der Zahl m bezifferten Schulden. Dabei trifft man die folgende Festlegung,
welche diese wirtschaftliche Lesart widerspiegelt: Es besteht bei vier vorgelegten
Zahlen n, m, v, w die *Gleichheit $n - m = v - w$* genau dann, wenn $n + w = m + v$
zutrifft. Sodann setzt man

$$n - m = \begin{cases} k & \text{wenn } n > m \text{ gilt und } n - m = k \text{ ist,} \\ 0 & \text{wenn } n = m \text{ gilt,} \\ -l & \text{wenn } n < m \text{ gilt und } m - n = l \text{ ist.} \end{cases}$$

Demnach durchläuft die Folge 0, 1, −1, 2, −2, 3, −3, ... die Gesamtheit der ganzen
Zahlen. Wir gehen davon aus, dass bekannt ist, wie man mit diesen ganzen Zahlen
rechnet: je zwei von ihnen addiert oder multipliziert oder eine von der anderen
subtrahiert. Auch die Kenntnis der Anordnung der ganzen Zahlen, die in der

© Springer Fachmedien Wiesbaden GmbH, ein Teil von Springer Nature 2018
R. Taschner, *Vom Kontinuum zum Integral*, https://doi.org/10.1007/978-3-658-23380-8_2

Formelzeile

$$\ldots < -n - 1 < -n < \ldots < -2 < -1 < 0 < 1 < 2 < \ldots < n < n + 1 < \ldots$$

symbolisiert ist, wird als bekannt vorausgesetzt.

Aus dieser Anordnung gewinnt man das geläufige Bild der *Zahlengerade*, die man besser eine *Skala* nennt: Auf einer waagrecht gezeichneten geraden Linie werden die ganzen Zahlen ihrer Anordnung entsprechend als punktförmige *Markierungen* so eingetragen, dass für jede auf der Skala markierte ganze Zahl p sowohl die Markierung links von ihr, die $p - 1$ bezeichnet, als auch die Markierung rechts von ihr, die $p + 1$ bezeichnet, von der Markierung der ganzen Zahl p den gleichen positiven Abstand besitzen. Dieses anschauliche Bild wirft die Frage auf, ob man überdies Punkten *zwischen* zwei aufeinanderfolgenden Markierungen auf der Skala eine Bedeutung beimessen kann. Ein zielführender Vorschlag besteht darin, die Skala um einen ganzzahligen Faktor zu strecken, der größer als 1 ist – wir entscheiden uns, schon aus historischen Gründen, dafür, den Faktor 10 heranzuziehen – und die Markierungen der ursprünglichen Skala, welche die ganzen Zahlen symbolisieren, nun auf die gestreckte Gerade zu kopieren. Wir ersetzen mit anderen Worten die Einheit 1 der ursprünglichen Skala auf der neuen Gerade durch die Einheit 1/10. Wiederholungen dieses Vergrößerungsprozesses führen schließlich zum Begriff der Dezimalzahl:

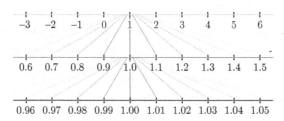

Abbildung 2.1. *Skalen der ganzen Zahlen, der einstelligen und der zweistelligen Dezimalzahlen*

Abstrakt definieren wir eine *Dezimalzahl a* als ein Paar zweier ganzer Zahlen: der *Mantisse p* und dem *Exponenten r*, wobei wir dieses Paar zweckmäßig so bezeichnen: $a = p \times 10^r$. Die *Gleichheit* zweier Dezimalzahlen $a = p \times 10^r$ und $b = q \times 10^s$, also die Beziehung

$$p \times 10^r = q \times 10^s$$

ist im Falle $s \geq r$ genau dann gegeben, wenn $p = q \times 10^{s-r}$ zutrifft, und sie ist im Falle $s \leq r$ genau dann gegeben, wenn $p \times 10^{r-s} = q$ stimmt. Deshalb kann man jede Dezimalzahl $a = q \times 10^s$ bei einer beliebigen ganzen Zahl r mit $r \le s$ auch als $a = p \times 10^r$ schreiben, wenn man $p = q \times 10^{s-r}$ setzt.

Bei einer von Null verschiedenen Dezimalzahl a nennen wir jene eindeutig bestimmte Mantisse p von a, deren Einerstelle nicht Null lautet, die *Minimalmantisse* von a. Jede andere Mantisse q von a besitzt demnach die Darstellung $q = p \times 10^n$ mit einer Zahl n als Exponent: Die Minimalmantisse ist, mit anderen Worten, dem Betrage nach die kleinstmögliche unter den Mantissen der von Null verschiedenen Dezimalzahl a. Jede andere Mantisse dieser Dezimalzahl ist das Zehnfache, oder das Hundertfache, oder das Tausendfache, ... der Minimalmantisse.

Die *Addition* und die *Subtraktion* von Dezimalzahlen sind folgendermaßen festgesetzt:
$$p \times 10^r \pm q \times 10^r = (p \pm q) \times 10^r\,,$$
allgemein:
$$p \times 10^r \pm q \times 10^s = \left(p \times 10^{r-\min(r,s)} \pm q \times 10^{s-\min(r,s)}\right) \times 10^{\min(r,s)}.$$

Die Formel für die *Multiplikation* von Dezimalzahlen ist einfacher:
$$(p \times 10^r)(q \times 10^s) = (pq) \times 10^{r+s}.$$

Ferner gilt $p \times 10^r > 0$ dann und nur dann, wenn die Mantisse p eine Zahl, also eine positive ganze Zahl bezeichnet. Die *Division durch* 2 *oder durch* 5 wird mit den Festlegungen
$$(p \times 10^r)/2 = 5p \times 10^{r-1}\,, \qquad (p \times 10^r)/5 = 2p \times 10^{r-1}$$
ermöglicht. Folglich kann man gemäß der Formel
$$(p \times 10^r)/2^m 5^n = \left(2^{\max(m,n)-m} 5^{\max(m,n)-n} p\right) \times 10^{r-\max(m,n)}$$

jede Dezimalzahl durch eine Zahl der Gestalt $2^m 5^n$ dividieren. Es ist somit klar, wie sich die Rechengesetze der ganzen Zahlen unmittelbar auf die Dezimalzahlen übertragen.

Ebenso klar ist aber auch, dass man mit Dezimalzahlen nicht die Gesamtheit aller Punkte der Skala erfasst: Egal wie oft man den Vergrößerungsprozess mit dem Faktor 10 vollzieht, immer werden zwischen zwei aufeinanderfolgenden Markierungen von Dezimalzahlen auf den um die Faktoren 10, 100, 1000, ..., 10^n, ... vergrößerten Geraden Lücken vorliegen. Als Trägerin der die Dezimalzahlen symbolisierenden Markierungen nehmen wir die Skala wie den unerreichbaren Hintergrund der arithmetischen Bühne wahr. Vor diesem Bühnenhintergrund sind die Dezimalzahlen als Markierungen wie Kulissen, Reihe für Reihe in die Tiefe führend, aufgelistet. Wir setzen uns im weiteren Verlauf der Erörterungen das Ziel, dieses anschauliche Bild mit der exakten Sprache der Mathematik in Beziehung zu setzen. Unsere Aufgabe lautet, dass wir die Skala als ein *Kontinuum* beschreiben und die *Punkte* dieses Kontinuums erfassen.

Wir halten uns dabei an die folgende Bezeichnungsvereinbarung: Die Buchstaben a, b, c, d, e symbolisieren stets Dezimalzahlen, die Buchstaben j, k, l, m, n symbolisieren stets Zahlen (also positive ganze Zahlen), und die Buchstaben p, q, r, s symbolisieren stets ganze Zahlen (also Null oder mit Vorzeichen versehene Zahlen).

2.1.2 Runden von Dezimalzahlen

Eine Dezimalzahl a *mit genau n Nachkommastellen* ist eine Dezimalzahl der Gestalt

$$a = z + 0.z_1z_2\ldots z_n = z + z_1 \times 10^{-1} + z_2 \times 10^{-2} + \ldots + z_n \times 10^{-n}.$$

Hierin bezeichnet z eine ganze Zahl und die z_1, z_2, …, z_n stehen für *Ziffern*, d. h. für Null oder für Zahlen, die kleiner als 10 sind.

Dass es sich bei diesem a um eine Dezimalzahl handelt, ist klar, denn a besitzt die Darstellung $a = p \times 10^{-n}$ mit

$$p = 10^n z + 10^{n-1} z_1 + 10^{n-2} z_2 + \ldots + z_n.$$

Es sei betont, dass wir die Möglichkeit $z_n = 0$ *nicht* ausschließen.

Als Beispiele betrachten wir die Dezimalzahlen $a = 3.141 = 3 + 0.141$ und $b = -3.141 = -4 + 0.859$. Will man sie auf Dezimalzahlen mit genau einer Nachkommastelle runden, sucht man Dezimalzahlen $\{a\}_1$ und $\{b\}_1$ mit genau einer Nachkommastelle, die jeweils den Dezimalzahlen a und b am nächsten kommen. Es ist klar, dass es sich hierbei um die Dezimalzahlen $\{a\}_1 = 3 + 0.1 = 3.1$ und $\{b\}_1 = -4 + 0.9 = -3.1$ handelt: Bei a rundet man 0.141 zu 0.1 ab, bei b rundet man 0.859 zu 0.9 auf. Beide Male beträgt der Rundungsfehler 0.041, also weniger als 5×10^{-2}. Als zwei weitere Beispiele betrachten wir die Dezimalzahlen $c = 3.1415 = 3 + 0.1415$, $d = -3.1415 = -4 + 0.8585$, die wir auf Dezimalzahlen $\{c\}_3$ und $\{d\}_3$ mit genau drei Nachkommastellen runden wollen. Weil hier die vierte Nachkommastelle in beiden Beispielen 5 lautet, bieten sich sowohl ein Auf- wie auch ein Abrunden an. Wir vereinbaren, dass wir in diesem Spezialfall bei positiven Dezimalzahlen aufrunden, bei negativen Dezimalzahlen hingegen abrunden, also $\{c\}_3 = 3 + 0.142 = 3.142$ festlegen, hingegen $\{d\}_3 = -4 + 0.858 = -3.142$. Bei diesen beiden Beispielen beträgt der Rundungsfehler genau 5×10^{-4}. Der nachfolgende Satz beschreibt Rundungsvorgänge dieser Art allgemein:

Runden von Dezimalzahlen. *Zu jeder Dezimalzahl a mit genau $n + k$ Nachkommastellen gibt es eine eindeutig bestimmte Dezimalzahl $\{a\}_n$ mit genau n Nachkommastellen, für die*

$$|a - \{a\}_n| \leq 5 \times 10^{-n-1}$$

zutrifft, wobei im Falle $|a - \{a\}_n| = 5 \times 10^{-n-1}$ *die folgende Vereinbarung getroffen wird:*

$$\{a\}_n = \begin{cases} a + 5 \times 10^{-n-1} & \text{im Falle } a > 0, \\ a - 5 \times 10^{-n-1} & \text{im Falle } a < 0. \end{cases}$$

Beweis. Liegt die Dezimalzahl a als $a = z + 0.z_1 z_2 \ldots z_n z_{n+1} \ldots z_{n+k}$ vor, legen wir

$$\{a\}_n = z + z_1 \times 10^{-1} + z_2 \times 10^{-2} + \ldots + z_n \times 10^{-n}$$

beziehungsweise

$$\{a\}_n = z + z_1 \times 10^{-1} + z_2 \times 10^{-2} + \ldots + z_n \times 10^{-n} + 10^{-n}$$

fest, je nachdem ob

$$z_{n+1} \times 10^{-n-1} + \ldots + z_{n+k} \times 10^{-n-k} < 5 \times 10^{-n-1}$$

oder ob

$$z_{n+1} \times 10^{-n-1} + \ldots + z_{n+k} \times 10^{-n-k} > 5 \times 10^{-n-1}$$

stimmt. Als einziger hierbei noch nicht betrachteter Fall verbleibt

$$z_{n+1} \times 10^{-n-1} + \ldots + z_{n+k} \times 10^{-n-k} = 5 \times 10^{-n-1}.$$

In diesem Spezialfall ist zwingend $z_{n+1} = 5$ und $z_{n+2} = \ldots = z_{n+k} = 0$. Je nachdem, ob in diesem Spezialfall

$$a < 0 \quad \text{beziehungsweise} \quad a > 0$$

zutrifft, einigen wir uns auch bei ihm entweder auf die oben als erste beziehungsweise auf die oben als zweite genannte Festlegung von $\{a\}_n$. Es ist klar, dass diese Festlegungen zum gewünschten Ergebnis führen und dass überdies $\{a\}_n$ eindeutig mit den im Satz genannten Eigenschaften fixiert ist. □

Insbesondere gilt für jede Dezimalzahl a mit genau $n + k$ Nachkommastellen die Formel

$$\{-a\}_n = -\{a\}_n.$$

Ferner trifft $a \geq 0$ dann und nur dann zu, wenn $\{a\}_n \geq 0$ stimmt; genauso trifft $a \leq 0$ dann und nur dann zu, wenn $\{a\}_n \leq 0$ stimmt.

2.1.3 Definition reeller Größen

Eine *reelle Größe* α liegt vor, wenn eine Folge

$$([\alpha]_1, [\alpha]_2, \ldots, [\alpha]_n, \ldots)$$

gegeben ist, bei der für jede Zahl n das n-te Folgeglied $[\alpha]_n$ eine Dezimalzahl mit genau n Nachkommastellen bezeichnet und überdies für jede Zahl n und für jede Zahl m die Ungleichung

$$|[\alpha]_n - [\alpha]_m| \leq 10^{-n} + 10^{-m}$$

besteht.

Der Sinn dieser Definition wird am besten durch eine einprägsame Veranschaulichung vermittelt: Zum einen stellt man sich vor, dass die Dezimalzahlen $[\alpha]_1$, $[\alpha]_2, \ldots, [\alpha]_n, \ldots$ die ein-, die zwei-, allgemein: die n-stellige *Annäherung* an die reelle Größe α darstellen. Das Wort „Annäherung" ist dabei in jenem Sinn gemeint, dass sich $[\alpha]_1$ höchstens im Abstand von einem Zehntel, dass sich $[\alpha]_2$ höchstens im Abstand von einem Hundertstel, dass allgemein $[\alpha]_n$ höchstens in einem Abstand von $1/10^n = 10^{-n}$ von der reellen Größe α entfernt befindet. Man umgibt gleichsam $[\alpha]_1, [\alpha]_2, \ldots, [\alpha]_n, \ldots$ jeweils mit einer „Wolke", welche die jeweilige Dezimalzahl als Mittelpunkt besitzt und die sich nach links und rechts jeweils ein Zehntel, ein Hundertstel, allgemein: 10^{-n} von ihrer Mitte weg erstreckt. Die reelle Größe α ist hinter all diesen „Wolken" verborgen. Zwar dürfen wir nicht $|[\alpha]_n - \alpha| \leq 10^{-n}$ oder $|\alpha - [\alpha]_m| \leq 10^{-m}$ schreiben, um zum Ausdruck zu bringen, dass die n-te oder die m-te Annäherung an α höchstens den Abstand 10^{-n} oder 10^{-m} von α besitzen. Denn wir wissen ja noch gar nicht, was man unter dem „Abstand" von einer reellen Größe versteht. Wohl aber legt die naive Anschauung nahe, dass wir aus diesen beiden Ungleichungen – dürfte man sie verwenden – die Beziehung $|[\alpha]_n - [\alpha]_m| \leq 10^{-n} + 10^{-m}$ folgt, die ihrerseits sehr wohl eine sinnvolle Formel darstellt, da in ihr nur Dezimalzahlen auftreten, mit denen wir so einfach rechnen können, wie es uns die Schule in ihrer Arglosigkeit lehrte. Diese aus der naiven Anschauung erschlossene Beziehung bringt zum Ausdruck, wie die „Wolken", welche die Dezimalzahlen $[\alpha]_1, [\alpha]_2, \ldots, [\alpha]_n, \ldots$ umgeben, einander überlagern. Wir sagen in einer bildhaften Sprache dazu, dass die Annäherungen $[\alpha]_1, [\alpha]_2, \ldots, [\alpha]_n, \ldots$ an die reelle Größe α „einander treu bleiben". Eben diese naive Anschauung machen wir uns in der obigen Definition der reellen Größe zunutze: Nur jene Folgen bestehend aus ein-, zwei-, $\ldots$, n-, $\ldots$ stelligen Dezimalzahlen lassen wir als reelle Größen zu, bei denen die Folgeglieder „einander treu bleiben".

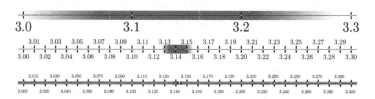

Abbildung 2.2. *Die reelle Größe $\alpha = 3.14159\ldots$ als „Wolke" bei den ein-, zwei und dreistelligen Dezimalzahlen*

Wichtig ist, dass wir die Anschauung nicht überstrapazieren dürfen: Was Dezimalzahlen als Markierungen auf der Skala bedeuten, verstehen wir. Was die Erstreckung der sie umgebenden „Wolken" betrifft, verstehen wir auch. Wir begreifen zudem, was wir von der Überlagerung dieser „Wolken" verlangen, wenn wir von den Annäherungen an die reelle Größe fordern, sie seien „zueinander treu". Da mit wachsender Zahl an Nachkommastellen die „Wolken" immer kleiner werden, engen sie sich auf einen *Punkt* der Skala ein, den wir mit der reellen Größe α gleichsetzen. Doch wir warnen davor, der mit dieser Anschauung einhergehenden Verführung zu erliegen. Denn eigentlich sehen wir nur die „Wolken", wie eng um den Punkt konzentriert sie auch sein mögen. Nie jedoch sehen wir den hinter den „Wolken" verborgenen „exakten" Punkt. Wollte man der reellen Größe die prinzipielle Vorläufigkeit des „Schwebens in den Wolken" absprechen, versündigte man sich an Gehalt und Bedeutung dieses Begriffs.

Es hat sich im Sprachgebrauch der Mathematik eingebürgert, statt von „reellen Größen" eher von „reellen Zahlen" zu sprechen. Wir jedoch nehmen uns vor, das Wort „reelle Zahl" nicht zu verwenden Denn in ihm verbirgt sich die Vorstellung, es handle sich bei der von ihr bezeichneten Größe um ein arithmetisches Objekt, mit dem man in gleicher unbeschwerter Weise so rechnen könne wie mit den Zahlen, wie mit den ganzen Zahlen oder wie mit den Dezimalzahlen. Dies ist jedoch ganz und gar nicht der Fall. Wir vereinbaren ferner, dass die kleinen griechischen Buchstaben α, β, γ, δ, ε, ϑ als Symbole für reelle Größen Verwendung finden.

2.1.4 Dezimalreihen

Um Beispiele reeller Größen sind wir nicht verlegen: Wenn wir $\alpha = 1.25$ setzen, meinen wir damit, dass wir die reelle Größe α mit $[\alpha]_1 = 1.2$, $[\alpha]_2 = 1.25$, $[\alpha]_3 = 1.250, \ldots, [\alpha]_n = 1.250\ldots 0$ (mit $n - 2$ Nullen nach der Hundertstelstelle 5), $\ldots$ vor Augen haben. Wenn wir $\beta = 0.99\ldots 9\ldots$ schreiben, meinen wir damit, dass wir die reelle Größe β mit $[\beta]_1 = 0.9$, $[\beta]_2 = 0.99$, $[\beta]_3 = 0.999, \ldots,$ $[\beta]_n = 0.999\ldots 9$ (mit n Neunern nach dem Dezimalpunkt), $\ldots$ vor Augen haben. Auch jenes γ ist eine reelle Größe, das durch $[\gamma]_1 = 0.0$, $[\gamma]_2 = 0.01$, $[\gamma]_3 = 0.011$, $[\gamma]_4 = 0.0110$, $[\gamma]_5 = 0.01101$, $[\gamma]_6 = 0.011010$, $[\gamma]_7 = 0.0110101$, allgemein durch $[\gamma]_n = [\gamma]_{n-1} + w_n \times 10^{-n}$ definiert ist, wobei $w_n = 1$ ist, wenn es sich bei n um eine Primzahl handelt, und sonst $w_n = 0$ ist. Alle drei genannten Beispiele $\alpha = 1.25000\ldots$, $\beta = 0.99999\ldots$, $\gamma = 0.01101\ldots$ stehen für sogenannte „Dezimalreihen". Leider spricht man bei ihnen gerne von „unendlichen Dezimalzahlen" - ein doppelt irreführendes Wort, weil einerseits „Dezimalzahlen" gemäß der obigen Definition immer nur „endlich" sind, will heißen: immer nur endlich viele Nachkommastellen besitzen, und weil andererseits dieses Wort mit dem Wortteil „-zahlen" endet, obwohl es sich bei diesen Größen von Rechts wegen nicht um arithmetische Objekte, sondern um reelle Größen handelt. Auch das

Wort „unendlicher Dezimalbruch" ist unglücklich gewählt, denn es handelt sich bei Objekten wie β oder γ keineswegs um Brüche. Weitaus besser ist das von uns bevorzugte, aber nicht so gängige Wort „Dezimalreihe", dem die folgende Definition zugrundeliegt:

Eine *Dezimalreihe* $\delta = ([\delta]_1, [\delta]_2, \ldots, [\delta]_n, \ldots)$ liegt vor, wenn eine ganze Zahl z und eine Folge

$$(z_1, z_2, \ldots, z_n, \ldots)$$

von Ziffern z_1, z_2, ..., z_n, ... gegeben sind. Für jede Zahl n definieren wir als n-stellige Annäherung $[\delta]_n$ an δ die Dezimalzahl

$$[\delta]_n = z + 0.z_1 z_2 \ldots z_n = z + z_1 \times 10^{-1} + z_2 \times 10^{-2} + \ldots + z_n \times 10^{-n}.$$

Jede Dezimalreihe ist eine reelle Größe.

Beweis. Gehen wir unter Verwendung der obigen Bezeichnungen ohne Beschränkung der Allgemeinheit von $m = n + k$ aus, folgt aus der Rechnung

$$|[\delta]_n - [\delta]_{n+k}| = 0.00\ldots0z_{n+1}\ldots z_{n+k} \leq 10^{-n},$$

dass die Ungleichungen $|[\delta]_n - [\delta]_m| \leq 10^{-n} + 10^{-m}$, denen zufolge die Glieder $[\delta]_1$, $[\delta]_2$, ..., $[\delta]_n,\ldots$ der Folge δ „einander die Treue halten", sichergestellt sind. $\qquad\square$

Jede Dezimalzahl kann auf eindeutige Weise mit einer Dezimalreihe gleichgesetzt werden.

Beweis. Es bezeichne $d = z + 0.z_1 z_2 \ldots z_m$ eine Dezimalzahl mit genau m Nachkommastellen. Die Folge $([d]_1, [d]_2, \ldots, [d]_n, \ldots)$, die durch

$$[d]_n = \begin{cases} z + 0.z_1 z_2 \ldots z_n & \text{im Falle } n \leq m, \\ z + 0.z_1 z_2 \ldots z_m 0 \ldots 0 & \text{im Falle } n > m \end{cases}$$

(mit $n - m$ Nullen nach z_m im zweiten Fall) definiert ist, stellt offenkundig eine Dezimalreihe dar. $\qquad\square$

Der Einfachheit halber bezeichnen wir die Dezimalreihe, die im Sinne des obigen Satzes mit einer Dezimalzahl d gleichgesetzt werden kann, mit dem gleichen Buchstaben d.

Eine interessante Menge von Beispielen reeller Größen erhält man, wenn man von einer positiven Dezimalzahl a ausgeht: Zunächst stellen wir fest, dass es eine eindeutig bestimmte ganze Zahl z gibt, welche die drei Eigenschaften

$$z \geq 0, \quad z^2 \leq a \quad \text{und} \quad (z+1)^2 > a$$

besitzt. Sodann nehmen wir für eine Zahl n an, dass wir bereits die Ziffern $z_1, z_2, \ldots, z_{n-1}$ berechnet haben, wobei

$$(z + 0.z_1 z_2 \ldots z_{n-1})^2 \leq a \quad \text{und} \quad (z + 0.z_1 z_2 \ldots z_{n-1} + 10^{-n+1})^2 > a$$

stimmt. Unter den Ziffern 0, 1, 2, …, 9 lässt sich demnach eine Ziffer z_n mit den beiden Eigenschaften

$$(z + 0.z_1 z_2 \ldots z_{n-1} z_n)^2 \leq a \quad \text{und} \quad (z + 0.z_1 z_2 \ldots z_{n-1} z_n + 10^{-n})^2 > a$$

ausfindig machen. Auf diese Weise konstruieren wir eine Dezimalreihe $\sqrt{a}$, indem wir für jede Zahl n die Festlegung

$$[\sqrt{a}]_n = z + 0.z_1 z_2 \ldots z_n$$

treffen. Man beachte, dass damit einzig und allein die Definition der reellen Größe $\sqrt{a}$ vollzogen ist. Wir sind noch meilenweit davon entfernt, $\sqrt{a}^2 = a$ beweisen zu können. Wir wissen ja noch gar nicht, wie man zwei reelle Größen miteinander multipliziert. Ja wir wissen nicht einmal, unter welcher Bedingung zwei reelle Größen einander gleich sein sollen. All dies wird nach und nach im Laufe der folgenden Seiten ausführlich Schritt für Schritt erörtert.

2.1.5 Pendelreihen

Eine *Pendelreihe* $\vartheta = ([\vartheta]_1, [\vartheta]_2, \ldots, [\vartheta]_n, \ldots)$ liegt vor, wenn eine Folge

$$(w_1, w_2, \ldots, w_n, \ldots)$$

von ganzen Zahlen $w_1, w_2, \ldots, w_n, \ldots$ gegeben ist, bei denen für jede Zahl n die Ungleichung $-9 \leq w_n \leq 9$ gilt. Für jede Zahl n definieren wir als n-stellige Annäherung $[\vartheta]_n$ an ϑ die Dezimalzahl

$$[\vartheta]_n = w_1 \times 10^{-1} + w_2 \times 10^{-2} + \ldots + w_n \times 10^{-n}.$$

Jede Pendelreihe ist eine reelle Größe.

Beweis. Gehen wir unter Verwendung der obigen Bezeichnungen ohne Beschränkung der Allgemeinheit von $m = n + k$ aus, folgt aus der Rechnung

$$|[\vartheta]_n - [\vartheta]_{n+k}| \leq |w_{n+1}| \times 10^{-n-1} + \ldots + |w_{n+k}| \times 10^{-n-k}$$
$$\leq 9 \times 10^{-n-1} + \ldots + 9 \times 10^{-n-k} \leq 10^{-n},$$

dass die Ungleichungen $|[\vartheta]_n - [\vartheta]_m| \leq 10^{-n} + 10^{-m}$, denen zufolge die Glieder $[\vartheta]_1, [\vartheta]_2, \ldots, [\vartheta]_n, \ldots$ der Folge ϑ „einander die Treue halten", sichergestellt sind. $\qquad\square$

Anhand der Pendelreihen erkennt man, welche Tücken sich hinter dem Begriff der reellen Größe verbergen. Wir betrachten das Beispiel einer Pendelreihe ϑ, die folgendermaßen definiert ist: Wir tippen die Zahl n als Input in ein Gerät, das wie eine Black Box funktioniert. Wir brauchen, mit anderen Worten, von dem Gerät keine Ahnung zu haben, was in seinem Inneren abläuft; wir wissen von ihm lediglich, dass es irgendwann eine ganze Zahl w_n als Output liefern wird, wobei sicher $-9 \leq w_n \leq 9$ stimmt. Um daher für irgendeine Zahl n das Folgeglied $[\vartheta]_n$ zu berechnen, tippt man der Reihe nach die Zahlen $1, 2, \ldots, n$ als Input in die Black Box und sammelt danach die erhaltenen Outputwerte, also die ganzen Zahlen w_1, $w_2, \ldots, w_n$ auf. Mit diesen ganzen Zahlen konstruieren wir

$$[\vartheta]_n = w_1 \times 10^{-1} + w_2 \times 10^{-2} + \ldots + w_n \times 10^{-n}.$$

Ob die Black Box einen mechanischen oder elektronischen Rechner verbirgt, ob sie mit Dampfkraft, mit dem radioaktiven Zerfall eines Uranklotzes oder aufgrund irgendeines Algorithmus arbeitet, oder ob sich in ihr ein lebendiges Wesen versteckt, das nach Lust und Laune die Outputwerte liefert, bekümmert uns nicht. Zwei Beispiele, wie eine solche Black Box vorgehen könnte, seien genannt.

Erstes Beispiel. Wir betrachten eine positive Dezimalzahl a und formulieren, einer Idee Brouwers folgend, mit der aus ihr gebildeten Dezimalreihe

$$\sqrt{a} = z + 0.z_1 z_2 \ldots z_n \ldots$$

eine (zugegeben sehr willkürliche) Vorschrift, wie die Black Box funktioniert: Die Black Box liefert den Output $w_n = 5$, wenn die $n + 1$ Ziffern $z_n, z_{n+1}, \ldots, z_{2n}$, die man von der n-ten bis zur $2n$-ten Nachkommastelle der Dezimalreihe von $\sqrt{a}$ findet, mit einer geraden ganzen Zahl übereinstimmen, d. h. wenn $z_n = z_{n+1} = \ldots = z_{2n}$ gilt und z_n gerade ist. Die Black Box liefert den Output $w_n = -5$, wenn die $n + 1$ Ziffern $z_n, z_{n+1}, \ldots, z_{2n}$, die man von der n-ten bis zur $2n$-ten Nachkommastelle der Dezimalreihe von $\sqrt{a}$ findet, mit einer ungeraden ganzen Zahl übereinstimmen, d. h. wenn $z_n = z_{n+1} = \ldots = z_{2n}$ gilt und z_n ungerade ist. Schließlich liefert die Black Box in jedem anderen Fall den Output $w_n = 0$. Die daraus erhaltene Pendelreihe, die wir die *Brouwersche Reihe* von a nennen wollen, bezeichnen wir mit $\wp_a$. (Der in der Form $\wp$ geschriebene Buchstabe p soll daran erinnern, dass wir eine Pendelreihe vor uns haben; ursprünglich hatte Karl Weierstraß das Symbol für einen ganz anderen Zweck erfunden.)

Um diese Konstruktionsvorschrift zu verdeutlichen, wählen wir $a = 6$. Weil die Dezimalreihe $\sqrt{6} = 2.449489742783\ldots$ lautet, kennen wir die ersten zwölf Nachkommastellen dieser reellen Größe: $z_1 = 4$, $z_2 = 4$, $z_3 = 9$, $z_4 = 4$, $z_5 = 8$, $z_6 = 9$, $z_7 = 7$, $z_8 = 4$, $z_9 = 2$, $z_{10} = 7$, $z_{11} = 8$, $z_{12} = 3$. Aus der Beziehung $z_1 = z_2 = 4$ folgern wir definitionsgemäß: $w_1 = 5$. Da hingegen die drei Ziffern z_2, z_3, z_4 nicht übereinstimmen, die vier Ziffern z_3, z_4, z_5, z_6 nicht übereinstimmen, die fünf Ziffern z_4, z_5, z_6, z_7, z_8 nicht übereinstimmen, die sechs Ziffern z_5, z_6, z_7, z_8, z_9, z_{10} nicht übereinstimmen und auch die sieben Ziffern z_6, z_7, z_8, z_9, z_{10}, z_{11}, z_{12} nicht übereinstimmen, folgern wir definitionsgemäß: $w_2 = w_3 = w_4 = w_5 = w_6 = 0$. Die ersten sechs Glieder der von der Pendelreihe $\wp_6$ definierten Folge lauten somit: $[\wp_6]_1 = 0.5$, $[\wp_6]_2 = 0.50$, $[\wp_6]_3 = 0.500$, $[\wp_6]_4 = 0.5000$, $[\wp_6]_5 = 0.50000$, $[\wp_6]_6 = 0.500000$. Dieses Beispiel erinnert an jenes ϑ, das im Abschnitt über Weyls Kritik als Dedekindscher Schnitt, also als senkrechte Gerade in die Fareytabelle gelegt wurde. Vermutlich stimmt $\wp_6$ mit der Dezimalzahl 0.5 überein. Denn es müsste schon mit dem Teufel zugehen, wenn es, abgesehen von $n = 1$, noch eine weitere Zahl n gäbe, bei der von der n-ten bis zur $2n$-ten Nachkommastelle in der Dezimalreihe $\sqrt{6}$ alle $n + 1$ Ziffern übereinstimmen. Allerdings ist kein mathematischer Satz bekannt, der diese Möglichkeit kategorisch ausschließt. Und weil niemand einen Überblick über alle unendlich vielen Nachkommastellen der Dezimalreihe $\sqrt{6}$ besitzt, bleibt es völlig offen, ob – anschaulich gesprochen – die Pendelreihe $\wp_6$ genau $1/2$ trifft oder um einen Hauch knapp daran links oder rechts vorbeizielt.

Zweites Beispiel. Die Black Box wirft einen Würfel und liefert den Output $w_n = (-1)^{z_n}(6 - 7z_n + z_n^2)$, wenn z_n die Augenzahl des n-ten Wurfs bezeichnet. Dies bedeutet ausführlich, dass $w_n = 0$ lautet, wenn beim n-ten Wurf die Augenzahlen eins oder sechs fallen, dass $w_n = -4$ bzw. $w_n = 4$ lauten, wenn beim n-ten Wurf die Augenzahlen zwei bzw. fünf fallen, und dass $w_n = 6$ bzw. $w_n = -6$ lauten, wenn beim n-ten Wurf die Augenzahlen drei bzw. vier fallen.

Dieses Beispiel einer Pendelreihe beinhaltet ein gerüttelt Maß an Willkür. Für uns ist wichtig, dass uns selbst derart kuriose Beispiele reeller Größen nicht daran hindern, mit diesen Objekten zu rechnen. Allerdings ist es nicht ganz einfach, die Rechnungen mit reellen Größen zu definieren. Man hat dabei mit großer Sorgfalt vorzugehen. Selbst die Definition der Addition werden wir erst in einem späteren Kapitel vornehmen, ebenso die Definitionen von Multiplikation, von Division, vom Ziehen der Wurzel. In diesem Kapitel wird es genügen, wenn wir uns über die Differenz und den Unterschied reeller Größen Klarheit verschaffen. Wie sich zeigen wird, ist damit bereits das Wesentliche zur Erfassung des Kontinuums geleistet.

2.1.6 Differenz und Unterschied

Die *Differenz* $\alpha - \beta$ der reellen Größe β von der reellen Größe α ist als Folge $([\alpha - \beta]_1, [\alpha - \beta]_2, \ldots, [\alpha - \beta]_n, \ldots)$ von Dezimalzahlen gegeben, wobei sich die einzelnen Folgeglieder als

$$[\alpha - \beta]_n = \{[\alpha]_{n+1} - [\beta]_{n+1}\}_n$$

errechnen.

Die Differenz zweier reeller Größen ist selbst wieder einer reelle Größe.

Beweis. Da für jede Zahl n die Ungleichung

$$\left| [\alpha - \beta]_n - ([\alpha]_{n+1} - [\beta]_{n+1}) \right| \le 5 \times 10^{-n-1}$$

besteht, folgern wir für jede Zahl n und für jede Zahl m

$$
\begin{aligned}
\left| [\alpha - \beta]_n - [\alpha - \beta]_m \right| &\le \left| [\alpha - \beta]_n - ([\alpha]_{n+1} - [\beta]_{n+1}) \right| \\
&\quad + \left| [\alpha]_{n+1} - [\alpha]_{m+1} \right| + \left| [\beta]_{m+1} - [\beta]_{n+1} \right| \\
&\quad + \left| ([\alpha]_{m+1} - [\beta]_{m+1}) - [\alpha - \beta]_m \right| \\
&\le 5 \times 10^{-n-1} + 10^{-n-1} + 10^{-m-1} \\
&\quad + 10^{-n-1} + 10^{-m-1} + 5 \times 10^{-m-1} \\
&\le 10^{-n} + 10^{-m},
\end{aligned}
$$

wodurch die Behauptung bewiesen ist.   □

Die *absolute Differenz* oder der *Unterschied* $|\alpha - \beta|$ zweier reeller Größen α und β ist als Folge $([|\alpha - \beta|]_1, [|\alpha - \beta|]_2, \ldots, [|\alpha - \beta|]_n, \ldots)$ von Dezimalzahlen gegeben, wobei sich die einzelnen Folgeglieder als

$$[|\alpha - \beta|]_n = |[\alpha - \beta]_n|$$

errechnen.

Je zwei mit α, β bezeichnete reelle Größen gehorchen der Formel

$$[|\alpha - \beta|]_n = \begin{cases} [\alpha - \beta]_n & falls\ [\alpha - \beta]_n \ge 0, \\ [\beta - \alpha]_n & falls\ [\alpha - \beta]_n \le 0. \end{cases}$$

Beweis. Die Rechnung

$$
\begin{aligned}
[\beta - \alpha]_n &= \{[\beta]_{n+1} - [\alpha]_{n+1}\}_n = \{-([\alpha]_{n+1} - [\beta]_{n+1})\}_n \\
&= -\{[\alpha]_{n+1} - [\beta]_{n+1}\}_n = -[\alpha - \beta]_n
\end{aligned}
$$

beweist die behauptete Formel.   □

Der Unterschied zweier reeller Größen ist selbst wieder eine reelle Größe.

Beweis. Dies ergibt sich daraus, dass $||a| - |b|| \le |a - b|$ stimmt, egal wie die Dezimalzahlen a, b lauten.   □

Eigentlich dürfte man bei der Differenz zweier reeller Größen nicht das gleiche Minuszeichen verwenden wie bei der Differenz zweier Dezimalzahlen. Ebenso müsste die Bezeichnung des Unterschieds zweier reeller Größen von jener des Betrags einer Differenz zweier Dezimalzahlen unterschieden werden. Nur der Einfachheit halber verwenden wir dennoch die gleichen Symbole. Welches der beiden Minuszeichen oder welches der beiden Betragszeichen – jenes für die reellen Größen oder jenes für die Dezimalzahlen – tatsächlich gemeint ist, ergibt sich unmittelbar aus dem Kontext. Aber natürlich haben wir mit peinlicher Genauigkeit Vorsicht walten zu lassen und die Rechenoperationen immer den gewählten Objekten gegenüber anzupassen.

Die gleiche Nonchalance in der Bezeichnung lassen wir auch bei den Symbolen $<$, $>$, $\leq$ und $\geq$ walten, die uns bei den Dezimalzahlen wie selbstverständlich vertraut sind, und die wir im folgenden Kapitel für die reellen Größen kennenlernen werden.

2.2 Ordnungsrelationen

2.2.1 Definitionen und Kriterien

Die *strikte Ordnung* $\alpha > \beta$ besteht bei zwei reellen Größen α, β genau dann, wenn man eine Zahl n finden kann, für die $[\alpha - \beta]_n > 10^{-n}$ zutrifft. Ob man $\alpha > \beta$ oder aber $\beta < \alpha$ schreibt, ist gleichbedeutend.

Die *schwache Ordnung* $\alpha \leq \beta$ besteht bei zwei reellen Größen α, β genau dann, wenn man für jede Zahl n die Ungleichung $[\alpha - \beta]_n \leq 10^{-n}$ beweisen kann. Ob man $\alpha \leq \beta$ oder aber $\beta \geq \alpha$ schreibt, ist gleichbedeutend.

Satz vom indirekten Beweis. Die Annahme $\alpha > \beta$ führt dann und nur dann zu einem Widerspruch, wenn $\alpha \leq \beta$ stimmt.

Beweis. Denn dass die Annahme $\alpha > \beta$ zu einem Widerspruch führt, ist gleichbedeutend mit der Erkenntnis, dass für keine Zahl n die Ungleichung $[\alpha - \beta]_n > 10^{-n}$ zutreffen kann. Mit anderen Worten: für jede Zahl n muss die Ungleichung $[\alpha - \beta]_n \leq 10^{-n}$ stimmen. $\qquad \square$

Wenn bei Dezimalzahlen a, b die Annahme $a \leq b$ zu einem Widerspruch führt, weiß man bei $a - b = p \times 10^r$ (mit p als Mantisse und r als Exponenten von $a - b$), dass $p \leq 0$ nicht stimmen kann. Da es sich bei p um eine ganze Zahl handelt, folgt aus $p > 0$ notwendig $p \geq 1$. Demnach ist sicher $a > b$. Es kann jedoch gar nicht genug betont werden, dass diese so plausibel klingende Umkehrung des Satzes vom indirekten Beweis zwar für Dezimalzahlen a, b Geltung besitzt, für reelle Größen α, β jedoch *keineswegs gelten muss.* Die Erkenntnis, dass $\alpha \leq \beta$ nicht stimmt, teilt uns nämlich keinen triftigen Hinweis mit, wie eine Zahl n zu entdecken wäre, die $[\alpha - \beta]_n > 10^{-n}$ gewährleistet.

Kriterium der strikten Ordnung. *Die strikte Ordnung $\alpha > \beta$ besteht bei zwei reellen Größen α, β genau dann, wenn man eine positive Dezimalzahl d und eine Zahl j so auffinden kann, dass für jede Zahl n mit $n \geq j$ die Ungleichung $[\alpha]_n > [\beta]_n + d$ gesichert ist.*

Beweis. Wir gehen zunächst von $\alpha > \beta$ aus. Der Definition der strikten Ordnung gemäß kann man eine Zahl m finden, für die $[\alpha - \beta]_m > 10^{-m}$ zutrifft. Die Definition der Differenz reeller Größen nützend, schließen wir somit auf die Ungleichung

$$[\alpha]_{m+1} - [\beta]_{m+1} > 5 \times 10^{-m-1}.$$

Nun setzen wir

$$d = \frac{[\alpha]_{m+1} - [\beta]_{m+1}}{5} - 10^{-m-1},$$

und wählen die Zahl j so groß, dass sicher $10^{-j} \leq 2d$ stimmt. Bezeichnet nun n irgendeine Zahl mit $n \geq j$, folgt die im Kriterium genannte Ungleichung aus der Rechnung

$$
\begin{aligned}
[\alpha]_n - [\beta]_n &\geq [\alpha]_{m+1} - [\beta]_{m+1} - |([\alpha]_{m+1} - [\beta]_{m+1}) - ([\alpha]_n - [\beta]_n)| \\
&\geq [\alpha]_{m+1} - [\beta]_{m+1} - |[\alpha]_{m+1} - [\alpha]_n| - |[\beta]_n - [\beta]_{m+1}| \\
&\geq [\alpha]_{m+1} - [\beta]_{m+1} - 2 \times (10^{-m-1} + 10^{-n}) \\
&> ([\alpha]_{m+1} - [\beta]_{m+1} - 5 \times 10^{-m-1}) - 2 \times 10^{-j} \\
&\geq 5d - 4d = d.
\end{aligned}
$$

Nun gehen wir umgekehrt davon aus, dass man eine positive Dezimalzahl d und eine Zahl j so auffinden kann, dass für jede Zahl n mit $n \geq j$ die Ungleichung $[\alpha]_n > [\beta]_n + d$ gesichert ist: Wir wählen die Zahl n so groß, dass nicht nur $n \geq j$, sondern auch $3 \times 10^{-n} \leq 2d$ gewährleistet sind. Aus der daraus folgenden Ungleichung

$$[\alpha]_{n+1} - [\beta]_{n+1} > d \geq 15 \times 10^{-n-1} = 10^{-n} + 5 \times 10^{-n-1}$$

schließen wir auf $[\alpha - \beta]_n > 10^{-n}$. Hieraus ergibt sich gemäß der Definition $\alpha > \beta$. $\qquad\qquad\square$

Kriterium der schwachen Ordnung. *Die schwache Ordnung $\alpha \leq \beta$ besteht bei zwei reellen Größen α, β genau dann, wenn man für jede beliebige positive Dezimalzahl e eine Zahl j so auffinden kann, dass für jede Zahl n mit $n \geq j$ die Ungleichung $[\alpha]_n < [\beta]_n + e$ gesichert ist.*

Beweis. Wir gehen zunächst von $\alpha \leq \beta$ aus. Wird eine positive Dezimalzahl e beliebig vorgelegt, legen wir die Zahl j so groß fest, dass jedenfalls $j > 1$, aber auch $15 \times 10^{-j} < e$ stimmen. Weil die Ungleichung

$$[\alpha - \beta]_{n-1} \leq 10^{-(n-1)}$$

für jede Zahl n mit $n \geq j$ sicher zutrifft, ergibt sich aus der Rechnung

$$[\alpha]_n - [\beta]_n \leq [\alpha - \beta]_{n-1} + 5 \times 10^{-n} \leq 15 \times 10^{-n} \leq 15 \times 10^{-j},$$

dass tatsächlich für jede Zahl n mit $n \geq j$ die Ungleichung $[\alpha]_n < [\beta]_n + e$ richtig ist.

Nun gehen wir umgekehrt davon aus, dass man für jede beliebige positive Dezimalzahl d eine Zahl j so auffinden kann, dass für jede Zahl n mit $n \geq j$ die Ungleichung $[\alpha]_n < [\beta]_n + d$ gesichert ist. Wenn dies stimmt, folgt aus dem Kriterium der strikten Ordnung, dass die Annahme $\alpha > \beta$ ausgeschlossen ist. Dem Satz vom indirekten Beweis zufolge gilt daher $\alpha \leq \beta$.   □

2.2.2 Eigenschaften der Ordnungsrelationen

Für beliebige mit α, β, γ bezeichnete reelle Größen treffen die folgenden Tatsachen zu:

1. *$\alpha > \beta$ zusammen mit $\beta > \alpha$ ist absurd.*
2. *$\alpha > \alpha$ ist absurd.*
3. *Aus $\alpha > \beta$ folgt $\alpha \geq \beta$.*
4. *Aus $\alpha > \beta$ und $\beta \geq \gamma$ folgt $\alpha > \gamma$.*
5. *Aus $\alpha \geq \beta$ und $\beta > \gamma$ folgt $\alpha > \gamma$.*
6. *Aus $\alpha \leq \beta$ und $\beta \leq \gamma$ folgt $\alpha \leq \gamma$.*

Beweis. 1. Aus $\alpha > \beta$ folgt die Existenz einer positiven Dezimalzahl d_1 und einer Zahl j_1 mit

$$[\alpha]_n > [\beta]_n + d_1,$$

sobald die Zahl n mindestens so groß wie j_1 ist. Aus $\beta > \alpha$ folgt die Existenz einer positiven Dezimalzahl d_2 und einer Zahl j_2 mit

$$[\beta]_n > [\alpha]_n + d_2,$$

sobald die Zahl n mindestens so groß wie j_2 ist. Sowie für die Zahl n die Ungleichung $n \geq \max(j_1, j_2)$ zutrifft, erhält man einen Widerspruch.

2. Aus $\alpha > \alpha$ folgt die Existenz einer positiven Dezimalzahl d und einer Zahl j mit der Eigenschaft, dass die Ungleichung $[\alpha]_n > [\alpha]_n + d$ zutrifft, sobald die Zahl n mindestens so groß wie j ist. Dies ergibt bereits bei $n = j$ einen Widerspruch.

3. Weil $\alpha > \beta$ die Beziehung $\beta > \alpha$ verbietet, folgt aus dem Satz vom indirekten Beweis $\beta \leq \alpha$.

4.: Aus $\alpha > \beta$ folgt die Existenz einer positiven Dezimalzahl d' und einer Zahl j_1 mit

$$[\alpha]_n > [\beta]_n + d',$$

sobald die Zahl n mindestens so groß wie j_1 ist. Aus $\gamma \leq \beta$ folgt die Existenz einer Zahl j_2 mit

$$[\gamma]_n < [\beta]_n + \frac{d'}{2},$$

sobald die Zahl n mindestens so groß wie j_2 ist. Wir setzen $d = d'/2$, $j = \max(j_1, j_2)$ und schließen hieraus

$$[\alpha]_n > [\gamma]_n + d,$$

sowie für die Zahl n die Ungleichung $n \geq j$ zutrifft.

4. Aus $\beta > \gamma$ folgt die Existenz einer positiven Dezimalzahl d' und einer Zahl j_1 mit

$$[\beta]_n > [\gamma]_n + d',$$

sobald die Zahl n mindestens so groß wie j_1 ist. Aus $\beta \leq \alpha$ folgt die Existenz einer Zahl j_2 mit

$$[\beta]_n < [\alpha]_n + \frac{d'}{2},$$

sobald die Zahl n mindestens so groß wie j_2 ist. Wir setzen $d = d'/2$, $j = \max(j_1, j_2)$ und schließen hieraus

$$[\alpha]_n > [\gamma]_n + d,$$

sowie für die Zahl n die Ungleichung $n \geq j$ zutrifft.

5. Es bezeichnet e eine beliebig vorgelegte positive Dezimalzahl. Aus $\alpha \leq \beta$ folgt die Existenz einer Zahl j_1 mit

$$[\alpha]_n < [\beta]_n + \frac{e}{2},$$

sobald die Zahl n mindestens so groß wie j_1 ist. Aus $\beta \leq \gamma$ folgt die Existenz einer Zahl j_2 mit

$$[\beta]_n < [\gamma]_n + \frac{e}{2},$$

sobald die Zahl n mindestens so groß wie j_2 ist. Hieraus schließen wir

$$[\alpha]_n < [\gamma]_n + e$$

sobald für die Zahl n die Ungleichung $n \geq \max(j_1, j_2)$ zutrifft. $\square$

Ab nun können wir auch bei reellen Größen *Ungleichungsketten* wie zum Beispiel

$$\alpha < \beta < \gamma \quad \text{oder} \quad \alpha \leq \beta < \gamma \quad \text{oder} \quad \alpha < \beta \leq \gamma \quad \text{oder} \quad \alpha \leq \beta \leq \gamma$$

schreiben, wie sie uns vom Rechnen mit Dezimalzahlen längst geläufig sind.

Die schwache Ordnung α ≤ β besteht genau dann, wenn bei einer beliebigen reellen Größe γ aus der strikten Beziehung γ > β die strikte Beziehung γ > α folgt.

Beweis. Zuerst gehen wir davon aus, dass für jede reelle Größe γ die Ungleichung γ > β die Ungleichung γ > α zur Folge hat. Ersetzt man γ speziell durch α, führte die Annahme α > β folglich zum Widerspruch α > α. Demzufolge schließen wir nach dem Satz vom indirekten Beweis auf α ≤ β.

Sodann nehmen wir an, dass α ≤ β stimmt und betrachten eine reelle Größe γ mit γ > β. Der Punkt 4 des vorigen Satzes belegt γ > α. ☐

Erster Einbettungssatz. *Für beliebige Dezimalzahlen a, b gilt Folgendes:*

1. *Die im System der Dezimalzahlen angeschriebene Ungleichung a > b trifft genau dann zu, wenn man a, b zugleich als reelle Größen betrachtet und für diese im Sinne der Definition der strikten Ordnung a > b stimmt.*

2. *Die im System der Dezimalzahlen angeschriebene Ungleichung a ≤ b trifft genau dann zu, wenn man a, b zugleich als reelle Größen betrachtet und für diese im Sinne der Definition der strikten Ordnung a ≤ b stimmt.*

Beweis. Wir gehen von den Darstellungen $a = p \times 10^{-j}$, $b = q \times 10^{-j}$ aus, wobei ohne Beschränkung der Allgemeinheit der gemeinsame Exponent $-j$ von a und b als negative ganze Zahl vorausgesetzt werden darf. Es bezeichnet demnach j eine Zahl.

1. Die Ungleichung $a > b$ im Sinne der Dezimalzahlen hat für die Mantissen p und q von a und b die Ungleichung $p \geq q + 1$ zur Folge. Wir setzen $d = 10^{-j-1}$ und schließen daraus für jede Zahl n mit $n \geq j$

$$[a]_n = a = p \times 10^{-j} > q \times 10^{-j} + d = b + d = [b]_n + d.$$

Aus dieser Beziehung folgt gemäß dem Kriterium für die strikte Ordnung $a > b$, wobei a und b als reelle Größen verstanden werden. Sieht man umgekehrt a und b als reelle Größen an und geht man von $a > b$ im Sinne der Definition der strikten Ordnung aus, folgt daraus für eine hinreichend große Zahl n, bei der jedenfalls $n \geq j$ stimmt, dass gewiss $[a]_n > [b]_n$ zutrifft, was aber nichts anderes als $a > b$ im Sinne der im System der Dezimalzahlen angeschriebenen Ungleichung bedeutet.

2. Da - egal ob man sie im System der Dezimalzahlen oder aber mit den Dezimalzahlen als reelle Größen im System der reellen Größen verstanden meint - die Ungleichung $a \leq b$ dann und nur dann richtig ist, wenn sich aus der Annahme $a > b$ ein Widerspruch ergibt, folgt aus der eben in Punkt 1 bewiesenen Tatsache zugleich die in Punkt 2 formulierte Behauptung. ☐

Erst dieser erste Einbettungssatz rechtfertigt, dass wir bei reellen Größen die Ungleichheitszeichen <, >, ≤ und ≥ genauso verwenden dürfen wie bei den

Dezimalzahlen. Bei der Differenz und beim Unterschied bedienen wir uns ebenfalls der gleichen Symbolik, obwohl es sich innerhalb des Systems der Dezimalzahlen um die aus dem Schulunterricht geläufigen arithmetischen Operationen handelt, während diese Rechenoperationen bei den reellen Größen auf den oben getroffenen Definitionen fußen. Doch auch in diesem Fall zeigt sich, dass die für reelle Größen definierte Differenz und der für reelle Größen definierte Unterschied bei Dezimalzahlen, die man ja auch als reelle Größen verstehen darf, mit der arithmetischen Differenz und dem arithmetischen Unterschied übereinstimmen. Um dies lege artis zum Ausdruck bringen zu können, vereinbaren wir, in der Formulierung des nachfolgenden zweiten Einbettungssatzes und seines Beweises die arithmetische Differenz $a - b$ zweier Dezimalzahlen a und b etwas umständlich durch $a + (-b)$ zu ersetzen. (Innerhalb der Dezimalzahlen ist nämlich klar, dass $a + (-b) = a - b$ ist. Im System der reellen Größen kennen wir im Unterschied dazu noch keine Addition und wissen noch nichts von einer entgegengesetzten Größe.)

Zweiter Einbettungssatz. *Für beliebige Dezimalzahlen a, b gelten die nachfolgenden Ungleichungen (in denen mit $a + (-b)$ bzw. mit $a - b$ die Differenz von a zu b innerhalb des Systems der Dezimalzahlen bzw. innerhalb des Systems der reellen Größen bezeichnet wird):*

1. $a - b \leq a + (-b) \leq a - b$.

2. $|a - b| \leq |a + (-b)| \leq |a - b|$.

Beweis. Wir können von Darstellungen der Dezimalzahlen a, b in der Form $a = p \times 10^{-m}$, $b = q \times 10^{-m}$ ausgehen, wobei m ohne Einschränkung der Allgemeinheit als Zahl (also als positive ganze Zahl) vorausgesetzt werden darf. Für jede Zahl n mit $n \geq m$ gilt daher: $[a]_n = a$, $[b]_n = b$. Insbesondere erweist sich die Differenz $[a]_{n+1} - [b]_{n+1}$ als Dezimalzahl mit höchstens n Nachkommastellen, woraus folgt, dass sich diese Differenz durch das Runden auf n Nachkommastellen gar nicht ändert. Demnach ist für jede Zahl n mit $n \geq m$ die Gleichheit

$$[a - b]_n = [a + (-b)]_n$$

gesichert. Sofort ziehen wir daraus die Folgerungen

$$[a - b]_n \leq [a + (-b)]_n \leq [a - b]_n$$

und

$$[|a - b|]_n = |[a - b]_n| \leq |[a + (-b)]_n| \leq |[a - b]_n| = [|a - b|]_n. \qquad \square$$

2.2.3 Ordnungsrelationen und Differenzen

Jede der drei Formeln $\alpha > \beta$, $\alpha - \gamma > \beta - \gamma$ und $\gamma - \beta > \gamma - \alpha$ ist zu jeder der beiden anderen äquivalent.

Beweis. Die strikte Ordnung $\alpha > \beta$ besagt, dass wir eine positive Dezimalzahl d_1 und eine Zahl j_1 so finden können, dass für jede Zahl n mit $n \geq j_1$ die Ungleichung $[\alpha]_n > [\beta]_n + d_1$ zutrifft. Wir definieren $d = d_1/2$ und legen die Zahl j mit $j \geq j_1$ so groß fest, dass $10^{-j} \leq d$ stimmt. Dann ergibt sich daraus für jede Zahl n mit $n \geq j$:

$$
\begin{aligned}
[\alpha - \gamma]_n = \{[\alpha]_{n+1} - [\gamma]_{n+1}\}_n &\geq [\alpha]_{n+1} - [\gamma]_{n+1} - 5 \times 10^{-n-1} \\
&> [\beta]_{n+1} - [\gamma]_{n+1} - 5 \times 10^{-n-1} + d_1 \\
&\geq \{[\beta]_{n+1} - [\gamma]_{n+1}\}_n - 10^{-n} + d_1 \\
&\geq [\beta - \gamma]_n - 10^{-j} + 2d \geq [\beta - \gamma]_n + d.
\end{aligned}
$$

Somit ist $\alpha - \gamma > \beta - \gamma$ bewiesen.

Die strikte Ordnung $\alpha - \gamma > \beta - \gamma$ besagt, dass wir eine positive Dezimalzahl d und eine Zahl j so finden können, dass für jede Zahl n mit $n \geq j$ die Ungleichung $[\alpha - \gamma]_n > [\beta - \gamma]_n + d$ zutrifft. Demnach gilt für jede Zahl n mit $n > j$:

$$
[\beta - \gamma]_n + d = -[\gamma - \beta]_n + d < [\alpha - \gamma]_n = -[\gamma - \alpha]_n,
$$

woraus $[\gamma - \beta]_n > [\gamma - \alpha]_n + d$ folgt. Somit ist $\gamma - \beta > \gamma - \alpha$ bewiesen.

Die strikte Ordnung $\gamma - \beta > \gamma - \alpha$ besagt, dass wir eine positive Dezimalzahl d_1 und eine Zahl j_1 so finden können, dass für jede Zahl n mit $n \geq j_1$ die Ungleichung $[\gamma - \beta]_n > [\gamma - \alpha]_n + d_1$ zutrifft. Wir definieren $d = d_1/2$ und legen die Zahl j mit $j > j_1$ so groß fest, dass $10^{-j+1} \leq d$ stimmt. Dann ergibt sich daraus für jede Zahl n mit $n \geq j$:

$$
\begin{aligned}
\{[\gamma]_n - [\beta]_n\}_{n-1} &> \{[\gamma]_n - [\alpha]_n\}_{n-1} + 2d, \\
[\gamma]_n - [\beta]_n + 5 \times 10^{-n} &> [\gamma]_n - [\alpha]_n - 5 \times 10^{-n} + 2d, \\
[\alpha]_n + 5 \times 10^{-n} &> [\beta]_n - 5 \times 10^{-n} + 2d, \\
[\alpha]_n &> [\beta]_n - 10^{-n+1} + 2d.
\end{aligned}
$$

Somit ist $[\alpha]_n > [\beta]_n + d$, also $\alpha > \beta$ bewiesen. $\qquad\square$

Jede der drei Formeln $\alpha \leq \beta$, $\alpha - \gamma \leq \beta - \gamma$ und $\gamma - \beta \leq \gamma - \alpha$ ist zu jeder der beiden anderen äquivalent.

Beweis. Aus der Annahme $\alpha - \gamma \leq \beta - \gamma$ folgt $\alpha \leq \beta$, weil die Ungleichung $\alpha > \beta$ zusammen mit $\alpha - \gamma \leq \beta - \gamma$ zu einem Widerspruch führt. Aus der Annahme $\gamma - \beta \leq \gamma - \alpha$ folgt $\alpha - \gamma \leq \beta - \gamma$, weil $\gamma - \beta \leq \gamma - \alpha$ zusammen mit der Ungleichung $\alpha - \gamma > \beta - \gamma$ zu einem Widerspruch führt. Aus der Annahme $\alpha \leq \beta$ folgt $\gamma - \beta \leq \gamma - \alpha$, weil $\alpha \leq \beta$ zusammen mit der Ungleichung $\gamma - \beta > \gamma - \alpha$ zu einem Widerspruch führt. $\qquad\square$

2.2.4 Ordnungsrelationen und Unterschiede

Für zwei beliebige reelle Größen α, β gelten die beiden Beziehungen $\alpha - \beta \leq |\alpha - \beta|$ und $\beta - \alpha \leq |\alpha - \beta|$. Umgekehrt folgt aus $\alpha \leq \beta$ die Ungleichung $|\alpha - \beta| \leq \beta - \alpha$.

Beweis. Weil für beliebige Zahlen n

$$[\alpha - \beta]_n \leq |[\alpha - \beta]_n| = [|\alpha - \beta|]_n$$

stimmt, ist $\alpha - \beta \leq |\alpha - \beta|$ richtig. Ferner beweist die Formel

$$[|\beta - \alpha|]_n = |[\beta - \alpha]_n| = |[\alpha - \beta]_n| = [|\alpha - \beta|]_n$$

dass auch $\beta - \alpha \leq |\alpha - \beta|$ stimmt.

Nun gehen wir von $\alpha \leq \beta$, also davon aus, dass für jede Zahl n die Ungleichung $[\alpha - \beta]_n \leq 10^{-n}$ stimmt. Die n-stellige Dezimalzahl $[|\alpha - \beta|]_n$ stimmt entweder mit $[\beta - \alpha]_n$ oder aber mit $[\alpha - \beta]_n$ überein, je nachdem, welche der beiden genannten Dezimalzahlen nichtnegativ ist. Im Falle

$$[|\alpha - \beta|]_n = [\alpha - \beta]_n = -[\beta - \alpha]_n \,,$$

also im Falle $[\beta - \alpha]_n \leq 0$, gilt bestimmt $[\beta - \alpha]_n \geq -10^{-n}$. Deshalb erhalten wir in diesem Fall:

$$[|\alpha - \beta|]_n = [\alpha - \beta]_n \leq 10^{-n} \leq [\beta - \alpha]_n + 2 \times 10^{-n}.$$

Im Falle

$$[|\alpha - \beta|]_n = [\beta - \alpha]_n$$

ist die Ungleichung

$$[|\alpha - \beta|]_n \leq [\beta - \alpha]_n + 2 \times 10^{-n}$$

sicher richtig. Demnach ersehen wir, dass bei $\alpha \leq \beta$ für jede Zahl n sicher die Ungleichung

$$[|\alpha - \beta|]_n \leq [\beta - \alpha]_n + 2 \times 10^{-n}$$

zutrifft - ungeachtet welcher der beiden genannten Fälle eintritt. Diese Ungleichung - nun statt n jetzt $n + 1$ geschrieben - verwenden wir in der Rechnung

$$
\begin{aligned}
[|\alpha - \beta| - (\beta - \alpha)]_n &\leq [|\alpha - \beta|]_{n+1} - [\beta - \alpha]_{n+1} + 5 \times 10^{-n-1} \\
&\leq [\beta - \alpha]_{n+1} + 2 \times 10^{-n-1} - [\beta - \alpha]_{n+1} + 5 \times 10^{-n-1} \\
&= 7 \times 10^{-n-1} \leq 10^{-n},
\end{aligned}
$$

aus der sich in der Tat $|\alpha - \beta| \leq \beta - \alpha$ ergibt.   □

Für drei beliebige reelle Größen α, β, γ folgt aus den beiden Ungleichungen $\alpha - \beta \leq \gamma$ und $\beta - \alpha \leq \gamma$ die Ungleichung $|\alpha - \beta| \leq \gamma$.

Beweis. Es bezeichne e eine beliebige positive Dezimalzahl. Wir können eine Zahl j_1 so ausfindig machen, dass für jede Zahl n mit $n \geq j_1$

$$[\alpha - \beta]_n \leq [\gamma]_n + e$$

gilt, und wir können eine Zahl j_2 so ausfindig machen, dass für jede Zahl n mit $n \geq j_2$

$$[\beta - \alpha]_n \leq [\gamma]_n + e$$

gilt. Nun setzen wir $j = \max(j_1, j_2)$, beachten, dass $[|\alpha - \beta|]_n$ entweder mit $[\alpha - \beta]_n$ oder aber mit $[\beta - \alpha]_n$ übereinstimmt, und schließen so für jede Zahl n mit $n \geq j$ auf

$$[|\alpha - \beta|]_n \leq [\gamma]_n + e,$$

woraus sich in der Tat $|\alpha - \beta| \leq \gamma$ ergibt. $\square$

2.2.5 Dreiecksungleichungen

Dreiecksungleichung – erste Version. *Bezeichnen α, β, γ beliebige reelle Größen, gilt stets:*

$$|\alpha - \gamma| - |\beta - \gamma| \leq |\alpha - \beta|.$$

Es geht bei der Dreiecksungleichung offenkundig darum, über den Unterschied zweier Unterschiede Bescheid zu wissen. Anschaulich stellt man sich α und β als Mittelpunkte zweier Kreise vor, die einander schneiden, wobei einer der beiden Schnittpunkte mit γ bezeichnet wird (Abb. 2.3). Die Unterschiede $|\alpha - \gamma|$ und $|\beta - \gamma|$ entsprechen demgemäß den Radien der beiden Kreise. Die Dreiecksungleichung besagt in dieser Veranschaulichung, dass der Unterschied der beiden Kreisradien nie größer als der Abstand der Kreismittelpunkte voneinander sein darf. Andernfalls würde der Kreis mit Mittelpunkt β zur Gänze im Inneren des Kreises mit Mittelpunkt α liegen, und es gäbe keinen Schnittpunkt der beiden Kreise, der als Veranschaulichung von γ herhalten könnte.

Man könnte kritisch dagegen halten, dass dieses anschauliche Bild auf dem ersten Blick nichts mit der eindimensionalen Skala zu tun habe. Tatsächlich wird in diesem Bild ein viel allgemeinerer Sachverhalt vor Augen geführt, als es die obige Dreiecksungleichung auf der eindimensionalen Skala zum Ausdruck bringt. Die im obigen Satz behauptete Dreiecksungleichung gewinnt man aus dem anschaulichen Bild, wenn die drei Punkte α, β, γ auf einer gemeinsamen Geraden liegen, mit anderen Worten: wenn die in Betracht gezogenen Kreise einander nicht schneiden, sondern nur berühren. Dabei zeigt es sich, dass die Aussage der Dreiecksungleichung gleichsam „übererfüllt" ist, wenn die beiden Kreise einander „von außen" berühren, hingegen die Aussage der Dreiecksungleichung „haarscharf getroffen" wird, wenn die beiden Kreise einander „von innen" berühren, genauer:

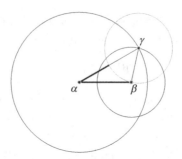

Abbildung 2.3. *Veranschaulichung der ersten Version der Dreiecksungleichung*

wenn der Kreis mit β als Mittelpunkt im Inneren des Kreises mit α als Mittelpunkt zu liegen kommt.

Beweis. Natürlich hilft diese Veranschaulichung nicht, den strengen Beweis zu führen. Dieser gestaltet sich deshalb aufwendig, weil eine Differenz von zwei Unterschieden zu ermitteln ist, also eine Verschachtelung der beiden Rechenoperationen, die wir bei reellen Größen bisher kennengelernt haben:

Es bezeichne e eine beliebige positive Dezimalzahl. Die Zahl j wird so groß festgelegt, dass $e \geq 2 \times 10^{-j}$ stimmt. Dann errechnet sich für jede Zahl n mit $n \geq j$

$$
\begin{aligned}
[|\alpha - \gamma| - |\beta - \gamma|]_n &= \{[|\alpha - \gamma|]_{n+1} - [|\beta - \gamma|]_{n+1}\}_n \\
&\leq |[\alpha - \gamma]_{n+1}| - |[\beta - \gamma]_{n+1}| + 5 \times 10^{-n-1} \\
&= |\{[\alpha]_{n+2} - [\gamma]_{n+2}\}_{n+1}| - |\{[\beta]_{n+2} - [\gamma]_{n+2}\}_{n+1}| \\
&\qquad + 5 \times 10^{-n-1} \\
&\leq |[\alpha]_{n+2} - [\gamma]_{n+2}| - |[\beta]_{n+2} - [\gamma]_{n+2}| \\
&\qquad + 5 \times 10^{-n-2} + 5 \times 10^{-n-2} + 5 \times 10^{-n-1} \\
&\leq |[\alpha]_{n+2} - [\beta]_{n+2}| + 6 \times 10^{-n-1} \\
&\leq \{|[\alpha]_{n+2} - [\beta]_{n+2}|\}_{n+1} + 5 \times 10^{-n-2} + 6 \times 10^{-n-1} \\
&= [|\alpha - \beta|]_{n+1} + 65 \times 10^{-n-2} \\
&\leq [|\alpha - \beta|]_n + 10^{-n} + 10^{-n-1} + 65 \times 10^{-n-2} \\
&= [|\alpha - \beta|]_n + 175 \times 10^{-n-2} \\
&< [|\alpha - \beta|]_n + 2 \times 10^{-j} \leq [|\alpha - \beta|]_n + e,
\end{aligned}
$$

und hieraus folgt die Behauptung.   □

Dreiecksungleichung - zweite Version. *Bezeichnen α, β, γ drei beliebige reelle Größen und d, e zwei beliebige Dezimalzahlen, für welche die beiden Ungleichungen*

$$|\alpha - \beta| \leq d \quad und \quad |\beta - \gamma| \leq e$$

zutreffen, dann gilt:

$$|\alpha - \gamma| \le d + e \, .$$

In dieser Version der Dreiecksungleichung hat man die folgende Veranschaulichung vor Augen: Die drei reellen Größen α, β, γ stehen für die drei Eckpunkte eines Dreiecks, von dem wir wissen, dass die von α zu β führende Seite höchstens die Länge d besitzt und dass die von β zu γ führende Seite höchstens die Länge e besitzt. Dann kann die von α zu γ führende Seite keinesfalls länger als $d + e$ sein.

Auch hier kann man beanstanden, dass die so veranschaulichte Dreiecksungleichung die Dimension der Skala sprengt. Dies ist nur in dem Spezialfall nicht der Fall, bei dem das „Dreieck" zu einer geraden Strecke verkümmert, die drei Ecken mit anderen Worten auf einer gemeinsamen Gerade liegen.

Beweis. Der exakte Beweis geht von $|\beta - \gamma| \le e$ aus, woraus

$$|\alpha - \gamma| - e \le |\alpha - \gamma| - |\beta - \gamma|$$

folgt. Hierauf kann man die erste Version der Dreiecksungleichung anwenden und auf

$$|\alpha - \gamma| - e \le |\alpha - \beta| \le d$$

schließen. Weil sich aus der Annahme $|\alpha - \gamma| > d + e$ der Widerspruch

$$|\alpha - \gamma| - e > (d + e) - e = d$$

ergäbe, folgt daraus in der Tat $|\alpha - \gamma| \le d + e$. $\qquad\square$

Dreiecksungleichung - dritte Version. *Bezeichnen α_0, α_1, ..., α_n reelle Größen und d_1, ..., d_n Dezimalzahlen, für welche die n Ungleichungen*

$$|\alpha_0 - \alpha_1| \le d_1, \quad ..., \quad |\alpha_{n-1} - \alpha_n| \le d_n$$

zutreffen, dann gilt:

$$|\alpha_0 - \alpha_n| \le d_1 + ... + d_n \, .$$

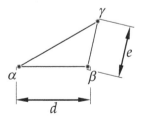

Abbildung 2.4. *Veranschaulichung der zweiten Version der Dreiecksungleichung*

Beweis. Eigentlich müsste man, das letzte anschauliche Bild verwendend, diese Version der Dreiecksungleichung genauer „Vielecksungleichung" oder „Polygonungleichung" taufen. Der Nachweis ergibt sich klarerweise durch Induktion: Sollte die Behauptung bereits für $n-1$ stimmen, verbleibt die Aufgabe, die Ungleichung

$$|\alpha_0 - \alpha_n| \leq d_1 + \ldots + d_n$$

aus den beiden Ungleichungen

$$|\alpha_0 - \alpha_{n-1}| \leq d_1 + \ldots + d_{n-1} \quad \text{und} \quad |\alpha_{n-1} - \alpha_n| \leq d_n$$

herzuleiten. Dies gelingt sofort mithilfe der zweiten Version der Dreiecksungleichung. □

2.2.6 Interpolation und Dichotomie

Jetzt erst gelingt es uns, zu beweisen, dass bei einer reellen Größe α die n-te Annäherung $[\alpha]_n$ tatsächlich höchstens 10^{-n} von α entfernt ist – grob gesprochen: dass höchstens die letzte Nachkommastelle der n-stelligen Dezimalzahl $[\alpha]_n$ „wackelt" – was aber, sollte diese n-te Annäherung als letzte Nachkommastelle die Ziffer 0 oder die Ziffer 9 besitzen, natürlich Auswirkungen auf die zuvor liegenden Nachkommastellen haben kann. Die exakte Version dieses anschaulichen Bildes liefert das

Approximationslemma. *Für jede reelle Größe α und für jede Zahl n gilt:*

$$|\alpha - [\alpha]_n| \leq 10^{-n}.$$

Beweis. Wir haben beim Beweis darauf zu achten, dass hier ein Unterschied im Sinne des Systems der reellen Größen abzuschätzen ist. Darum gehen wir folgendermaßen vor: Es bezeichne e eine beliebige positive Dezimalzahl. Die Zahl j wird so groß gewählt, dass sowohl $j \geq n$ als auch $e \geq 10^{-j}$ stimmt. Weil wir dann für jede Zahl m mit $m \geq j$

$$\begin{aligned}
[|\alpha - [\alpha]_n|]_m &= |[\alpha - [\alpha]_n]_m| = |\{[\alpha]_{m+1} - [[\alpha]_n]_{m+1}\}_m| \\
&= |\{[\alpha]_{m+1} - [\alpha]_n\}_m| \leq |[\alpha]_{m+1} - [\alpha]_n| + 5 \times 10^{-m-1} \\
&\leq 10^{-m-1} + 10^{-n} + 5 \times 10^{-m-1} < 10^{-n} + e \\
&= [10^{-n}]_m + e
\end{aligned}$$

herleiten können, ist die Behauptung des Approximationslemmas bewiesen. □

Eine reelle Größe α dürfen wir uns auf der Skala, in der die Dezimalzahlen mit höchstens n Nachkommastellen eingetragen sind, wie eine „Wolke" vorstellen, die sich von ihrer Mitte aus in der Länge 10^{-n} nach links und nach rechts erstreckt. Zwar erlaubt dieses anschauliche Bild nicht, jene Dezimalzahl mit höchstens n Nachkommastellen ausfindig zu machen, die der reellen Größe α am nächsten kommt. Und tatsächlich erweist sich der Begriff einer „nächstliegenden" n-stelligen Dezimalzahl an α als höchst problematisch – insbesondere dann, wenn α so zwischen zwei n-stelligen Dezimalzahlen zu liegen kommt, dass sie vielleicht genau deren Mitte bildet, vielleicht aber haarscharf an der Mitte links oder rechts vorbeizielt. Wohl aber können wir α zwischen zwei Dezimalzahlen mit höchstens n Nachkommastellen eingrenzen, die sich selbst nur um 2×10^{-n} unterscheiden:

Eingrenzungslemma. Zu jeder reellen Größe α und zu jeder Zahl n kann man eine ganze Zahl p mit der Eigenschaft

$$(p - 1) \times 10^{-n} \le \alpha \le (p + 1) \times 10^{-n}$$

ausfindig machen.

Beweis. Schreiben wir nämlich $[\alpha]_n = p \times 10^{-n}$, folgt aus dem Approximationslemma, also aus der Ungleichung

$$|\alpha - p \times 10^{-n}| \le 10^{-n} ,$$

dass die beiden Ungleichungen

$$\alpha - p \times 10^{-n} \le 10^{-n} \quad \text{und} \quad p \times 10^{-n} - \alpha \le 10^{-n}$$

zutreffen. Die Rechenregeln über Ordnungsrelationen und Differenzen darauf angewendet ergeben sofort die im Eingrenzungslemma behauptete Formel. □

In einer gewissen Weise stellt der nun nachfolgende Satz eine Umpolung des Eingrenzungslemmas dar: Fixiert auf der einen Seite das Eingrenzungslemma eine reelle Größe zwischen zwei beliebig nahe beieinander liegenden Dezimalzahlen, erlaubt auf der anderen Seite das nachfolgende Einschachtelungslemma zwischen zwei durch die strikte Ungleichung voneinander getrennte reelle Größen beliebig viele Dezimalzahlen einzuschieben. Präzise formuliert lautet es folgendermaßen:

Einschachtelungs- oder Interpolationslemma. Zwischen zwei beliebige reelle Größen α, β, für die $\alpha > \beta$ zutrifft, kann man, egal wie groß die Zahl k ist, stets k Dezimalzahlen $c_1, c_2, \ldots, c_k$ so einschieben, dass die Ungleichungskette

$$\alpha > c_1 > c_2 > \ldots > c_k > \beta$$

gewährleistet ist.

Beweis. Wir zeigen zuerst, dass dieser Satz für $k = 1$ stimmt: Die strikte Ungleichung $\alpha > \beta$ erlaubt uns, eine Zahl n mit

$$[\alpha - \beta]_n > 10^{-n} \, , \quad \text{d. h. mit} \quad \{[\alpha]_{n+1} - [\beta]_{n+1}\}_n > 10^{-n} \, ,$$

und demzufolge mit

$$[\alpha]_{n+1} - [\beta]_{n+1} > 10^{-n} - 5 \times 10^{-n-1} = 5 \times 10^{-n-1}$$

zu finden. Da es sich bei $[\alpha]_{n+1}$, $[\beta]_{n+1}$, $5 \times 10^{-n-1}$ um drei Dezimalzahlen mit genau $(n + 1)$ Nachkommastellen handelt, folgt hieraus die Beziehung

$$[\alpha]_{n+1} - [\beta]_{n+1} \geq 6 \times 10^{-n-1}.$$

Nun legen wir $c_1 = c$ als

$$c = [\beta]_{n+1} + 3 \times 10^{-n-1}$$

fest. Da es sich bei c um eine Dezimalzahl mit genau $(n + 1)$ Nachkommastellen handelt, stimmt $[c]_{n+2}$ mit c überein. Folglich gilt:

$$
\begin{aligned}
[c - \beta]_{n+1} &= \{[c]_{n+2} - [\beta]_{n+2}\}_{n+1} \geq [c]_{n+2} - [\beta]_{n+2} - 5 \times 10^{-n-2} \\
&= [\beta]_{n+1} - [\beta]_{n+2} + 3 \times 10^{-n-1} - 5 \times 10^{-n-2} \\
&\geq -10^{-n-2} - 10^{-n-1} + 3 \times 10^{-n-1} - 5 \times 10^{-n-2} \\
&= 14 \times 10^{-n-2} > 10^{-n-1} \, ,
\end{aligned}
$$

also $c > \beta$. In gleicher Weise schließen wir aus

$$
\begin{aligned}
[\alpha - c]_{n+1} &= \{[\alpha]_{n+2} - [c]_{n+2}\}_{n+1} \geq [\alpha]_{n+2} - [c]_{n+2} - 5 \times 10^{-n-2} \\
&= [\alpha]_{n+2} - [\beta]_{n+1} - 3 \times 10^{-n-1} - 5 \times 10^{-n-2} \\
&\geq [\alpha]_{n+1} - [\beta]_{n+1} - 10^{-n-2} - 10^{-n-1} - 3 \times 10^{-n-1} - 5 \times 10^{-n-2} \\
&\geq 6 \times 10^{-n-1} - 46 \times 10^{-n-2} = 14 \times 10^{-n-2} > 10^{-n-1}
\end{aligned}
$$

auf $\alpha > c$.

Nun nehmen wir mit Induktion an, wir hätten bereits $k - 1$ Dezimalzahlen $c_1, \ldots, c_{k-1}$ mit

$$\alpha > c_1 > \ldots > c_{k-1} > \beta$$

gefunden. Wenden wir die eben zuvor genannte Beweisführung auf die Ungleichung $c_{k-1} > \beta$ an, folgt daraus die Existenz einer Dezimalzahl c_k mit $c_{k-1} > c_k > \beta$. Somit ist das Einschachtelungslemma vollständig bewiesen.   □

Als unmittelbare Folgerung ergibt sich daraus ein besonders wichtiger Satz über reelle Größen, den bereits der um 350 v. Chr. lebende Mathematiker Eudoxos von Knidos erahnt haben dürfte und auf den der etwa hundert Jahre später lebende Archimedes von Syrakus im Zuge seiner raffinierten Argumente oft zurückgriff:

Satz des Eudoxos und Archimedes. *Bezeichnet ε eine beliebige reelle Größe mit $\varepsilon > 0$, kann man stets eine positive Dezimalzahl e mit $e < \varepsilon$ finden.*

Bei beliebig vorgelegten Dezimalzahlen a, b wissen wir, dass genau eine der drei Beziehungen $a > b$ oder aber $a = b$ oder aber $a < b$ zutrifft. Man nennt diese Einsicht das *Gesetz der Trichotomie*, wortwörtlich übersetzt: das Gesetz der Dreiteilung. Auf reelle Größen lässt sich dieses Gesetz der Trichotomie nicht vorbehaltlos übertragen, aber es lässt sich dafür ein fast vollwertiger Ersatz finden, den man das *Gesetz der Dichotomie*, das Gesetz der Zweiteilung, nennt. Es lautet folgendermaßen:

Dichotomielemma. *Es bezeichnen α, β, γ drei beliebige reelle Größen, wobei wir die strikte Ungleichung $\alpha > \beta$ als gegeben voraussetzen. Dann trifft mindestens eine der beiden strikten Ungleichungen $\alpha > \gamma$ oder $\gamma > \beta$ zu. (Es ist nicht ausgeschlossen, dass sogar beide der genannten strikten Ungleichungen stimmen.)*

Beweis. Die strikte Ungleichung $\alpha > \beta$ erlaubt uns, eine Zahl n mit

$$[\alpha - \beta]_n > 10^{-n}, \quad \text{d. h. mit} \quad \{[\alpha]_{n+1} - [\beta]_{n+1}\}_n > 10^{-n}$$

und demzufolge mit

$$[\alpha]_{n+1} - [\beta]_{n+1} > 10^{-n} - 5 \times 10^{-n-1} = 5 \times 10^{-n-1}$$

zu finden. Da es sich bei $[\alpha]_{n+1}$, $[\beta]_{n+1}$, $5 \times 10^{-n-1}$ um drei Dezimalzahlen mit genau $(n + 1)$ Nachkommastellen handelt, folgt hieraus die Beziehung

$$[\alpha]_{n+1} - [\beta]_{n+1} \geq 6 \times 10^{-n-1}.$$

Auch bei $[\gamma]_{n+1}$ handelt es sich um eine Dezimalzahl mit genau $(n+1)$ Nachkommastellen. Folglich muss jedenfalls eine der beiden Ungleichungen

$$[\gamma]_{n+1} \geq [\beta]_{n+1} + 3 \times 10^{-n-1} \quad \text{oder} \quad [\gamma]_{n+1} \leq [\beta]_{n+1} + 3 \times 10^{-n-1}$$

stimmen.

Gehen wir im ersten Fall von der Ungleichung

$$[\gamma]_{n+1} \geq [\beta]_{n+1} + 3 \times 10^{-n-1}$$

aus, folgern wir aus ihr

$$\begin{aligned}
[\gamma - \beta]_{n+2} = \{[\gamma]_{n+3} - [\beta]_{n+3}\}_{n+2} &\geq [\gamma]_{n+3} - [\beta]_{n+3} - 5 \times 10^{-n-3} \\
&\geq [\gamma]_{n+1} - 10^{-n-1} - 10^{-n-3} - [\beta]_{n+1} - 10^{-n-1} - 10^{-n-3} - 5 \times 10^{-n-3} \\
&\geq [\gamma]_{n+1} - [\beta]_{n+1} - 2 \times 10^{-n-1} - 7 \times 10^{-n-3} \\
&\geq 3 \times 10^{-n-1} - 2 \times 10^{-n-1} - 7 \times 10^{-n-3} = 93 \times 10^{-n-3} \\
&> 9 \times 10^{-n-2} > 10^{-n-2}
\end{aligned}$$

und damit $\gamma > \beta$.

Gehen wir im zweiten Fall von der Ungleichung

$$[\gamma]_{n+1} \le [\beta]_{n+1} + 3 \times 10^{-n-1}$$

aus, folgern wir aus ihr

$$
\begin{aligned}
[\alpha - \gamma]_{n+2} &= \{[\alpha]_{n+3} - [\gamma]_{n+3}\}_{n+2} \ge [\alpha]_{n+3} - [\gamma]_{n+3} - 5 \times 10^{-n-3} \\
&\ge [\alpha]_{n+1} - 10^{-n-1} - 10^{-n-3} - [\gamma]_{n+1} - 10^{-n-1} - 10^{-n-3} - 5 \times 10^{-n-3} \\
&\ge [\alpha]_{n+1} - [\beta]_{n+1} - 3 \times 10^{-n-1} - 2 \times 10^{-n-1} - 7 \times 10^{-n-3} \\
&\ge 6 \times 10^{-n-1} - 5 \times 10^{-n-1} - 7 \times 10^{-n-3} = 93 \times 10^{-n-3} \\
&> 9 \times 10^{-n-2} > 10^{-n-2},
\end{aligned}
$$

und damit $\alpha > \gamma$.   □

Eine erste Anwendung des Dichotomielemmas erlaubt eine Neufassung des Eingrenzungslemmas, die wir mit einem eigenen Namen versehen:

Verortungslemma. Es bezeichne n eine Zahl mit $n > 1$. Liegen $n + 1$ beliebige reelle Größen α_0, α_1, …, α_n mit $\alpha_0 < \alpha_1 < \ldots < \alpha_n$ vor und bezeichnet β eine beliebige reelle Größe mit $\alpha_0 < \beta < \alpha_n$, dann kann man eine Zahl m mit $m < n$ und $\alpha_{m-1} < \beta < \alpha_{m+1}$ ausfindig machen.

Beweis. Aus $\alpha_1 < \alpha_2$ folgt aufgrund des Dichotomielemmas, dass mindestens eine der beiden Ungleichungen $\beta < \alpha_2$ oder $\alpha_1 < \beta$ stimmt. Sollte $\beta < \alpha_2$ zutreffen (was bei $n = 2$ gewiss der Fall ist), setzen wir $m = 1$ und sind mit dem Beweis fertig. Somit verbleibt nur noch der Fall $n > 2$ und $\alpha_1 < \beta$ zu untersuchen. In diesem Fall übertragen wir das eben formulierte Argument auf die n reellen Größen $\alpha_1, \ldots, \alpha_n$ und verwenden wie zuvor mit dem Blick auf $\alpha_2 < \alpha_3$ das Dichotomielemma. Auf diese Weise Schritt für Schritt fortfahrend, übertragen wir das eben formulierte Argument auf die reellen Größen $\alpha_{m-1}, \ldots, \alpha_n$ und verwenden wie zuvor mit dem Blick auf $\alpha_m < \alpha_{m+1}$ das Dichotomielemma. Einmal, genauer: für einen der hier mit dem Symbol m gezählten Schritte, muss es dazu kommen, dass bei den beiden Ungleichungen $\beta < \alpha_{m+1}$ oder $\alpha_m < \beta$ tatsächlich die erstgenannte sicher stimmt - spätestens beim letzten Schritt, bei dem $m = n - 1$ ist.   □

2.3 Gleichheit und Verschiedenheit

2.3.1 Definition und Kriterien

Die *Verschiedenheit* $\alpha \ne \beta$ zweier reeller Größen α, β besteht genau dann, wenn man eine Zahl n mit der Eigenschaft $|[\alpha - \beta]_n| > 10^{-n}$ entdecken kann. Die

Gleichheit $\alpha = \beta$ zweier reeller Größen α, β besteht genau dann, wenn man für jede Zahl n die Gültigkeit von $|[\alpha - \beta]_n| \leq 10^{-n}$ beweisen kann.

Anders formuliert: Zwei reelle Größen α, β sind genau dann voneinander verschieden, wenn eine der beiden Ungleichungen $\alpha > \beta$ oder $\beta > \alpha$ stimmt. Die zwei reellen Größen sind genau dann einander gleich, wenn die beiden Ungleichungen $\alpha \leq \beta$ und $\beta \leq \alpha$ stimmen.

Bezeichnet zum Beispiel α die als reelle Größe verstandene Zahl 1, also jene Dezimalreihe, bei der für jede Zahl n die n-te Annäherung an 1 durch $[\alpha]_n = 1.00\ldots0$ (mit n Nachkommastellen, die alle 0 lauten) gegeben ist, und bezeichnet $\beta = 0.999\ldots$ jene Dezimalreihe, bei der für jede Zahl n die n-te Annäherung an β durch $[\beta]_n = 0.99\ldots9$ (mit n Nachkommastellen, die alle 9 lauten) gegeben ist, besteht die Gleichheit $\alpha = \beta$. Mathematische Laien empfinden, wenn sie davon zum ersten Mal hören, die Beziehung $1 = 0.999\ldots$ als erstaunlich, ja als unglaublich. Sie fühlen sich wie von einem Gaukler betrogen, wenn ihnen zuweilen weisgemacht wird, die Gleichheit von 1 mit $0.999\ldots$ sei gleichsam gottgegeben. Und sie haben mit ihrer Skepsis recht. Denn $1 = 0.999\ldots$ stimmt in Wahrheit nur deshalb, weil wir die Gleichheit im Kontinuum der reellen Größen so *definiert* haben, dass wir $1 = 0.999\ldots$ beweisen können. Würde jemand die Gleichheit zweier reeller Größen α, β nur dann gelten lassen, wenn für alle Zahlen n die Dezimalzahlen $[\alpha]_n$ und $[\beta]_n$ exakt übereinstimmen, wäre die Gleichheit von $0.999\ldots$ mit 1 überhaupt nicht gegeben. Wie sich im Laufe der Erörterungen zeigen wird, ist es sehr klug, dass wir die Gleichheit im Kontinuum der reellen Größen so wie oben definiert haben. Wir gewinnen daraus nicht nur das Resultat $1 = 0.999\ldots$, sondern haben darüber hinaus den folgenden, außerordentlich wichtigen Tatbestand zu beachten: Dass zwei reelle Größen α, β einander gleich sind, darf *nie und nimmer* zu dem Schluss verleiten, für irgendeine Zahl n seien auch die n-te Annäherung $[\alpha]_n$ an α und die n-te Annäherung $[\beta]_n$ an β einander gleich.

Satz vom indirekten Beweis. *Die Annahme $\alpha \neq \beta$ führt dann und nur dann zu einem Widerspruch, wenn $\alpha = \beta$ stimmt.*

Beweis. Dies folgt unmittelbar aus dem im Abschnitt über Ordnungsrelationen hergeleiteten Satz vom indirekten Beweis. $\qquad\qquad\qquad\qquad\qquad\qquad\qquad\square$

Somit dürfen wir, wenn die Verschiedenheit $\alpha \neq \beta$ nicht stimmen kann, auf die Gleichheit $\alpha = \beta$ schließen. Wir hüten uns aber *streng* davor, auf $\alpha \neq \beta$ zu schießen, wenn wir bloß wissen, dass $\alpha = \beta$ nicht stimmen kann. Der Grund für diese Untersagung ist leicht erklärt: Zwar wissen wir, wenn $\alpha = \beta$ nicht stimmt, dass die Ungleichung $|[\alpha - \beta]_n| \leq 10^{-n}$ sicher nicht für alle Zahlen n zutrifft. Doch mit dieser Kenntnis allein wissen wir nicht, *wie* man eine Zahl n so findet, dass für diese Zahl $|[\alpha - \beta]_n| > 10^{-n}$ zutrifft.

Kriterium der Verschiedenheit. *Bei reellen Größen α, β besteht die Verschiedenheit $\alpha \neq \beta$ dann und nur dann, wenn man ein positives reelles δ und eine Zahl j so benennen kann, dass für jede Zahl n mit $n \geq j$ die Ungleichung $|[\alpha]_n - [\beta]_n| > \delta$ gesichert ist.*

Beweis. Zum einen gehen wir von der Voraussetzung $\alpha \neq \beta$ aus: Sollte $\alpha > \beta$ zutreffen, gibt es eine positive Dezimalzahl d und eine Zahl j so, dass für jede Zahl n mit $n \geq j$ die Ungleichung $[\alpha]_n - [\beta]_n > d$ gesichert ist. Wir setzen $\delta = d$ und erhalten

$$|[\alpha]_n - [\beta]_n| \geq [\alpha]_n - [\beta]_n > \delta\,,$$

sobald $n \geq j$ stimmt. Sollte $\beta > \alpha$ zutreffen, gibt es eine positive Dezimalzahl d und eine Zahl j so, dass für jede Zahl n mit $n \geq j$ die Ungleichung $[\beta]_n - [\alpha]_n > d$ gesichert ist. Wieder setzen wir $\delta = d$ und erhalten genauso

$$|[\alpha]_n - [\beta]_n| \geq [\beta]_n - [\alpha]_n > \delta\,,$$

sobald $n \geq j$ stimmt.

Zum andern gehen wir von der Existenz einer positiven reellen Größe δ und einer Zahl j mit der Eigenschaft aus, dass für jede Zahl n mit $n \geq j$ die Ungleichung $|[\alpha]_n - [\beta]_n| > \delta$ gesichert ist. Das Interpolationslemma belegt die Existenz einer positiven Dezimalzahl d mit

$$|[\alpha]_n - [\beta]_n| > \delta > d\,,$$

sobald $n \geq j$ stimmt. Wir legen die Zahl k so groß fest, dass sowohl $k \geq j$ als auch $d \geq 2 \times 10^{-k}$ gelten. Bezeichnen n, m zwei Zahlen mit $n \geq k$ und $m \geq k$, gilt daher einerseits entweder $[\alpha]_n > [\beta]_n + d$ oder aber $[\beta]_n > [\alpha]_n + d$, andererseits entweder $[\alpha]_m > [\beta]_m + d$ oder aber $[\beta]_m > [\alpha]_m + d$. Würden die beiden Ungleichungen $[\alpha]_n > [\beta]_n + d$ und $[\beta]_m > [\alpha]_m + d$ bestehen, könnten wir aus der Ungleichungskette

$$[\alpha]_n > [\beta]_n + d \geq [\beta]_m + d - 10^{-n} - 10^{-m} > [\alpha]_m + 2d - 10^{-n} - 10^{-m}$$

die Folgerung

$$[\alpha]_n - [\alpha]_m > 2d - 10^{-n} - 10^{-m} \geq 4 \times 10^{-k} - 2 \times 10^{-k}$$
$$= 2 \times 10^{-k} \geq 10^{-n} + 10^{-m}$$

ziehen, die zu einem Widerspruch führt, da es sich bei α um eine reelle Größe handelt. Dies zeigt, dass sich bei $n \geq k$ und $m \geq k$ die Ungleichung $[\alpha]_m > [\beta]_m + d$ aus der Ungleichung $[\alpha]_n > [\beta]_n + d$ zwingend ergibt. Mit der gleichen Begründung folgern wir, dass sich bei $n \geq k$ und $m \geq k$ die Ungleichung $[\beta]_m > [\alpha]_m + d$ aus der Ungleichung $[\beta]_n > [\alpha]_n + d$ zwingend ergibt. Demgemäß trifft entweder $\alpha > \beta$ oder aber $\alpha < \beta$ zu. Jedenfalls stimmt dann sicher $\alpha \neq \beta$. $\qquad\square$

Kriterium der Gleichheit. *Bei reellen Größen α, β besteht die Gleichheit $\alpha = \beta$ dann und nur dann, wenn man für jede positive reelle Größe ε eine Zahl j so benennen kann, dass für jede Zahl n mit $n \geq j$ die Ungleichung $|[\alpha]_n - [\beta]_n| < \varepsilon$ gesichert ist.*

Beweis. Zum einen gehen wir von der Voraussetzung $\alpha = \beta$ aus, es bestehen also die beiden Ungleichungen $\alpha \leq \beta$ und $\beta \leq \alpha$. Nach dem Interpolationslemma kann man zu jeder positiven reellen Größe ε eine Dezimalzahl e mit $\varepsilon > e > 0$ finden. Wegen $\alpha \leq \beta$ gibt es eine Zahl j_1 so, dass für jede Zahl n mit $n \geq j_1$ die Ungleichung $[\alpha]_n - [\beta]_n \leq e$ gesichert ist. Und wegen $\beta \leq \alpha$ gibt es eine Zahl j_2 so, dass für jede Zahl n mit $n \geq j_2$ die Ungleichung $[\beta]_n - [\alpha]_n \leq e$ gesichert ist. Wir setzen $j = \max(j_1, j_2)$ und schließen daraus für jede Zahl n, dass $n \geq j$ die Ungleichung $|[\alpha]_n - [\beta]_n| \leq e < \varepsilon$ zur Folge hat.

Zum andern gehen wir von der Voraussetzung aus, man könne für jede positive reelle Größe ε eine Zahl j so benennen, dass für jede Zahl n mit $n \geq j$ die Ungleichung $|[\alpha]_n - [\beta]_n| < \varepsilon$ gesichert ist. A fortiori stimmt diese Voraussetzung, wenn man in ihr die beliebige positive reelle Größe ε durch eine beliebige positive Dezimalzahl e ersetzt. Dass aus $n \geq j$ die Ungleichung $|[\alpha]_n - [\beta]_n| < e$ folgt, beweist sowohl $[\alpha]_n \leq [\beta]_n + e$, also $\alpha \leq \beta$, als auch $[\beta]_n \leq [\alpha]_n + e$, also. $\beta \leq \alpha$. Deshalb stimmt $\alpha = \beta$. $\square$

Im Unterschied zu den hier bewiesenen Kriterien der Verschiedenheit und der Gleichheit hatten wir bei den Kriterien der strikten und der schwachen Ordnung statt von positiven reellen Größen δ und ε nur von positiven Dezimalzahlen d und e gesprochen. Das Interpolationslemma erlaubt uns, darüber hinwegzusehen. Wir können die beiden Kriterien über die Ordnungsrelationen genausogut folgendermaßen formulieren:

Kriterium der strikten Ordnung. *Die strikte Ordnung $\alpha > \beta$ besteht bei zwei reellen Größen α, β genau dann, wenn man eine positive reelle Größe δ und eine Zahl j so auffinden kann, dass für jede Zahl n mit $n \geq j$ die Ungleichung $[\alpha]_n - [\beta]_n > \delta$ gesichert ist.*

Kriterium der schwachen Ordnung. *Die schwache Ordnung $\alpha \leq \beta$ besteht bei zwei reellen Größen α, β genau dann, wenn man für jede beliebige positive reelle Größe ε eine Zahl j so auffinden kann, dass für jede Zahl n mit $n \geq j$ die Ungleichung $[\alpha]_n - [\beta]_n < \varepsilon$ gesichert ist.*

2.3.2 Eigenschaften von Gleichheit und Verschiedenheit

Für beliebige mit α, β, γ bezeichnete reelle Größen treffen die folgenden Tatsachen zu:

1. $\alpha \neq \alpha$ *ist absurd. Stets gilt* $\alpha = \alpha$

2. *Aus* $\alpha = \beta$ *und* $\gamma = \beta$ *folgt* $\alpha = \gamma$

3. *Gilt* $\alpha \neq \beta$, *folgt daraus entweder* $\alpha \neq \gamma$ *oder* $\beta \neq \gamma$ *oder beides.*

4. *Es gelte* $\alpha = \beta$. *Dann folgt* $\beta > \gamma$ *aus* $\alpha > \gamma$. *Ebenso folgt* $\gamma > \beta$ *aus* $\gamma > \alpha$.

5. *Es gelte* $\alpha = \beta$. *Dann folgt* $\gamma \leq \beta$ *aus* $\gamma \leq \alpha$. *Ebenso folgt* $\beta \leq \gamma$ *aus* $\alpha \leq \gamma$.

Beweis. 1. Dies ergibt sich aus der Tatsache, dass $\alpha > \alpha$ absurd ist.

2. Aus $\alpha \leq \beta$ und $\beta \leq \gamma$ folgt $\alpha \leq \gamma$. Genauso folgt aus $\gamma \leq \beta$ und $\beta \leq \alpha$ die Ungleichung $\gamma \leq \alpha$.

3. Bei $\alpha \neq \beta$ gilt entweder $\alpha > \beta$; das Dichotomielemma garantiert dann $\gamma > \beta$ oder $\alpha > \gamma$, somit $\alpha \neq \gamma$ oder $\beta \neq \gamma$ oder beides. Oder aber es gilt $\beta > \alpha$. Dann garantiert das Dichotomielemma $\gamma > \alpha$ oder $\beta > \gamma$, somit $\alpha \neq \gamma$ oder $\beta \neq \gamma$ oder beides.

4. Weil $\beta \geq \alpha$ und $\alpha > \gamma$ die Ungleichung $\beta > \gamma$ nach sich zieht, ist die erste Folgerung bewiesen. Weil $\alpha \geq \beta$ und $\gamma > \alpha$ die Ungleichung $\gamma > \beta$ nach sich zieht, ist die zweite Folgerung bewiesen.

5. Weil $\alpha \leq \beta$ und $\gamma \leq \alpha$ die Ungleichung $\gamma \leq \beta$ nach sich zieht, ist die erste Folgerung bewiesen. Weil $\beta \leq \alpha$ und $\alpha \leq \gamma$ die Ungleichung $\beta \leq \gamma$ nach sich zieht, ist die zweite Folgerung bewiesen.

$\square$

Für beliebige mit α, β, γ *bezeichnete reelle Größen treffen die folgenden Tatsachen zu:*

1. *Aus* $\alpha = \beta$ *folgen* $\alpha - \gamma = \beta - \gamma$ *und* $\gamma - \alpha = \gamma - \beta$.

2. *Aus* $\alpha \neq \beta$ *folgen* $\alpha - \gamma \neq \beta - \gamma$ *und* $\gamma - \alpha \neq \gamma - \beta$.

3. $|\alpha - \beta| = |\beta - \alpha|$.

4. *Aus* $\alpha \leq \beta$ *folgt* $|\alpha - \beta| = \beta - \alpha$. *Aus* $\beta \leq \alpha$ *folgt* $|\alpha - \beta| = \alpha - \beta$.

5. *Aus* $\alpha = \beta$ *folgen* $|\alpha - \gamma| = |\beta - \gamma|$ *und* $|\gamma - \alpha| = |\gamma - \beta|$.

Beweis. 1. $\alpha = \beta$ hat $\alpha \leq \beta$ zur Folge, woraus sich $\alpha - \gamma \leq \beta - \gamma$ und $\gamma - \beta \leq \gamma - \alpha$ ergeben. $\alpha = \beta$ hat auch $\beta \leq \alpha$ zur Folge, woraus sich $\beta - \gamma \leq \alpha - \gamma$ und $\gamma - \alpha \leq \gamma - \beta$ ergeben.

2. Entweder gilt $\alpha > \beta$ mit den Folgerungen $\alpha - \gamma > \beta - \gamma$ und $\gamma - \beta > \gamma - \alpha$, d.h. $\alpha - \gamma \neq \beta - \gamma$ und $\gamma - \beta \neq \gamma - \alpha$. Oder aber es gilt $\beta > \alpha$ mit den Folgerungen $\beta - \gamma > \alpha - \gamma$ und $\gamma - \alpha > \gamma - \beta$, d.h. $\beta - \gamma \neq \alpha - \gamma$ und $\gamma - \alpha \neq \gamma - \beta$.

3. Es stimmen die Ungleichungen $\alpha - \beta \leq |\alpha - \beta|$ und $\beta - \alpha \leq |\alpha - \beta|$ genauso wie die Ungleichungen $\beta - \alpha \leq |\beta - \alpha|$ und $\alpha - \beta \leq |\beta - \alpha|$ stimmen. Hieraus

schließen wir

$$|\alpha - \beta| \leq |\beta - \alpha| \quad \text{genauso wie} \quad |\beta - \alpha| \leq |\alpha - \beta|.$$

4. Die erste Behauptung ergibt sich aus

$$|\alpha - \beta| \leq \beta - \alpha \leq |\alpha - \beta|,$$

die zweite Behauptung ergibt sich aus

$$|\alpha - \beta| \leq \alpha - \beta \leq |\alpha - \beta|.$$

5. $\alpha = \beta$ garantiert sowohl $\alpha \leq \beta$ als auch $\beta \leq \alpha$ mit den Folgerungen

$$\alpha - \gamma \leq \beta - \gamma \leq |\beta - \gamma| \quad \text{und} \quad \gamma - \alpha \leq \gamma - \beta \leq |\beta - \gamma|.$$

Aus ihnen ersieht man $|\alpha - \gamma| \leq |\beta - \gamma|$. Genauso ziehen wir die Folgerungen

$$\beta - \gamma \leq \alpha - \gamma \leq |\alpha - \gamma| \quad \text{und} \quad \gamma - \beta \leq \gamma - \alpha \leq |\alpha - \gamma|,$$

aus denen man $|\beta - \gamma| \leq |\alpha - \gamma|$ ersieht. Somit ist die Gleichheit $|\alpha - \gamma| = |\beta - \gamma|$ hergeleitet. Die in diesem Punkt zuletzt behauptete Gleichheit ergibt sich schließlich aus

$$|\alpha - \gamma| = |\gamma - \alpha|, \quad |\beta - \gamma| = |\gamma - \beta|$$

und dem Punkt 2 des zuvor formulierten Satzes. $\qquad\square$

Es sei besonders die eigenartige Formulierung des Punktes 4 des eben bewiesenen Satzes betont: Im Unterschied zu reellen Größen ist es bei Dezimalzahlen a, b erlaubt, die Berechnung von $|a - b|$, egal wie a und b lauten, so zu erklären: Dieser Unterschied stimmt entweder mit der Differenz $b - a$ oder mit der Differenz $a - b$ überein, je nachdem, welche der beiden nicht negativ ist - im Falle $a = b$ sogar mit beiden, sich in diesem Fall als 0 ergebenden Differenzen. Reelle Größen jedoch erlauben eine solche Fallunterscheidung nicht. Darum ist im Punkt 4 des obigen Satzes die Berechnung von $|\alpha - \beta|$ nur dann entweder als $\beta - \alpha$ oder als $\alpha - \beta$ möglich, wenn man *von vornherein weiß*, in welcher Ordnungsbeziehung α und β zueinander stehen.

Dritter Einbettungssatz. *Die Verschiedenheit von Dezimalzahlen innerhalb des Systems der Dezimalzahlen ist mit der Verschiedenheit der zugleich als reelle Größen betrachteten Dezimalzahlen gleichbedeutend. Dasselbe gilt für die Gleichheit: Es spielt keine Rolle, ob man sie bei Dezimalzahlen innerhalb des Systems der Dezimalzahlen feststellt, oder ob sie entsprechend der für reelle Größen erfolgten Definition besteht. Schließlich liefern Differenz und Unterschied zweier Dezimalzahlen im System der Dezimalzahlen die gleichen Resultate wie im System des Kontinuums.*

Beweis. Die in diesem Satz behauptete Einbettung des Systems der Dezimalzahlen in das Kontinuum folgt unmittelbar aus dem ersten und aus dem zweiten Einbettungssatz, insbesondere aus den dort für beliebige Dezimalzahlen a, b bewiesenen Formeln $a - b \leq a + (-b) \leq a - b$ und $|a - b| \leq |a + (-b)| \leq |a - b|$, aus denen sich

$$a + (-b) = a - b \quad \text{und} \quad |a + (-b)| = |a - b|$$

ergibt.   □

2.4 Konvergente Folgen reeller Größen

2.4.1 Grenzwerte konvergenter Folgen

In der anschaulichen Sprache der Geometrie haben wir bisher, von den Markierungen der Skala ausgehend, gelernt, wie wir reelle Größen als Punkte der als Kontinuum verstandenen Skala erfassen. Was aber versteht man unter einem „Punkt" auf einer „Gerade"? Im Buch „Elemente" des alexandrinischen Geometers Euklid findet man die eigenartige Definition, ein Punkt sei, „was keine Teile hat". Es spricht viel dafür, dass Euklid in dem von ihm selbst verfassten Text diese Definition nicht gegeben hat, sondern völlig unbefangen von „Punkten", „Linien", „Geraden" sprach, gleichsam als ob jeder wüsste, was darunter gemeint sei. Tatsächlich brachte er von diesen Objekten nur jene Eigenschaften ins Spiel, die er in seinen „Axiomen" als unmittelbar einsichtig voraussetzte. Erst nachträgliche Herausgeber von Abschriften seines Werkes dürften sich bemüßigt gefühlt haben, mit phantasievollen Umschreibungen die Begriffe *Punkt* („das, was keine Teile hat"), *Linie* („eine Länge ohne Breite"), *Gerade* („eine Linie, die bezüglich der Punkte auf ihr stets gleich liegt") zu fassen. Ein in seiner naiven Bemühtheit aussichtsloses Unterfangen. Niemand kann aus diesen Umschreibungen klug werden. Die Frage, *was* ein Punkt sei, ist nämlich - Euklid dürfte es gewusst haben - genauso unbeantwortbar wie die Frage, *was* eine Zahl sei. Es kümmert niemanden, das „Wesen" der Zahlen zu ergründen. Allein dass man mit ihnen zählen kann, ist maßgebend. Ebenso ist es aberwitzig, sich über das „Wesen" der Punkte den Kopf zu zerbrechen. Es genügt, dass man weiß, *wo* sich ein Punkt befindet.

„Hier auf der Gerade betrachte ich einen Punkt", hören wir von jemandem, der mit dem Zeigefinger auf die Stelle der Gerade zeigt, wo er den Punkt verortet. Wir können uns mit diesem Hinweis zufrieden geben, wir können aber auch nachfragen: „Genauer wollen wir wissen: Wo liegt der Punkt auf der Gerade?" Als Antwort wird der Abschnitt der Gerade, auf den wir blicken, vergrößert, und wir erhalten in dieser Vergrößerung noch einmal einen Fingerzeig zu jener Stelle, wo sich der Punkt befindet. Das Frage- und Antwortspiel kann man weiter und weiter treiben. Ein naturgegebenes Ende, bei dem die Frage „Wo genauer ist der Punkt?" nicht mehr erlaubt wäre, gibt es nicht.

Dieser Dialog, bei dem in ununterbrochener Folge auf α_1, dann auf α_2, dann auf $\alpha_3, \ldots$ hingewiesen wird, um einen Punkt α immer genauer zu verorten, ist das Paradigma für den Begriff der Konvergenz einer unendlichen Folge $(\alpha_1, \alpha_2, \alpha_3, \ldots)$ gegen einen Punkt α. Was wir damit präzise meinen, wird in diesem Abschnitt erörtert.

Mit der Schreibweise $(\alpha_1, \alpha_2, \ldots, \alpha_n)$ deuten wir an, dass die aus den n reellen Größen α_1, α_2, …, α_n bestehende *endliche Folge* vorliegt. Schreiben wir $(\alpha_1, \alpha_2, \ldots, \alpha_n, \ldots)$, verdeutlichen wir, dass es kein Ende der in dieser Folge genannten reellen Größen α_1, α_2, …, $\alpha_n, \ldots$ gibt, also eine *unendliche Folge* vorliegt. Wir werden im Weiteren Folgen mit Großbuchstaben $A, B, C, \ldots$ bezeichnen.

Man nennt eine unendliche Folge $A = (\alpha_1, \alpha_2, \ldots, \alpha_n, \ldots)$ reeller Größen $\alpha_1, \alpha_2, \ldots, \alpha_n, \ldots$ genau dann eine *konvergente Folge*, wenn man eine reelle Größe α, einen sogenannten *Grenzwert* der Folge A, berechnen kann, der die folgende Eigenschaft besitzt: Zu jeder positiven reellen Größe ε kann man eine Zahl j so finden, dass für jede Zahl n, die mindestens so groß wie j ist, die Ungleichung $|\alpha - \alpha_n| < \varepsilon$ gesichert ist.

Eine konvergente Folge kann nur einen einzigen Grenzwert besitzen.

Beweis. Angenommen, die konvergente Folge $A = (\alpha_1, \alpha_2, \ldots, \alpha_n, \ldots)$ besitzt die Grenzwerte α' und α'', und es gelte $\alpha' \neq \alpha''$. Dann wäre $\varepsilon = |\alpha' - \alpha''|$ positiv. Dem Interpolationslemma zufolge gäbe es eine positive Dezimalzahl e mit $\varepsilon > e$. Weil α' Grenzwert von A ist, gibt es eine Zahl j_1, sodass für jede Zahl n, die mindestens so groß wie j_1 ist, die Ungleichung $|\alpha' - \alpha_n| < e/2$ stimmt. Weil α'' Grenzwert von A ist, gibt es eine Zahl j_2, sodass für jede Zahl n, die mindestens so groß wie j_2 ist, die Ungleichung $|\alpha'' - \alpha_n| < e/2$ stimmt. Eine Zahl n mit $n \geq \max(j_1, j_2)$ erzwänge hieraus den Widerspruch

$$|\alpha' - \alpha''| \leq \frac{e}{2} + \frac{e}{2} = e < \varepsilon = |\alpha' - \alpha''|,$$

zur Annahme $\alpha' \neq \alpha''$.   □

Wir werden ab nun den eindeutig bestimmten Grenzwert einer konvergenten Folge A mit $\lim A$ bezeichnen. Die Abkürzung lim steht für das lateinische „Limes", das „Grenze" oder „Grenzwall" bedeutet. Die auf der Hand liegenden Beispiele konvergenter Folgen liefern die reellen Größen selbst:

Für jede reelle Größe α ist die unendliche Folge

$$([\alpha]_1, [\alpha]_2, \ldots, [\alpha]_n, \ldots)$$

konvergent und besitzt α als Grenzwert.

Beweis. Es bezeichne ε eine beliebige positive reelle Größe. Dem Interpolationslemma zufolge gibt es eine positive Dezimalzahl e mit $e < \varepsilon$. Wir setzen die Zahl j so groß fest, dass $10^j e \geq 1$ zutrifft. Für jede Zahl n, die mindestens so groß wie j ist, folgt aus dem Approximationslemma:

$$|\alpha - [\alpha]_n| \leq 10^{-n} \leq 10^{-j} \leq e < \varepsilon. \qquad\qquad \square$$

2.4.2   Grenzwert und Ordnungsrelationen

Abschätzung des Grenzwerts. *Es bezeichne $A = (\alpha_1, \alpha_2, \ldots, \alpha_n, \ldots)$ eine konvergente Folge. Ferner sollen reelle Größen β, γ und eine Zahl m so vorliegen, dass für jede Zahl n, die mindestens so groß wie m ist, die Ungleichung $\alpha_n \leq \beta$ bzw. die Ungleichung $\alpha_n \geq \gamma$ stimmt. Dann besteht die Ungleichung $\lim A \leq \beta$ bzw. die Ungleichung $\lim A \geq \gamma$.*

Beweis. Angenommen, für jede Zahl n, die mindestens so groß wie m ist, gilt tatsächlich $\alpha_n \leq \beta$, aber es wäre $\lim A = \alpha > \beta$. Dann gäbe es dem Interpolationslemma zufolge eine positive Dezimalzahl e mit $e < \alpha - \beta$. Die Konvergenz von A nach α erlaubt uns, eine Zahl j so zu finden, dass für jede Zahl n, die mindestens so groß wie j ist, sicher $|\alpha - \alpha_n| < e$ und a fortiori $\alpha - \alpha_n < e$ stimmt. Für eine Zahl n mit $n \geq \max(j, m)$ würde dies den Widerspruch

$$\alpha - \beta \leq \alpha - \alpha_n < \varepsilon < \alpha - \beta$$

herbeiführen.

Angenommen, für jede Zahl n, die mindestens so groß wie m ist, gilt tatsächlich $\alpha_n \geq \gamma$, aber es wäre $\lim A = \alpha < \gamma$. Dann gäbe es dem Interpolationslemma zufolge eine positive Dezimalzahl e mit $e < \gamma - \alpha$. Die Konvergenz von A nach α erlaubt uns, eine Zahl j so zu finden, dass für jede Zahl n, die mindestens so groß wie j ist, sicher $|\alpha - \alpha_n| < e$ und a fortiori $\alpha_n - \alpha < e$ stimmt. Für eine Zahl n mit $n \geq \max(j, m)$ würde dies den Widerspruch

$$\gamma - \alpha \leq \alpha_n - \alpha < \varepsilon < \gamma - \alpha$$

herbeiführen. $\square$

Bezeichnen $A = (\alpha_1, \alpha_2, \ldots, \alpha_n, \ldots)$, $B = (\beta_1, \beta_2, \ldots, \beta_n, \ldots)$ zwei Folgen, schreiben wir $A \leq B$, wenn für jede Zahl n die Beziehung $\alpha_n \leq \beta_n$ zutrifft.

Permanenzprinzip. *Es bezeichnen*

$$A = (\alpha_1, \alpha_2, \ldots, \alpha_n, \ldots), \quad B = (\beta_1, \beta_2, \ldots, \beta_n, \ldots)$$

zwei konvergente Folgen, für die $A \leq B$ zutrifft. Dann gilt:

$$\lim A \leq \lim B.$$

Beweis. Wir bezeichnen die Grenzwerte der beiden Folgen mit $\alpha = \lim A$ und mit $\beta = \lim B$. Symbolisiert k irgendeine Zahl, legen wir die Dezimalzahl b_k folgendermaßen fest:

$$b_k = [\beta]_k + 2 \times 10^{-k}.$$

Für $\varepsilon = 10^{-k}$ spüren wir eine Zahl m_k mit der Eigenschaft auf, dass für jede Zahl n, die mindestens so groß wie m_k ist, die Ungleichung $|\beta_n - \beta| < 10^{-k}$ zutrifft. Das Approximationslemma, wonach $|\beta - [\beta]_k| \leq 10^{-k}$ gilt, gewährleistet zusammen mit der Dreiecksungleichung deshalb ab $n \geq m_k$ die Ungleichungskette $\alpha_n \leq \beta_n \leq b_k$. Der eben bewiesenen Abschätzung des Grenzwerts zufolge gilt somit: $\alpha = \lim A \leq b_k$.

Des weiteren beweisen die Ungleichungen

$$|\beta - [\beta]_k| \leq 10^{-k} \quad \text{und} \quad |[\beta]_k - b_k| \leq 2 \times 10^{-k},$$

dass die Folge $B' = (b_1, b_2, \ldots, b_n, \ldots)$ konvergiert und β als Grenzwert besitzt: Denn für eine beliebige positive reelle Größe ε ermitteln wir nach dem Interpolationslemma eine positive Dezimalzahl e mit $e < \varepsilon$, ermitteln danach eine Zahl j mit der Eigenschaft $e \geq 3 \times 10^{-j}$ und folgern für jede Zahl n, die mindestens so groß wie j ist,

$$|\beta - b_n| \leq 10^{-n} + 2 \times 10^{-n} \leq 3 \times 10^{-j} \leq e < \varepsilon.$$

Wir wissen, dass bei jeder Zahl n die Beziehung $\alpha \leq b_n$ besteht. Die oben bewiesene Abschätzung des Grenzwerts belegt somit $\alpha \leq \lim B' = \beta$. $\square$

2.4.3 Grenzwert und Differenzen

Bezeichnen $A = (\alpha_1, \alpha_2, \ldots, \alpha_n, \ldots)$, $B = (\beta_1, \beta_2, \ldots, \beta_n, \ldots)$ zwei Folgen, schreiben wir $A - B$ für die aus den Differenzen $\alpha_1 - \beta_1$, $\alpha_2 - \beta_2$, …, $\alpha_n - \beta_n$, … bestehende Folge, und wir schreiben $|A - B|$ für die aus den Unterschieden $|\alpha_1 - \beta_1|$, $|\alpha_2 - \beta_2|$, …, $|\alpha_n - \beta_n|$, … bestehende Folge.

Es bezeichnen $A = (\alpha_1, \alpha_2, \ldots, \alpha_n, \ldots)$, $B = (\beta_1, \beta_2, \ldots, \beta_n, \ldots)$ zwei konvergente Folgen. Dann konvergiert auch die Folge $A - B$, und ihr Grenzwert errechnet sich als

$$\lim(A - B) = \lim A - \lim B.$$

Beweis. Wir bezeichnen die Grenzwerte der beiden Folgen mit $\alpha = \lim A$ und mit $\beta = \lim B$. Mit ε bezeichnen wir eine beliebig gewählte positive reelle Größe. Dem

Interpolationslemma zufolge gibt es eine positive Dezimalzahl e mit $e < \varepsilon$. Ferner gibt es zwei Zahlen j_1, j_2 mit folgender Eigenschaft: Für jede Zahl n folgt einerseits aus $n \geq j_1$ die Ungleichung $|\alpha - \alpha_n| < e/4$ und andererseits aus $n \geq j_2$ die Ungleichung $|\beta - \beta_n| < e/4$. Wir legen die Zahl j als $j = \max(j_1, j_2)$ fest und bestimmen eine Zahl m, die so groß ist, dass $68 \times 10^{-m-1} \leq e$ zutrifft.

Erstens erhalten wir für jede Zahl n mit $n \geq j$ die drei Ungleichungen

$$|[\alpha]_{m+1} - \alpha| \leq 10^{-m-1},$$

$$|\alpha - \alpha_n| \leq \frac{e}{4},$$

$$|\alpha_n - [\alpha_n]_{m+1}| \leq 10^{-m-1},$$

die aufgrund der Dreieckungleichung zu folgendem Ergebnis führen:

$$|[\alpha]_{m+1} - [\alpha_n]_{m+1}| \leq \frac{e}{4} + 2 \times 10^{-m-1}.$$

Ebenso erhalten wir für jede Zahl n mit $n \geq j$ die drei Ungleichungen

$$|[\beta]_{m+1} - \beta| \leq 10^{-m-1},$$

$$|\beta - \beta_n| \leq \frac{e}{4},$$

$$|\beta_n - [\beta_n]_{m+1}| \leq 10^{-m-1},$$

die aufgrund der Dreiecksungleichung zu folgendem Ergebnis führen:

$$|[\beta]_{m+1} - [\beta_n]_{m+1}| \leq \frac{e}{4} + 2 \times 10^{-m-1}.$$

Zweitens führen wir die folgende Abschätzung durch, in der nur Dezimalzahlen verwoben sind:

$$\begin{aligned}
|([\alpha]_{m+1} - [\beta]_{m+1}) - ([\alpha_n]_{m+1} - [\beta_n]_{m+1})| \\
= |[\alpha]_{m+1} - [\beta]_{m+1} - [\alpha_n]_{m+1} + [\beta_n]_{m+1}| \\
\leq |[\alpha]_{m+1} - [\alpha_n]_{m+1}| + |[\beta_n]_{m+1} - [\beta]_{m+1}| \\
\leq 2\left(\frac{e}{4} + 2 \times 10^{-m-1}\right) = \frac{e}{2} + 4 \times 10^{-m-1}.
\end{aligned}$$

Drittens wenden wir das Approximationslemma und das Runden von Dezimalzahlen auf die Differenz $\alpha - \beta$ an, also

$$|(\alpha - \beta) - [\alpha - \beta]_m| \leq 10^{-m}$$

$$|[\alpha - \beta]_m - ([\alpha]_{m+1} - [\beta]_{m+1})| \leq 5 \times 10^{-m-1},$$

um hieraus aufgrund der Dreiecksungleichung das folgende Ergebnis zu erhalten:

$$|(\alpha - \beta) - ([\alpha]_{m+1} - [\beta]_{m+1})| \leq 15 \times 10^{-m-1}.$$

Ebenso wenden wir das Approximationslemma und das Runden von Dezimalzahlen auf die Differenz $\alpha_n - \beta_n$ an, also

$$|(\alpha_n - \beta_n) - [\alpha_n - \beta_n]_m| \leq 10^{-m}$$
$$|[\alpha_n - \beta_n]_m - ([\alpha_n]_{m+1} - [\beta_n]_{m+1})| \leq 5 \times 10^{-m-1},$$

um hieraus aufgrund der Dreiecksungleichung das folgende Ergebnis zu erhalten:

$$|(\alpha_n - \beta_n) - ([\alpha_n]_{m+1} - [\beta_n]_{m+1})| \leq 15 \times 10^{-m-1}.$$

Zusammengefasst haben wir so die drei Ungleichungen

$$|(\alpha - \beta) - ([\alpha]_{m+1} - [\beta]_{m+1})| \leq 15 \times 10^{-m-1},$$
$$|([\alpha]_{m+1} - [\beta]_{m+1}) - ([\alpha_n]_{m+1} - [\beta_n]_{m+1})| \leq \frac{e}{2} + 4 \times 10^{-m-1},$$
$$|([\alpha_n]_{m+1} - [\beta_n]_{m+1}) - (\alpha_n - \beta_n)| \leq 15 \times 10^{-m-1}$$

bekommen, die der Dreiecksungleichung zufolge zum gewünschten Resultat führen, nämlich:

$$|(\alpha - \beta) - (\alpha_n - \beta_n)| \leq 15 \times 10^{-m-1} + \left(\frac{e}{2} + 4 \times 10^{-m-1}\right) + 15 \times 10^{-m-1}$$
$$= \frac{e}{2} + 34 \times 10^{-m-1} \leq e < \varepsilon. \qquad \square$$

Es bezeichnen $A = (\alpha_1, \alpha_2, \ldots, \alpha_n, \ldots)$, $B = (\beta_1, \beta_2, \ldots, \beta_n, \ldots)$ zwei konvergente Folgen. Dann konvergiert auch die Folge $|A - B|$, und ihr Grenzwert errechnet sich als

$$\lim |A - B| = |\lim A - \lim B|.$$

Beweis. Wir bezeichnen die Grenzwerte der beiden Folgen mit $\alpha = \lim A$ und mit $\beta = \lim B$. Mit ε bezeichnen wir eine beliebig gewählte positive reelle Größe. Dem Interpolationslemma zufolge gibt es eine positive Dezimalzahl e mit $e < \varepsilon$. Ferner gibt es zwei Zahlen j_1, j_2 mit folgender Eigenschaft: Für jede Zahl n folgen einerseits aus $n \geq j_1$ die Ungleichung $|\alpha - \alpha_n| < e/2$ und andererseits aus $n \geq j_2$ die Ungleichung $|\beta - \beta_n| < e/2$. Wir legen die Zahl j als $j = \max(j_1, j_2)$ fest. Es bezeichne n irgendeine Zahl mit $n \geq j$. Einerseits folgt aus der Dreiecksungleichung

$$|\alpha - \beta| - |\alpha_n - \beta| \leq |\alpha - \alpha_n| < \frac{e}{2},$$
$$|\alpha_n - \beta| - |\alpha - \beta| \leq |\alpha_n - \alpha| < \frac{e}{2},$$

andererseits folgt aus der Dreiecksungleichung

$$|\alpha_n - \beta| - |\alpha_n - \beta_n| \leq |\beta - \beta_n| < \frac{e}{2},$$
$$|\alpha_n - \beta_n| - |\alpha_n - \beta| \leq |\beta_n - \beta| < \frac{e}{2},$$

woraus man

$$||\alpha - \beta| - |\alpha_n - \beta|| \leq |\alpha - \alpha_n| < \frac{e}{2},$$

$$||\alpha_n - \beta| - |\alpha_n - \beta_n|| \leq |\beta - \beta_n| < \frac{e}{2}$$

ersieht. Auch hierauf können wir die Dreiecksungleichung anwenden und gelangen zum Schluss:

$$||\alpha - \beta| - |\alpha_n - \beta_n|| \leq \frac{e}{2} + \frac{e}{2} < \varepsilon. \qquad \square$$

2.4.4 Das Konvergenzkriterium

Nach diesen vorbereiteten Sätzen kehren wir noch einmal zum anschaulichen Bild zurück, bei dem es um die Frage ging, *wo* sich ein Punkt befinde. Wir erinnern uns: „Hier auf der Gerade betrachte ich einen Punkt", hören wir vom ersten Dialogpartner, der mit dem Zeigefinger auf die Stelle α_1 der Gerade zeigt, wo er den Punkt verortet. Der zweite Dialogpartner fragt nach: „Genauer will ich wissen: Wo liegt der Punkt auf der Gerade?" Als Antwort wird der Abschnitt der Gerade vergrößert, und der erste Dialogpartner gibt einen Fingerzeig zu jener Stelle α_2, wo sich der Punkt befindet. Dieses Frage- und Antwortspiel stellen wir uns als einen nie endenden Dialog vorangetrieben vor, bei dem der Reihe nach die Hinweise auf α_1, α_2, α_3, ..., α_n, ... erfolgen. Allerdings erwarten wir von den Hinweisen des ersten Dialogpartners, dass sie „immer genauer" erfolgen. Was ist damit gemeint? Augustin-Louis Cauchy fand darauf eine überzeugende Antwort: Egal wie klein eine positive reelle Größe ε auch sein mag: zu diesem ε müsse es eine Zahl k so geben, dass nach der k-ten Runde des Frage- und Antwortspiels sich alle weiteren Hinweise α_m oder α_n um weniger als ε voneinander unterscheiden. Tatsächlich erweist sich diese Bedingung als notwendig und hinreichend dafür, dass man im Sinne der Konvergenz von Folgen wirklich einen Punkt des Kontinuums erhält:

Cauchysches Konvergenzkriterium. $A = (\alpha_1, \alpha_2, \ldots, \alpha_n, \ldots)$ *bezeichne eine unendliche Folge reeller Größen* $\alpha_1, \alpha_2, \alpha_3, \ldots, \alpha_n, \ldots$. *Diese Folge A konvergiert dann und nur dann, wenn man zu jeder positiven reellen Größe ε eine Zahl k mit der Eigenschaft finden kann, dass für jede Zahl n und jede Zahl m, die beide mindestens so groß wie k sind, die Ungleichung $|\alpha_m - \alpha_n| < \varepsilon$ stimmt.*

Beweis. Zum einen gehen wir von einer konvergenten Folge A mit dem Grenzwert $\alpha = \lim A$ aus. Es bezeichne ε eine beliebige positive reelle Größe. Dem Interpolationslemma zufolge gibt es eine positive Dezimalzahl e mit $e < \varepsilon$. Weil A konvergiert, gibt es eine Zahl k, sodass für jede Zahl n und jede Zahl m, die beide mindestens so groß wie k sind, die Ungleichungen $|\alpha - \alpha_n| < e/2$ und $|\alpha_m - \alpha| < e/2$ stimmen.

Weil sich hieraus nach der Dreiecksungleichung

$$|\alpha_m - \alpha_n| \leq \frac{e}{2} + \frac{e}{2} = e < \varepsilon$$

ergibt, ist somit die im Cauchyschen Konvergenzkriterium genannte Bedingung hergeleitet.

Nun aber gehen wir davon aus, dass die im Cauchyschen Konvergenzkriterium genannte Bedingung erfüllt ist, und wir zeigen, dass A wirklich konvergiert. Zu diesem Zweck bezeichnet j irgendeine Zahl, und wir setzen $\varepsilon = 10^{-j-1}$. Dann können wir eine Zahl k_j mit der Eigenschaft finden, dass für jede Zahl n und jede Zahl m, die beide mindestens so groß wie k_j sind, die Ungleichung

$$|\alpha_m - \alpha_n| < 10^{-j-1}$$

stimmt. Mit der Festsetzung

$$[\alpha]_j = \{[\alpha_{k_j}]_{j+1}\}_j$$

erhalten wir eine Dezimalzahl $[\alpha]_j$ mit genau j Nachkommastellen. Wir zeigen jetzt, dass die so erhaltenen Dezimalzahlen $[\alpha]_1, [\alpha]_2, \ldots, [\alpha]_n, \ldots$, in einer Folge aufgezählt, wirklich eine reelle Größe α darstellen. Hierzu genügt es, die fünf Ungleichungen

$$|[\alpha]_n - [\alpha_{k_n}]_{n+1}| \leq 5 \times 10^{-n-1}$$
$$|[\alpha_{k_n}]_{n+1} - \alpha_{k_n}| \leq 10^{-n-1}$$
$$|\alpha_{k_n} - \alpha_{k_m}| \leq \max(10^{-n-1}, 10^{-m-1}) \leq 10^{-n-1} + 10^{-m-1}$$
$$|\alpha_{k_m} - [\alpha_{k_m}]_{m+1}| \leq 10^{-m-1}$$
$$|[\alpha_{k_m}]_{m+1} - [\alpha]_m| \leq 5 \times 10^{-m-1}$$

zu betrachten, die immer stimmen, egal wie die mit n, m bezeichneten Zahlen lauten: Die erste und die fünfte dieser Ungleichungen ergeben sich nämlich aus dem Runden von Dezimalzahlen, die zweite und die vierte ergeben sich aus dem Approximationslemma, und die dritte folgt aus der Definition der Zahl k_n wie auch der Zahl k_m. Mithilfe der Dreiecksungleichung folgern wir

$$|[\alpha]_n - [\alpha]_m| \leq 5 \times 10^{-n-1} + 10^{-n-1} + (10^{-n-1} + 10^{-m-1})$$
$$+ 10^{-m-1} + 5 \times 10^{-m-1}$$
$$= 7 \times 10^{-n-1} + 7 \times 10^{-m-1} \leq 10^{-n} + 10^{-m},$$

also jene Bedingung dafür, dass die Folge $([\alpha]_1, [\alpha]_2, \ldots, [\alpha]_n, \ldots)$ eine reelle Größe α definiert.

Schließlich beweisen wir, dass A konvergiert und α als Grenzwert besitzt. Es bezeichne ε eine beliebige positive reelle Größe, und e eine nach dem Interpolationslemma gefundene positive Dezimalzahl mit $e < \varepsilon$. Die Zahl j sei so groß, dass

$e \geq 17 \times 10^{-j-1}$ stimmt. Dann stimmen für jede Zahl n, die mindestens so groß wie k_j ist, die vier Ungleichungen

$$|\alpha_n - \alpha_{k_j}| \leq 10^{-j-1},$$
$$|\alpha_{k_j} - [\alpha_{k_j}]_{j+1}| \leq 10^{-j-1},$$
$$|[\alpha_{k_j}]_{j+1} - [\alpha]_j| \leq 5 \times 10^{-j-1},$$
$$|[\alpha]_j - \alpha| \leq 10^{-j}.$$

Die erste ergibt sich aus der Definition von k_j und aus $n \geq k_j$, die zweite und die vierte folgen aus dem Approximationslemma und die dritte ergibt sich aus dem Runden von Dezimalzahlen. Darauf die Dreiecksungleichung angewendet, gelangt man zu:

$$|\alpha_n - \alpha| \leq 10^{-j-1} + 10^{-j-1} + 5 \times 10^{-j-1} + 10^{-j}$$
$$= 17 \times 10^{-j-1} \leq e < \varepsilon.$$

Somit stimmt in der Tat $\alpha = \lim A$. $\square$

3   Metrische Räume

3.1   Vollständige metrische Räume

3.1.1   Metrik

Bisher wurde nur von „Punkten" gesprochen, die reelle Größen sind, also von Punkten auf der eindimensionalen Skala. Tatsächlich ist der Begriff des Punktes viel weiter gefasst: Punkte müssen nicht unbedingt auf einer eindimensionalen Geraden verortet sein. So befinden sich in einer Zeichnung Punkte auf der zweidimensionalen Zeichenebene. Und mit unserer sinnlichen Wahrnehmung verorten wir Punkte im dreidimensionalen Anschauungsraum. Doch wir wollen in diesem Kapitel sogar eine noch abstraktere Position einnehmen und uns nicht mit dem Begriff der Dimension belasten. Einzig und allein die Tatsache, dass wir von zwei Punkten deren „Abstand" bestimmen können, ist für uns maßgebend. Dies allein wird genügen, um zu fundamentalen geometrischen Begriffen gelangen zu können.

Wenn wir von einem *Raum S* sprechen, soll vereinbart sein, was wir unter den *Elementen* u, v, w, ... von S verstehen, die wir *Punkte* des Raumes S nennen. Es handelt sich hierbei um Objekte, die wir miteinander vergleichen können, weil eine *Gleichheit*, symbolisiert durch $u = v$, und eine *Verschiedenheit*, symbolisiert durch $u \neq v$, von Punkten definiert ist, die den folgenden Regeln gehorchen:

1. $u \neq v$ zusammen mit $u = v$ ist absurd.

2. Führt die Annahme $u \neq v$ zu einem Widerspruch, gilt $u = v$.

3. $u \neq u$ ist absurd; es gilt daher stets $u = u$.

4. Aus $u = v$ und $w = v$ folgt $w = u$.

5. Aus $u \neq v$ folgt für jeden Punkt w entweder $w \neq u$ oder $w \neq v$ oder beides.

Wenn man in der unter 4. genannten Regel speziell für w den Punkt v wählt, was wegen $v = v$ erlaubt ist, erkennt man, dass aus $u = v$ notwendig $v = u$ folgt. Und wenn man in der unter 5. genannten Regel ebenfalls speziell für w den Punkt v wählt, erkennt man, weil $v \neq v$ absurd ist, dass aus $u \neq v$ notwendig $v \neq u$ folgt. Man sagt dazu kurz, dass sowohl die Gleichheit als auch die Verschiedenheit *symmetrische* Relationen zwischen Punkten darstellen.

Wir nennen einen Raum S einen *metrischen Raum*, wenn wir für jedes vorgelegte Paar u, v von Punkten deren *Abstand* oder deren *Distanz* messen können. Wir bezeichnen den Abstand von u zu v mit $\|u - v\|$. Es handelt sich beim Abstand

© Springer Fachmedien Wiesbaden GmbH, ein Teil von Springer Nature 2018
R. Taschner, *Vom Kontinuum zum Integral*, https://doi.org/10.1007/978-3-658-23380-8_3

$\|u - v\|$ um eine reelle Größe, für die $\|u - v\| \geq 0$ zutrifft. Man sagt, dass mit der Abstandsmessung eine *Metrik* vorliegt. Dabei gehorcht die Metrik den drei folgenden Regeln:

1. Die Metrik ist *extensional*:
   Aus $\|u - w\| \neq \|v - w\|$ folgt $u \neq v$.
   Demzufolge gilt bei $u = v$ auch $\|u - w\| = \|v - w\|$.

2. Die Metrik ist *positiv definit*:
   Es gilt $u \neq v$ genau dann, wenn $\|u - v\| > 0$ ist.

3. Die Metrik gehorcht der *Dreiecksungleichung*:
   Stets gilt $\|w - u\| - \|w - v\| \leq \|u - v\|$.

Die Bezeichnung $\|u - v\|$ für den Abstand der beiden Punkte u, v erinnert an die Bezeichnung $|\alpha - \beta|$ des Unterschieds zweier reeller Größen α, β. Dies liegt daran, dass der Unterschied, betrachtet man das Kontinuum $\mathbb{R}$ der reellen Größen als Raum mit den reellen Größen als dessen Punkte, in der Tat ein Abstand ist. Allerdings kennen wir in einem metrischen Raum im allgemeinen keine „Differenz" $u - v$ zweier Punkte. Das Minuszeichen zwischen u und v ist in einem beliebigen metrischen Raum, für sich allein betrachtet, sinnlos.

Zunächst stellen wir fest, dass jede Metrik neben der Extensionalität, der positiven Definitheit und dem Befolgen der Dreiecksungleichung noch ein weiteres Charakteristikum besitzt:

Symmetrie der Metrik. *Jede Metrik ist symmetrisch. Stets gilt:*

$$\|u - v\| = \|v - u\|.$$

Beweis. Wir folgern die Symmetrie der Metrik einerseits aus der für jede reelle Größe α sicher richtigen Formel $\alpha - 0 = \alpha$, andererseits aus $\|u - u\| = 0$: Setzen wir in der Dreiecksungleichung

$$\|w - u\| - \|w - v\| \leq \|u - v\|$$

$w = v$, erhalten wir:

$$\|v - u\| \leq \|u - v\|.$$

Setzen wir in der Dreiecksungleichung

$$\|w - v\| - \|w - u\| \leq \|v - u\|$$

$w = u$, erhalten wir:

$$\|u - v\| \leq \|v - u\|. \qquad \square$$

Wegen der Symmetrie der Metrik dürfen wir die Dreiecksungleichung auch so

$$\|u - w\| - \|v - w\| \leq \|u - v\|$$

oder so

$$\|u - w\| - \|w - v\| \le \|u - v\|$$

notieren. Wie bei den reellen Größen sprechen wir auch hier zwei weitere Versionen der Dreiecksungleichung an:

Dreiecksungleichung - zweite Version. *Für beliebige Punkte u, v, w und für beliebige Dezimalzahlen d', d'' folgt aus den beiden Ungleichungen $\|u - v\| \le d'$ und $\|v - w\| \le d''$ die Ungleichung $\|u - w\| \le d' + d''$.*

Beweis. Wir gehen von $\|v - w\| \le d''$ aus. Aus dieser Beziehung folgt

$$\|u - w\| - d'' \le \|u - w\| - \|v - w\|,$$

was aufgrund der Dreiecksungleichung zu

$$\|u - w\| - d'' \le \|u - v\| \le d'$$

führt. Daher ist

$$\|u - w\| - d'' > d'$$

absurd, woraus sich die behauptete zweite Version der Dreiecksungleichung ergibt. □

Dreiecksungleichung - dritte Version. *Bestehen für die $n+1$ Punkte $u_0, u_1, u_2, \ldots, u_n$ und für die n Dezimalzahlen $d_1, d_2, \ldots, d_n$ die Abschätzungen*

$$\|u_0 - u_1\| \le d_1, \quad \|u_1 - u_2\| \le d_2, \quad \ldots, \quad \|u_{n-1} - u_n\| \le d_n,$$

folgt aus ihnen die Abschätzung

$$\|u_0 - u_n\| \le d_1 + d_2 + \ldots + d_n.$$

Beweis. Offenkundig folgt diese Aussage mit Induktion aus der zweiten Version der Dreiecksungleichung. □

3.1.2 Mengen

Wir vereinbaren, in diesem Kapitel mit den lateinischen Kleinbuchstaben u, v, w, später auch mit den griechischen Kleinbuchstaben ξ, η, ζ Punkte zu bezeichnen. Ferner verwenden wir die Großbuchstaben X, Y, S, T als Bezeichnungen von Räumen. Es kommt im Folgenden oft vor, dass alle Punkte des Raumes S zugleich Punkte des Raumes T sind. In diesem Fall nennt man S einen *Teilraum* oder eine *Teilmenge* von T und schreibt $S \subseteq T$.

Angenommen, es sei aus dem Kontext klar, dass allein vom Raum S die Rede ist. Dann nennt man einen Teilraum X von S einfach nur eine *Menge*. Wir schreiben $u \in X$, wenn es einen Punkt in der Menge X gibt, der mit u übereinstimmt. Man sagt dazu auch, dass der Punkt u *in* der Menge X liegt, dass der Punkt u der Menge X angehört oder verwendet Formulierungen, die das Gleiche zum Ausdruck bringen. Und wir schreiben $u \notin X$, wenn feststeht, dass der mit u bezeichnete Punkt von jedem Punkt der Menge X verschieden ist. Man sagt dazu auch, dass der Punkt u *außerhalb* der Menge X liegt.

Liegen zwei Mengen X und Y vor, beinhaltet deren *Vereinigung* $X \cup Y$ alle Punkte, die entweder in X oder in Y oder in beiden Mengen liegen, und es beinhaltet deren *Durchschnitt* $X \cap Y$ alle Punkte, die sowohl in X als auch in Y liegen. Dabei kann es vorkommen, dass alle Punkte von X außerhalb von Y liegen und alle Punkte von Y außerhalb von X liegen. In diesem Fall heißen die beiden Mengen X und Y *disjunkt*, und man schreibt $X \cap Y = \emptyset$.

Es sei betont, dass bei einer vorliegenden Menge X und einem vorliegenden Punkt u keinesfalls eine der beiden Beziehungen $u \in X$ oder aber $u \notin X$ stimmen muss. Zwar ist klar, dass bei Gültigkeit einer dieser beiden Beziehungen die andere nicht stimmen kann. Aber es kann völlig unklar sein, ob der Punkt u der Menge X angehört, oder aber, ob er von jedem Punkt der Menge X verschieden ist.

Als Beispiel betrachten wir das Kontinuum $\mathbb{R}$ als zugrundeliegenden Raum und betrachten in ihm die Mengen $\mathbb{R}^+$, bestehend aus allen reellen Größen α mit $\alpha > 0$, $\mathbb{R}^-$, bestehend aus allen reellen Größen β mit $\beta < 0$, $\mathbb{R}_0^+$, bestehend aus allen reellen Größen γ mit $\gamma \geq 0$, und $\mathbb{R}_0^-$, bestehend aus allen reellen Größen δ mit $\delta \leq 0$.

Wir betrachten ferner $\wp_2$, die Brouwersche Reihe von 2, bei der wir für jede Zahl n deren n-te Annäherung in der Form

$$[\wp_2]_n = w_1 \times 10^{-1} + w_2 \times 10^{-2} + \ldots + w_n \times 10^{-n}$$

anschreiben. Weil die Dezimalreihe $\sqrt{2} = 1.414213562373\ldots$ lautet, kennen wir die ersten zwölf Nachkommastellen von $\sqrt{2}$, nämlich: $z_1 = 4$, $z_2 = 1$, $z_3 = 4$, $z_4 = 2$, $z_5 = 1$, $z_6 = 3$, $z_7 = 5$, $z_8 = 6$, $z_9 = 2$, $z_{10} = 3$, $z_{11} = 7$, $z_{12} = 3$. Weil die zwei Ziffern z_1, z_2 nicht übereinstimmen, die drei Ziffern z_2, z_3, z_4 nicht übereinstimmen, die vier Ziffern z_3, z_4, z_5, z_6 nicht übereinstimmen, die fünf Ziffern z_4, z_5, z_6, z_7, z_8 nicht übereinstimmen, die sechs Ziffern z_5, z_6, z_7, z_8, z_9, z_{10} nicht übereinstimmen und auch die sieben Ziffern z_6, z_7, z_8, z_9, z_{10}, z_{11}, z_{12} nicht übereinstimmen, folgern wir, der Definition Brouwerscher Reihen gehorchend, $w_1 = w_2 = w_3 = w_4 = w_5 = w_6 = 0$. Die ersten sechs Glieder der von $\wp_2$ definierten Folge lauten somit: $[\wp_2]_1 = 0.0$, $[\wp_2]_2 = 0.00$, $[\wp_2]_3 = 0.000$, $[\wp_2]_4 = 0.0000$, $[\wp_2]_5 = 0.00000$, $[\wp_2]_6 = 0.000000$. Vermutlich stimmt $\wp_2$ mit 0 überein. Denn es wäre eine mirakulös anmutende Eigenschaft von $\sqrt{2}$, wenn es eine Zahl n gäbe (die ja größer als 6 – ja sogar größer als 11 – sein müsste), bei der von der n-ten bis zur $2n$-ten Nachkommastelle in der Dezimalreihe $\sqrt{2}$ alle $n + 1$ Ziffern übereinstimmen. Nur in diesem Fall wäre $w_n = 5$ oder aber $w_n = -5$. Allerdings ist kein mathematischer Satz bekannt, der diese Möglichkeit kategorisch ausschließt. Und weil niemand einen Überblick über alle unendlich vielen Nachkommastellen der Dezimalreihe $\sqrt{2}$ besitzt, bleibt es völlig offen, ob $\wp_2$ einer der vier Mengen $\mathbb{R}^+$ oder $\mathbb{R}^-$ oder $\mathbb{R}_0^+$ oder $\mathbb{R}_0^-$ angehört. Darum bildet die Vereinigung $\mathbb{R}^+ \cup \mathbb{R}_0^-$ nicht, wie man vielleicht voreilig annehmen würde, das gesamte Kontinuum. Denn von der eben definierten Pendelreihe $\wp_2$ wissen wir nicht, ob $\wp_2$ in $\mathbb{R}^+$ liegt, und wir wissen nicht, ob $\wp_2$ in $\mathbb{R}_0^-$ liegt. Und für die Vereinigung $\mathbb{R}^- \cup \mathbb{R}_0^+$ gilt das Gleiche.

Trotzdem sind $\mathbb{R}^+$ und $\mathbb{R}_0^-$ disjunkt. Denn jede reelle Größe α mit $\alpha > 0$ liegt außerhalb $\mathbb{R}_0^-$ und jede reelle Größe β mit $\beta \leq 0$ liegt außerhalb $\mathbb{R}^+$. Wir wissen auch, dass eine reelle Größe γ in $\mathbb{R}_0^-$ liegt, wenn γ nicht in $\mathbb{R}^+$ ist. Allerdings wissen wir nicht, ob eine reelle Größe δ in $\mathbb{R}^+$ liegt, wenn von δ bloß bekannt ist, dass δ nicht in $\mathbb{R}_0^-$ liegt. „Nicht in einer Menge X zu liegen", bedeutet folglich etwas anderes als „außerhalb einer Menge X zu liegen": Aus der zweitgenannten Eigenschaft folgt notwendig die erstgenannte, aber das Umgekehrte stimmt im Allgemeinen nicht.

Die Gesamtheit aller Punkt, die außerhalb einer Menge X liegen, nennen wir das *Komplement* oder die *Komplementmenge* von X und symbolisieren sie mit X^c.

Wir sagen, dass eine Menge *diskret* ist oder ein *Diskretum* heißt, wenn für je zwei Punkte der Menge feststeht, ob sie einander gleich oder aber voneinander verschieden sind. Man weiß mit anderen Worten von je zwei Punkten eines Diskretums, dass sie entweder übereinstimmen oder aber einen positiven Abstand voneinander besitzen. Es ist diese „körnige" oder „granulare" Struktur, die das Wesen eines Diskretums offenlegt. Betrachtet man zum Beispiel den Absolutbetrag als Metrik, bilden sowohl die Dezimalzahlen wie auch die Brüche diskrete metrische Räume, die wir mit $\mathbb{D}$ und mit $\mathbb{Q}$ bezeichnen. Hingegen ist das Kontinuum $\mathbb{R}$ kein diskreter metrischer Raum. Im Gegensatz zu $\mathbb{D}$ oder zu $\mathbb{Q}$, die als Diskreta gleichsam im Kontinuum schweben, ist das Kontinuum alles andere als körnig, eher viskos. Erinnern Diskreta an Sandhaufen, die aus einzelnen, voneinander abgetrennten Körnern bestehen, lassen Kontinua an Honigtropfen denken, die sich nicht mit einem Messer in zwei Teile zerschneiden lassen.

3.1.3 Folgen

Mit den Großbuchstaben U, V, W bezeichnen wir zumeist Folgen von Punkten eines metrischen Raumes. Wie üblich schreiben wir $U = (u_1, u_2, \ldots, u_n)$, wenn U die aus den n Punkten $u_1, u_2, \ldots, u_n$ bestehende Folge ist, und wir schreiben $U = (u_1, u_2, \ldots, u_n, \ldots)$, wenn die unendliche Folge vorliegt, in der die Punkte u_1, $u_2, \ldots, u_n, \ldots$ aufgezählt sind. Wenn wir $u \in U$ schreiben, bedeutet dies, dass eine Zahl j gefunden werden kann, so dass $u = u_j$ das j-te Glied der Folge U ist.

Mit der Bezeichnung $V \sqsubseteq U$ bringen wir zum Ausdruck, dass die aus den Punkten $v_1, v_2, \ldots, v_n, \ldots$ bestehende Folge V eine *Teilfolge* der aus den Punkten $u_1, u_2, \ldots, u_n, \ldots$ bestehenden Folge U ist. Der Begriff der Teilfolge ist nicht mit jenem der Teilmenge zu verwechseln, denn bei Teilfolgen verlangen wir mehr als nur bei Teilmengen: Die Beziehung $V \sqsubseteq U$ gilt nämlich dann und nur dann, wenn es eine Folge bestehend aus Zahlen $m_1, m_2, \ldots, m_n, \ldots$ gibt, für die einerseits die Ungleichungskette

$$m_1 < m_2 < \ldots < m_n < \ldots$$

besteht, andererseits für jede Zahl n die Gleichheit $v_n = u_{m_n}$ zutrifft. Mit dieser Forderung erreichen wir, dass jedes Folgeglied v_n der Folge V nicht nur ein Folgeglied u_{m_n} der Folge U ist, sondern auch, dass die *nach* v_n genannten Folgeglieder der Folge V mit Folgegliedern von U übereinstimmen, die in U *nach* u_{m_n} aufgezählt werden.

Liegen mit U und V zwei Folgen vor, wobei die Folge U aus den Punkten u_1, $u_2, \ldots, u_n, \ldots$ besteht und die Folge V aus den Punkten $v_1, v_2, \ldots, v_n, \ldots$ besteht, kann man mit folgender Vorschrift diese beiden Folgen *mischen*: Die aus U und V gebildete *gemischte Folge* $U \sqcup V$ besteht aus den Punkten $w_1, w_2, \ldots, w_n, \ldots$, wobei für jede ungerade Zahl $2n - 1$ die Gleichheit $w_{2n-1} = u_n$ und für jede gerade Zahl $2n$ die Gleichheit $w_{2n} = v_n$ bestehen. Wir bilden mit anderen Worten aus den beiden Folgen

$$U = (u_1, u_2, \ldots, u_n, \ldots) \quad \text{und} \quad V = (v_1, v_2, \ldots, v_n, \ldots)$$

die gemischte Folge

$$U \sqcup V = (u_1, v_1, u_2, v_2, \ldots, u_n, v_n, \ldots).$$

Diese Festlegung ist so getroffen, dass sowohl U als auch V Teilfolgen der von ihnen gebildeten gemischten Folge $U \sqcup V$ sind. Auch hier ist zu beachten, dass durch die Festlegung der Reihenfolge der Folgeglieder beim Mischen zweier Folgen mehr Struktur vorliegt als beim Bilden der Vereinigung zweier Mengen.

Wir sind bei den obigen Definitionen durchwegs von unendlichen Folgen ausgegangen. Es erklärt sich von selbst, wie man sie auf endliche Folgen überträgt – wir ersparen uns, dies hier im Einzelnen zu erläutern. An einer späteren Stelle kommen wir noch einmal darauf zurück.

Selbstverständlich dürfen wir bei zwei Folgen U und V auch die Mengensymbolik verwenden: Wenn wir $V \subseteq U$ oder $U \cup V$ oder $U \cap V$ schreiben, vergessen wir gleichsam, dass es sich bei U und V um Folgen handelt. Wir betrachten in diesem Kontext U und V bloß als Mengen, die jene Punkte als Elemente enthalten, die bei ihnen als Folgeglieder aufgezählt sind, und stellen entweder fest, dass V eine Teilmenge von U ist, oder bilden die Vereinigung oder den Durchschnitt dieser beiden, begrifflich zu Mengen reduzierten Folgen.

Es wird im Laufe unserer Erörterungen auch vorkommen, dass wir Folgen betrachten deren Folgeglieder selbst Mengen oder Folgen sind. Für Folgen dieser Art verwenden wir als Bezeichnung griechische Großbuchstaben wie Σ, Ψ.

3.1.4 Fundamentalfolgen

Der Begriff der „Fundamentalfolge" spiegelt - nun in metrischen Räumen - den Dialog wieder, bei dem der eine Dialogpartner einen Punkt zu verorten sucht, indem er in grober Annäherung auf einen Punkt u_1 verweist, der andere Dialogpartner es aber genauer wissen will. Nach einer Vergrößerung der Szenerie verweist der erste Dialogpartner präziser auf den Punkt u_2, bezeichnet dies aber ebenfalls noch nicht als endgültig, und der zweite Dialogpartner will es noch einmal genauer wissen. Diese Unterhaltung zwischen den Dialogpartnern stellen wir uns ohne Unterlass fortgesetzt vor. Im Sinne von Cauchy soll dabei sichergestellt sein, dass die vom ersten Dialogpartner vorgelegten Punkte $u_1, u_2, \ldots, u_n, \ldots$ einander immer näher kommen - so, dass sie schließlich so gut wie keinen Abstand mehr voneinander haben. Die exakte Definition lautet demnach so:

Eine Folge $U = (u_1, u_2, \ldots, u_n, \ldots)$ von Punkten u_1, u_2, $\ldots$, u_n, $\ldots$ eines metrischen Raumes heißt genau dann eine *Fundamentalfolge*, wenn man zu jeder positiven reellen Größe ε eine Zahl j so finden kann, dass für je zwei Zahlen m und n, die mindestens so groß wie j sind, die Ungleichung $\|u_n - u_m\| < \varepsilon$ zutrifft.

Bezeichnen $U = (u_1, u_2, \ldots, u_n, \ldots)$ und $V = (v_1, v_2, \ldots, v_n, \ldots)$ zwei Fundamentalfolgen, so ist die Folge $\|U - V\|$, welche die reellen Größen $\|u_1 - v_1\|, \|u_2 - v_2\|, \ldots, \|u_n - v_n\|, \ldots$ aufzählt, konvergent.

Beweis. Es bezeichne ε eine beliebige positive reelle Größe. Dem Interpolationslemma zufolge gibt es eine positive Dezimalzahl e mit $\varepsilon > e$, und man kann eine Zahl j_1 so finden, dass für je zwei Zahlen m und n, die mindestens so groß wie j_1 sind,

$$\|u_n - u_m\| < \frac{e}{2}$$

stimmt. Genauso kann man eine Zahl j_2 so finden, dass für je zwei Zahlen m und n, die mindestens so groß wie j_2 sind,

$$\|v_n - v_m\| < \frac{e}{2}$$

stimmt. Wir setzen $j = \max(j_1, j_2)$ und schließen aus der Dreiecksungleichung für je zwei Zahlen m und n, die mindestens so groß wie j sind,

$$\|u_m - v_m\| - \|u_n - v_m\| \leq \|u_m - u_n\| < \frac{e}{2},$$

$$\|u_n - v_m\| - \|u_m - v_m\| \leq \|u_n - u_m\| < \frac{e}{2},$$

sowie

$$\|u_n - v_m\| - \|u_n - v_n\| \leq \|v_m - v_n\| < \frac{e}{2},$$

$$\|u_n - v_n\| - \|u_n - v_m\| \leq \|v_n - v_m\| < \frac{e}{2}.$$

Wir fassen dies zu

$$\big| \|u_m - v_m\| - \|u_n - v_m\| \big| \le \|u_m - u_n\| < \frac{e}{2},$$

$$\big| \|u_n - v_m\| - \|u_n - v_n\| \big| \le \|v_m - v_n\| < \frac{e}{2}$$

zusammen und folgern aus der Dreiecksungleichung des Kontinuums die Beziehung

$$\big| \|u_m - v_m\| - \|u_n - v_n\| \big| < \varepsilon,$$

die wegen des Cauchyschen Konvergenzkriteriums die Behauptung beweist.   □

Der Grenzwert $\lim \|U - V\|$, den man beim Vorliegen zweier Fundamentalfolgen berechnen kann, besitzt Eigenschaften, die an jene einer Metrik erinnern:

Es bezeichnen U, V, W drei beliebige Fundamentalfolgen. Dann gelten die Formeln

$$\lim \|U - V\| \ge 0$$

und

$$\lim \|W - U\| - \lim \|W - V\| \le \lim \|U - V\|.$$

Beweis. Die drei Folgen U und V und W sollen jeweils die Punkte

$$u_1, u_2, \ldots, u_n, \ldots \quad \text{und} \quad v_1, v_2, \ldots, v_n, \ldots \quad \text{und} \quad w_1, w_2, \ldots, w_n, \ldots$$

aufzählen. Die erstgenannte Formel ersehen wir aus der Tatsache, dass für jede Zahl n

$$\|u_n - v_n\| \ge 0$$

zutrifft, und weil wir uns auf das Permanenzprinzip berufen dürfen. Weil ferner für jede Zahl n

$$\|w_n - u_n\| - \|w_n - v_n\| \le \|u_n - v_n\|$$

stimmt, gilt wieder unter Berufung auf das Permanenzprinzip

$$\lim \left(\|W - U\| - \|W - V\| \right) \le \lim \|U - V\|,$$

woraus unter Beachtung von

$$\lim \left(\|W - U\| - \|W - V\| \right) = \lim \|W - U\| - \lim \|W - V\|$$

die zweite Formel folgt.   · □

Das einfachste, ja banalste Beispiel einer Fundamentalfolgt ist die *konstante Folge*, die einzig und allein den Punkt u unentwegt aufzählt. Stehen U bzw. V für die konstanten Folgen, die nur den Punkt u bzw. nur den Punkt v unentwegt aufzählen, ist die Gültigkeit von $\lim \|U - V\| = \|u - v\|$ offenkundig. Wir verständigen uns im

Folgenden darauf, dass wir mit u nicht nur einen Punkt des metrischen Raumes, sondern zugleich die konstante Folge bezeichnen, die ohne Unterlass nur den Punkt u aufzählt. Diese Vereinbarung erlaubt uns, die folgenden Aussagen sehr prägnant zu formulieren:

Allgemeine Dreiecksungleichung - erste Version. *Bezeichnen U eine Fundamentalfolge und v, w zwei Punkte, sowie d', d'' zwei Dezimalzahlen mit*

$$\lim \|U - v\| \le d' \quad und \quad \|v - w\| \le d'',$$

dann gilt:

$$\lim \|U - w\| \le d' + d''.$$

Beweis. Die Fundamentalfolge U soll die Punkte $u_1, u_2, \ldots, u_n, \ldots$ aufzählen, und e bezeichne eine beliebige positive Dezimalzahl. Dann lässt sich eine Zahl m so finden, dass für jede Zahl n, die mindestens so groß wie m ist,

$$\|u_n - v\| \le d' + e$$

und folglich auch

$$\|u_n - w\| \le d' + d'' + e$$

stimmt. Hieraus ersehen wir

$$\lim \|U - w\| \le d' + d'' + e.$$

Da die positive Dezimalzahl e beliebig klein vorausgesetzt werden darf, erweist sich die Annahme $\lim \|U - w\| > d' + d''$ als absurd. Somit ist $\lim \|U - w\| \le d' + d''$ bewiesen. □

Allgemeine Dreiecksungleichung - zweite Version. *Bezeichnen U eine Fundamentalfolge und v, w zwei Punkte, sowie d', d'' zwei Dezimalzahlen mit*

$$\lim \|U - v\| \le d' \quad und \quad \lim \|U - w\| \le d'',$$

dann gilt:

$$\|v - w\| \le d' + d''.$$

Beweis. Die Fundamentalfolge U soll die Punkte $u_1, u_2, \ldots, u_n, \ldots$ aufzählen, und e bezeichne eine beliebige positive Dezimalzahl. Dann lassen sich eine Zahl m_1 und eine Zahl m_2 so finden, dass für jede Zahl n, die mindestens so groß wie m_1 beziehungsweise mindestens so groß wie m_2 ist,

$$\|v - u_n\| \le d' + \frac{e}{2} \quad bzw. \quad \|u_n - w\| \le d'' + \frac{e}{2}$$

stimmen. Wir setzen $m = \max(m_1, m_2)$ und erhalten dadurch, wenn wir $n = m$ wählen,

$$\|v - w\| \leq d' + d'' + e.$$

Da die positive Dezimalzahl e beliebig klein vorausgesetzt werden darf, erweist sich die Annahme $\|v - w\| > d' + d''$ als absurd. Somit ist $\|v - w\| \leq d' + d''$ bewiesen.   □

Allgemeines Approximationslemma. *Die Fundamentalfolge U soll die Punkte u_1, $u_2, \ldots, u_n, \ldots$ aufzählen und ε bezeichne eine beliebige positive reelle Größe. Dann gibt es eine Zahl j mit der Eigenschaft, dass für jede Zahl m, die mindestens so groß wie j ist, die Ungleichung*

$$\lim \|U - u_m\| \leq \varepsilon$$

stimmt.

Beweis. Jedenfalls kann man eine Zahl j so finden, dass für jedes Paar von Zahlen m, n die beide mindestens so groß wie j sind, die Ungleichung $\|u_n - u_m\| < \varepsilon$ richtig ist. Wenn daher m eine beliebige Zahl mit $m \geq j$ bezeichnet und wir den Satz über die Abschätzung des Grenzwerts auf die aus den reellen Größen

$$\|u_1 - u_m\|, \|u_2 - u_m\|, \ldots, \|u_n - u_m\|, \ldots$$

bestehende Folge anwenden, erhalten wir die Aussage des hier formulierten allgemeinen Approximationslemmas.   □

All dies, was wir bisher gezeigt haben, deutet darauf hin, dass wir mit den Fundamentalfolgen $U, V, \ldots$ als „Punkten" einen neuen metrischen Raum gewinnen, wobei zwei derartige „Punkte" U, V genau dann als „gleich" beziehungsweise als „verschieden" angesehen werden, wenn jeweils $\lim \|U - V\| = 0$ beziehungsweise $\lim \|U - V\| > 0$ zutrifft. Dies stimmt tatsächlich. Aber wir werden diesen Gedanken in einer Weise erarbeiten, die uns an die Konstruktion der Punkte des Kontinuums aus den Dezimalzahlen im vorigen Kapitel erinnert. Die nächsten Abschnitte zeigen im Einzelnen, was wir damit meinen.

3.1.5 Raster

Wir gehen von einem metrischen Raum S aus. Eine Folge Σ bestehend aus den Mengen $S_1, S_2, \ldots, S_n, \ldots$ und eine Folge E bestehend aus den positiven Dezimalzahlen $e_1, e_2, \ldots, e_2, \ldots$ nennen wir genau dann einen *Raster* (Σ, E), wenn die folgenden vier Voraussetzungen gegeben sind:

1. Für jede Zahl n gilt $S_n \subseteq S_{n+1}$.

2. Für jede Zahl n gilt $e_{n+1} < e_n$.

3. E ist eine konvergente Folge mit $\lim E = 0$.

4. Zu jedem in S liegenden Punkt u und zu jeder Zahl n gibt es einen in S_n liegenden Punkt v mit $\|u - v\| \leq e_n/2$.

Wir nennen die von Σ aufgezählten Mengen $S_1, S_2, \ldots, S_n, \ldots$ die *Schablonen* des Rasters, genauer soll S_n die *n-te Schablone* von Σ heißen. Die in den Schablonen des Rasters enthaltenen Punkte nennen wir die *Markierungen* des Rasters, genauer soll ein Punkt eine *n-te Markierung* heißen, wenn er in S_n liegt. Ferner nennen wir die von E aufgezählten positiven Dezimalzahlen $e_1, e_2, \ldots, e_2, \ldots$ die *Spannweiten* des Rasters.

Jenes Beispiel, das man sich als Paradigma eines Rasters stets vor Augen halten kann, geht vom metrischen Raum $\mathbb{D}$ aller Dezimalzahlen aus, in dem der Betrag der Differenz für die Metrik steht. Definieren wir für jede Zahl n die Menge $\mathbb{D}_n$ als Gesamtheit der Dezimalzahlen mit genau n Nachkommastellen, bekommen wir so die Schablonen $\mathbb{D}_1, \mathbb{D}_2, \ldots, \mathbb{D}_n, \ldots$, welche die Folge Σ des Rasters (Σ, E) aufzählt. Für jede Zahl n definieren wir als Spannweite $e_n = 10^{-n}$. Auf diese Weise erhalten wir die Folge

$$E = (0.1\,,\ 0.01\,,\ 0.001\,,\ \ldots\,,\ 0.0\ldots01\,,\ \ldots)$$

des Rasters (Σ, E). Dass die ersten drei der genannten Voraussetzungen gegeben sind, ist offenkundig. Um die vierte Voraussetzung zu beweisen, gehen wir von einer beliebigen Dezimalzahl a und einer beliebigen Zahl n aus. Die durch Runden auf n Nachkommastellen erhaltene Dezimalzahl $b = \{a\}_n$ gehört der Schablone $\mathbb{D}_n$ an, und wir wissen, dass

$$|a - b| \leq 5 \times 10^{-n-1} = e_n/2$$

stimmt.

Ein anschauliches Beispiel eines Rasters gewinnt man auf folgende Weise. Wir gehen von der Zeichenebene aus und tragen in ihr eine Schar waagrechter Geraden sowie eine Schar senkrechter Geraden ein, wobei je zwei benachbarte waagrechte und je zwei benachbarte senkrechte Geraden voneinander den Abstand $1/2$ besitzen sollen. Auf diese Weise ist die Zeichenebene mit Quadraten der Seitenlänge $1/2$ parkettiert, und die Ecken dieser Quadrate nennen wir die Markierungen der Schablone S_1. Angenommen, wir wüssten für eine Zahl n bereits, wie die Schablone S_n aussieht: Sie besteht jedenfalls aus den Schnittpunkten, die wie zuvor von waagrechten und senkrechten Geraden erzeugt werden, wobei nun die benachbarten Geraden den Abstand 2^{-n} voneinander besitzen sollen. Die Schablone S_{n+1} entsteht aus der Schablone S_n, wenn man zwischen je zwei der zuvor gezeichneten benachbarten parallelen Geraden, seien sie waagrecht oder senkrecht, die Mittengerade einträgt und zusätzlich zu den Markierungen aus S_n noch die weiteren durch diese zusätzlichen Geraden entstandenen Schnittpunkte als Markierungen in S_{n+1} aufgenommen werden. Weil $\sqrt{2} < 3/2$ gilt, überdecken offenkundig die

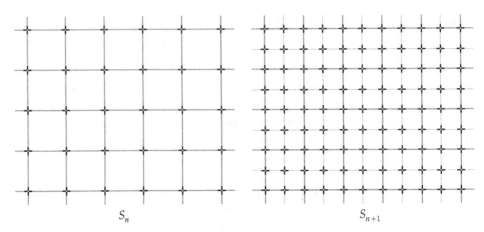

S_n S_{n+1}

Abbildung 3.1. *Zwei aufeinanderfolgende Schablonen eines Rasters in der Zeichenebene*

Kreisscheiben mit den Markierungen der Schablone S_n als Mittelpunkten und mit dem gemeinsamen Durchmesser $3/2^n$ die gesamte Zeichenebene. Legt man daher für jede Zahl n die Spannweite als $3/2^n$ fest, stellt das Paar (Σ, E), bei dem Σ die eben beschriebenen Schablonen $S_1, S_2, \ldots, S_n, \ldots$ und E die Dezimalzahlen $3/2$, $3/4, \ldots, 3/2^n, \ldots$ aufzählen, einen „Raster" im wahrsten Sinne des Wortes dar.

Liegt irgendein metrischer Raum S vor, kann man auf folgende Weise immer einen Raster herstellen, den wir einen *trivialen Raster* nennen: Man setzt für jede Zahl n die Schablone S_n mit S gleich. Damit ist die erste Voraussetzung klarerweise gegeben. Wie die Folge E lautet, welche die Spannweiten $e_1, e_2, \ldots, e_2, \ldots$ aufzählt, ist uns völlig frei gestellt. Wir müssen nur für $e_1 > e_2 > \ldots > e_n > \ldots$ und für $\lim E = 0$ Sorge tragen. Denn dann sind die zweite und die dritte Voraussetzung erfüllt. Und die vierte Voraussetzung stimmt schon deshalb, weil wir wegen $S_n = S$ den dort genannten Punkt v aus S_n mit u gleichsetzen dürfen.

Allerdings wäre es verfehlt, sich allein auf diesen Spezialfall eines Rasters zu kaprizieren. Denn der Erfindung des Rasters liegt der Gedanke zugrunde, dass die Schablonen $S_1, S_2, \ldots, S_n, \ldots$ möglichst „kleine", in einem gewissen Sinn „nur wenige" Punkte beinhaltende Mengen sein sollen. Trotzdem zeigt sich, dass man mit diesen Schablonen nicht nur alle Punkte des ursprünglichen metrischen Raumes S verorten kann, sondern vielleicht darüber hinaus noch eine Vielzahl weiterer Punkte entdeckt, die wir im Folgenden „Grenzpunkte" nennen werden. Dennoch lassen wir triviale Raster nicht außer acht, weil sie, unabhängig von der speziellen Bauart des metrischen Raumes S, auf jeden Fall herangezogen werden können.

Es sei noch erwähnt, dass die Einschränkung darauf, dass die Folge E nur aus positiven *Dezimalzahlen* besteht, fallengelassen werden kann: Die in E aufgezählten $e_1, e_2, \ldots, e_n, \ldots$ dürfen auch Brüche sein. Sie müssen lediglich den in 2., 3. und 4. genannten Bedingungen eines Rasters gehorchen.

3.1.6 Ein Raster im metrischen Raum der Brüche

Aufgrund der zuletzt getroffenen Bemerkung bietet sich das folgende Beispiel eines Rasters an, welches eine Brücke zu den im Einführungskapitel besprochenen Fareybrüchen schlägt: Wir betrachten den metrischen Raum $\mathbb{Q}$ aller gekürzten Brüche der Gestalt p/n (mit ganzen Zahlen p als Zähler und mit Zahlen n als Nenner) und versammeln für eine beliebige Zahl k in $\mathbb{Q}_k$ die Brüche p/n aus $\mathbb{Q}$, deren Nenner n höchstens so groß wie k sind. Es sind dies die Brüche der k-ten Fareyzeile. Peter Gustav Lejeune Dirichlet zeigte, wie erstaunlich nahe man mit ihrer Hilfe an beliebige Brüche und an beliebige reelle Größen gelangen kann:

Approximationssatz von Dirichlet für Brüche. Zu jedem Bruch r/l und jeder Zahl k gibt es einen gekürzten Bruch p/n mit $n \le k$ und

$$\left| \frac{r}{l} - \frac{p}{n} \right| \le \frac{1}{(k+1)n}\,.$$

Beweis. Der Bruch r/l muss in der k-ten Fareyzeile $\mathbb{Q}_k$ zwischen zwei aufeinanderfolgende Brüche p/n und q/m so zu liegen kommen, dass $p/n \le r/l \le q/m$ zutrifft. Der zwischen p/n und q/m liegende Median $(p+q)/(m+n)$ ist nun entweder mindestens so groß wie r/l oder aber höchstens so groß wie r/l. Wir gehen vom ersten Fall, also von

$$\frac{p}{n} \le \frac{r}{l} \le \frac{p+q}{n+m}$$

aus, beachten dass $n+m > k$, folglich $n+m \ge k+1$ sowie $(p+q)n - p(n+m) = qn - pm = 1$ stimmen muss und schließen somit auf

$$\left| \frac{r}{l} - \frac{p}{n} \right| \le \frac{p+q}{n+m} - \frac{p}{n} = \frac{1}{(n+m)n} \le \frac{1}{(k+1)n}\,.$$

Gehen wir vom zweiten Fall, also von

$$\frac{p+n}{n+m} \le \frac{r}{l} \le \frac{q}{m}$$

aus, erhalten wir wegen $q(n+m) - (p+q)m = qn - pm = 1$ und aufgrund der gleichen Überlegung wie zuvor:

$$\left| \frac{r}{l} - \frac{q}{m} \right| \le \frac{q}{m} - \frac{p+q}{n+m} = \frac{1}{(n+m)m} \le \frac{1}{(k+1)m}\,.$$

Da es unerheblich ist, ob man die Fareybrüche aus $\mathbb{Q}_k$ mit p/n oder mit q/m bezeichnet, haben wir somit die Behauptung bewiesen. $\square$

Approximationssatz von Dirichlet für reelle Größen. Zu jeder reellen Größe α und jeder Zahl k gibt es einen gekürzten Bruch p/n mit $n \le k$ und

$$\left| \alpha - \frac{p}{n} \right| < \frac{1}{kn}\,.$$

Beweis. Es bezeichne e eine positive Dezimalzahl, für die $e \leq 1/(2k^2(k+1))$ zutrifft. Wir pirschen uns an die reelle Größe α mit einer Dezimalzahl a, die als Dezimalbruch zugleich ein Bruch, also ein Element von $\mathbb{Q}$ ist, so nahe an, dass

$$|\alpha - a| \leq e$$

stimmt. Weil nach dem eben für Brüche bewiesenen Dirichletschen Approximationssatz ein Bruch p/n in $\mathbb{Q}_k$ mit

$$\left| a - \frac{p}{n} \right| \leq \frac{1}{(k+1)n}$$

ermittelt werden kann, folgt aus der Dreiecksungleichung und wegen $n \leq k$:

$$\left| \alpha - \frac{p}{n} \right| \leq \frac{1}{(k+1)n} + e < \frac{1}{(k+1)n} + 2e \leq \frac{1}{(k+1)n} + \frac{1}{(k+1)k^2}$$

$$\leq \frac{1}{(k+1)n} + \frac{1}{(k+1)kn} = \frac{1}{kn}. \qquad \square$$

Jedenfalls bietet sich aufgrund des Dirichletschen Approximationssatzes für Brüche an, den metrischen Raum $\mathbb{Q}$ der Brüche mit dem Betrag der Differenz als Metrik zu betrachten. In ihm bilden die Fareyzeilen $\mathbb{Q}_1, \mathbb{Q}_2, \ldots, \mathbb{Q}_k, \ldots$ Schablonen, und wenn man für jede Zahl k als k-te Spannweite $e_k = 2/(k+1)$ festlegt, hat man für diesen metrischen Raum einen Raster konstruiert.

3.1.7 Grenzpunkte

Es sei ein Raster (Σ, E) mit der Folge Σ der Schablonen $S_1, S_2, \ldots, S_n, \ldots$ und der Folge E der Spannweiten $e_1, e_2, \ldots, e_n, \ldots$ gegeben. Wir definieren einen *Grenzpunkt* ξ als eine aus Markierungen $[\xi]_1, [\xi]_2, \ldots, [\xi]_n, \ldots$ bestehende Folge, bei der für jede Zahl n die Markierung $[\xi]_n$ in S_n liegt, und bei der für je zwei Zahlen n und m die Ungleichung

$$\|[\xi]_n - [\xi]_m\| \leq e_n + e_m$$

besteht. Für jede Zahl n heißt die Markierung $[\xi]_n$ eine *Annäherung*, genauer: eine *n-te Annäherung* an den Grenzpunkt ξ.

Dass damit der Begriff der reellen Größe eine Verallgemeinerung erfährt, liegt auf der Hand: Im Paradebeispiel, bei dem für jede Zahl n die Schablone $\mathbb{D}_n$ aus den n-stelligen Dezimalzahlen besteht und die Spannweite $e_n = 10^{-n}$ lautet, läuft der Begriff des Grenzpunkts auf den der reellen Größe hinaus. Da wir schon mit reellen Größen – wenn auch noch sehr eingeschränkt – rechnen können, vereinfachen sich gottlob nun die Beweise. So gelangen wir unmittelbar zur Erkenntnis, dass man den Grenzpunkt ξ mithilfe der ersten Annäherung $[\xi]_1$ mit einer Ungenauigkeit von höchstens e_1, mithilfe der zweiten Annäherung $[\xi]_2$ mit einer Ungenauigkeit von höchstens e_2, allgemein bei jeder Zahl n mithilfe der n-ten Annäherung $[\xi]_n$ mit einer Ungenauigkeit von höchstens e_n erfasst. Eben dies behauptet nämlich der folgende Satz:

Approximationslemma in metrischen Räumen. *Jeder Grenzpunkt ξ ist eine Fundamentalfolge. Insbesondere gilt für jede Zahl n die Ungleichung*

$$\lim \|[\xi]_n - \xi\| \le e_n.$$

Beweis. Es bezeichne ε eine beliebige positive reelle Größe. Mit e benennen wir eine positive Dezimalzahl mit $e < \varepsilon$ und wir bestimmen eine Zahl j, die so groß sein soll, dass $e_j \le e/2$ zutrifft. Dann folgt daraus für beliebige Zahlen n und m, die mindestens so groß wie j sind

$$\|[\xi]_n - [\xi]_m\| \le e_n + e_m \le 2e_j < \varepsilon.$$

Folglich bildet ξ eine Fundamentalfolge.

Jetzt konstruieren wir für eine beliebige Zahl n die zwei Folgen

$$A = (\|[\xi]_n - [\xi]_1\|, \|[\xi]_n - [\xi]_2\|, \ldots, \|[\xi]_n - [\xi]_m\|, \ldots)$$

und

$$B = (e_n + e_1, e_n + e_2, \ldots, e_n + e_m, \ldots).$$

Nach dem Permanenzprinzip folgt aus $A \le B$ die Ungleichung $\lim A \le \lim B$. Die Formel des Approximationslemmas ergibt sich aus $\lim A = \lim \|[\xi]_n - \xi\|$ und $\lim B = e_n$. □

Als nächstes zeigen wir, dass man mit Grenzpunkten jeden Punkt erfassen kann, der im Sinne Cauchys in einer Aufzählung von immer genaueren Annäherungen verortet wird. Dabei ist bemerkenswert, dass die in der Aufzählung genannten Annäherungen nicht notwendig Punkte des metrischen Raumes, sondern ihrerseits selbst Fundamentalfolgen des metrischen Raumes sein dürfen. Die genaue Formulierung dieses Satzes lautet folgendermaßen:

Satz von Cauchy. *Es bezeichne $\Psi = (U_1, U_2, \ldots, U_n, \ldots)$ eine Folge von Fundamentalfolgen $U_1, U_2, \ldots, U_n, \ldots$, welche die nachstehende Eigenschaft besitzen: Zu jeder positiven reellen Größe ε kann man eine Zahl k so finden, dass für jedes Paar von Zahlen n und m, die beide mindestens so groß wie k sind, die Ungleichung*

$$\lim \|U_n - U_m\| < \varepsilon$$

besteht. Dann gibt es einen Grenzpunkt ξ, der die nachstehende Eigenschaft besitzt: Zu jeder positiven reellen Größe ε kann man eine Zahl j so finden, dass für jede Zahl n, die mindestens so groß wie j ist, die Ungleichung

$$\lim \|U_n - \xi\| < \varepsilon$$

besteht.

Beweis. Es bezeichne j irgendeine Zahl. Ihr kann man eine Zahl k_j so zuordnen, dass für je zwei Zahlen n und m die Ungleichungen $n \geq k_j$ und $m \geq k_j$ die Ungleichung

$$\lim \|U_n - U_m\| < \frac{e_j}{4}$$

nach sich ziehen. Wir symbolisieren die Folgeglieder, welche die Fundamentalfolge U_n aufzählt, mit $u_1^{(n)}, u_2^{(n)}, \ldots, u_m^{(n)}, \ldots$. Weil es sich bei U_{k_j} um eine Fundamentalfolge handelt, gibt es eine Zahl l_j mit der Eigenschaft

$$\lim \left\| u_{l_j}^{(k_j)} - U_{k_j} \right\| < \frac{e_j}{4}.$$

Der Definition des Rasters gemäß gibt es in der Schablone S_j eine Markierung $[\xi]_j$ mit

$$\left\| [\xi]_j - u_{l_j}^{(k_j)} \right\| \leq \frac{e_j}{2}.$$

Zuerst zeigen wir, dass die Folge, welche $[\xi]_1, [\xi]_2, \ldots, [\xi]_n, \ldots$ aufzählt, einen Grenzpunkt ξ definiert. Bezeichnen nämlich n und m zwei beliebige Zahlen, können wir aufgrund der Dreiecksungleichung aus den fünf sicher richtigen Ungleichungen

$$\left\| [\xi]_n - u_{l_n}^{(k_n)} \right\| \leq \frac{e_n}{2}$$

$$\lim \left\| u_{l_n}^{(k_n)} - U_{k_n} \right\| < \frac{e_n}{4}$$

$$\lim \|U_{k_n} - U_{k_m}\| < \max \left(\frac{e_n}{4}, \frac{e_m}{4} \right) < \frac{e_n}{4} + \frac{e_m}{4}$$

$$\lim \left\| U_{k_m} - u_{l_m}^{(k_m)} \right\| < \frac{e_m}{4}$$

$$\left\| u_{l_m}^{(k_m)} - [\xi]_m \right\| \leq \frac{e_m}{2}$$

auf

$$\|[\xi]_n - [\xi]_m\| \leq \frac{e_n}{2} + \frac{e_n}{4} + (\frac{e_n}{4} + \frac{e_m}{4}) + \frac{e_m}{4} + \frac{e_m}{2}$$

$$= e_n + e_m$$

schließen.

Sodann zeigen wir, dass der so konstruierte Grenzpunkt ξ die im Satz behauptete Eigenschaft besitzt: Zu diesem Zweck bezeichne ε irgendeine positive reelle Größe. Mit e bezeichnen wir eine positive Dezimalzahl, für die $e < \varepsilon$ gilt, und wir finden sodann eine Zahl j, die für $e_j \leq e/2$ sorgt. Nun wenden wir bei irgendeiner Zahl n, die mindestens so groß wie k_j ist, bei den vier sicher richtigen Ungleichungen

$$\lim \|U_n - U_{k_j}\| < \frac{e_j}{4}$$

$$\lim \|U_{k_j} - u_{l_j}^{(k_j)}\| < \frac{e_j}{4}$$

$$\left\| u_{l_j}^{(k_j)} - [\xi]_j \right\| \leq \frac{e_j}{2}$$

$$\lim \|[\xi]_j - \xi\| \leq e_j$$

die Dreiecksungleichung an, woraus wir

$$\lim \| U_n - \xi \| \leq \frac{e_j}{4} + \frac{e_j}{4} + \frac{e_j}{2} + e_j = 2e_j \leq e < \varepsilon$$

erhalten. $\square$

3.1.8 Verschiedenheit und Gleichheit von Grenzpunkten

Wir gehen von einem metrischen Raum S aus, in dem (Σ, E) einen Raster bildet. Für die Gesamtheit T der Grenzpunkte ξ, η, ζ, ... soll die *Verschiedenheit* $\xi \neq \eta$ genau dann bestehen, wenn $\lim \| \xi - \eta \| > 0$ zutrifft, und es soll die *Gleichheit* $\xi = \eta$ genau dann bestehen, wenn $\lim \| \xi - \eta \| = 0$ stimmt.

Die Gesamtheit T der Grenzpunkte von S ist ein metrischer Raum: Der Abstand zweier Grenzpunkte ξ, η voneinander wird dabei als $\lim \| \xi - \eta \|$ festgelegt. Der Einfachheit halber und weil keine Missverständnisse zu befürchten sind, schreiben wir statt $\lim \| \xi - \eta \|$ einfach nur: $\| \xi - \eta \|$.

Die Verschiedenheit und die Gleichheit im metrischen Raum T der Grenzpunkte ξ, η, ζ, ... des metrischen Raumes S besitzen die für eine Gleichheit und eine Verschiedenheit kennzeichnenden Eigenschaften:

1. *$\xi \neq \eta$ zusammen mit $\xi = \eta$ ist absurd.*
2. *Führt die Annahme $\xi \neq \eta$ zu einem Widerspruch, gilt $\xi = \eta$.*
3. *$\xi \neq \xi$ ist absurd; es gilt daher stets $\xi = \xi$.*
4. *$\xi = \eta$ und $\zeta = \eta$ haben $\zeta = \xi$ zur Folge.*
5. *Aus $\xi \neq \eta$ folgt für jeden Grenzpunkt ζ entweder $\zeta \neq \xi$ oder $\zeta \neq \eta$ oder beides.*

Beweis. Die ersten drei Punkte ergeben sich unmittelbar aus den Definitionen der Verschiedenheit und der Gleichheit.

4. Wegen der Dreiecksungleichung

$$\| \zeta - \xi \| - \| \zeta - \eta \| \leq \| \xi - \eta \|$$

folgt aus den Beziehungen $\| \xi - \eta \| = 0$ und $\| \zeta - \eta \| = 0$ sofort $\| \zeta - \xi \| = 0$.

5. Wir gehen von $\| \xi - \eta \| > 0$ aus. Dann kann man aufgrund des Interpolationslemmas eine Dezimalzahl d mit $\| \xi - \eta \| > d > 0$ konstruieren. Dem Dichotomielemma zufolge ist mindestens eine der beiden Ungleichungen

$$\| \zeta - \xi \| < \frac{d}{2} \quad , \quad \| \zeta - \xi \| > \frac{d}{4}$$

richtig. Angenommen, es stimmt

$$\| \zeta - \xi \| < \frac{d}{2} ,$$

und angenommen, es stimmt überdies

$$\|\zeta - \eta\| < \frac{d}{2},$$

folgte aus der Dreiecksungleichung

$$\|\xi - \eta\| \leq \frac{d}{2} + \frac{d}{2} = d,$$

und dies ist absurd. Deshalb führt die Annahme $\|\zeta - \xi\| < d/2$ notwendig zu $\zeta \neq \eta$. Und im zweiten Fall $\|\zeta - \xi\| > d/4$ bekommt man sofort $\zeta \neq \xi$. □

3.1.9 Konvergente Folgen

Eine unendliche Folge $U = (u_1, u_2, \ldots, u_n, \ldots)$ von Punkten $u_1, u_2, \ldots, u_n, \ldots$ eines metrischen Raumes S heißt genau dann *konvergent* - genauer: *konvergent in S* -, wenn es einen Punkt u mit folgender Eigenschaft gibt: zu jeder positiven reellen Größe ε kann man eine Zahl j so finden, dass für jede Zahl n, die mindestens so groß wie j ist, die Ungleichung $\|u - u_n\| < \varepsilon$ zutrifft. Ein Punkt u mit dieser Eigenschaft heißt ein *Grenzwert* der konvergenten Folge U.

Eine in einem metrischen Raum konvergente Folge U besitzt nur einen einzigen Grenzwert, den man mit $\lim U$ bezeichnet.

Beweis. Angenommen, es lägen zwei voneinander verschiedene Grenzwerte u' und u'' der konvergenten Folge U vor, wobei U die Punkte $u_1, u_2, \ldots, u_n, \ldots$ aufzählt. Dann wäre der Abstand dieser beiden Grenzwerte positiv. Wir bezeichnen ihn mit $\varepsilon = \|u' - u''\|$. Dem Interpolationslemma zufolge gäbe es eine positive Dezimalzahl e mit $\varepsilon > e$. Weil u' Grenzwert von U ist, kann man eine Zahl j_1 so finden, dass für jede Zahl n mit $n \geq j_1$ die Ungleichung $\|u' - u_n\| < e/2$ zutrifft. Weil u'' Grenzwert von U ist, kann man eine Zahl j_2 so finden, dass für jede Zahl n mit $n \geq j_2$ die Ungleichung $\|u'' - u_n\| < e/2$ zutrifft. Bezeichnet n eine Zahl mit $n \geq \max(j_1, j_2)$, geriete man zum Widerspruch

$$\|u' - u''\| \leq \frac{e}{2} + \frac{e}{2} = e < \varepsilon = \|u' - u''\|,$$

der zeigt, dass die Annahme $u' \neq u''$ absurd ist. □

Jede Teilfolge einer in einem metrischen Raum konvergenten Folge ist auch konvergent und besitzt den gleichen Grenzwert.

Beweis. Wir bezeichnen mit $V = (v_1, v_2, \ldots, v_n, \ldots)$ die Teilfolge der im metrischen Raum S konvergenten Folge $U = (u_1, u_2, \ldots, u_n, \ldots)$. Definitionsgemäß gibt es eine Folge, welche die Zahlen $n_1, n_2, \ldots, n_m, \ldots$ mit

$$n_1 < n_2 < \ldots < n_m < \ldots$$

so aufzählt, dass für jede Zahl m die Beziehung $v_m = u_{n_m}$ zutrifft. Wir bezeichnen den Grenzwert der Folge U diesmal mit $w = \lim U$, und wir wissen, dass man zu jeder positiven reellen Größe ε eine Zahl j so finden kann, dass für jede Zahl n, die mindestens so groß wie j ist, die Ungleichung $\|w - u_n\| < \varepsilon$ zutrifft. Da aus $m \geq j$ sicher $n_m \geq j$ folgt, trifft a fortiori die Ungleichung

$$\|w - v_m\| = \|w - u_{n_m}\| < \varepsilon$$

zu, sobald $m \geq j$ stimmt. □

Die aus den beiden in einem metrischen Raum konvergenten Folgen U und V gebildete gemischte Folge $W = U \sqcup V$ ist ebenfalls konvergent, wenn die Grenzwerte von U und von V übereinstimmen. Dieser Punkt $\lim U = \lim V$ ist zugleich der Grenzwert $\lim W$ der gemischten Folge.

Beweis. Bekanntlich entsteht W aus den beiden Folgen $U = (u_1, u_2, \ldots, u_n, \ldots)$ und $V = (v_1, v_2, \ldots, v_n, \ldots)$, indem man die von $W = U \sqcup V$ aufgezählten Punkte w_1, $w_2, \ldots, w_n, \ldots$ so fixiert, dass für jede Zahl k einerseits $w_{2k-1} = u_k$, andererseits $w_{2k} = v_k$ gilt. Wir bezeichnen den gemeinsamen Grenzwert von U und V mit $\lim U = \lim V = w$, und wir wissen, dass man zu jeder positiven reellen Größe ε eine Zahl j_1 so finden kann, dass für jede Zahl n, die mindestens so groß wie j_1 ist, die Ungleichung $\|w - u_n\| < \varepsilon$ zutrifft. Ebenso können wir eine Zahl j_2 so finden, dass für jede Zahl n, die mindestens so groß wie j_2 ist, die Ungleichung $\|w - v_n\| < \varepsilon$ zutrifft. Die Zahl j sei als $j = 2\max(j_1, j_2)$ festgelegt. Trifft für die Zahl n die Ungleichung $n \geq j$ zu, bedeutet dies im Falle, dass n ungerade ist, also als $n = 2k - 1$ geschrieben werden kann, wegen

$$n \geq j \geq 2j_1 \geq 2j_1 - 1$$

sicher $k \geq j_1$, und daher gilt

$$\|w - w_n\| = \|w - u_k\| < \varepsilon.$$

Und im Fall eines geraden n, also $n = 2k$, folgt aus

$$n \geq j \geq 2j_2$$

die Ungleichung $k \geq j_2$ und damit die Ungleichung

$$\|w - w_n\| = \|w - v_k\| < \varepsilon.$$

Mit anderen Worten: Stets folgt aus $n \geq j$ die Ungleichung $\|w - w_n\| < \varepsilon$. □

3.1.10 Vollständige metrische Räume

Ein metrischer Raum S heißt genau dann ein *vollständiger* metrischer Raum, wenn jede Fundamentalfolge zugleich eine in S konvergente Folge ist.

Es bezeichne S einen metrischen Raum mit einem Raster (Σ, E), wobei die Folge Σ der Schablonen und die Folge E der Spannweiten als

$$\Sigma = (S_1, S_2, \ldots, S_n, \ldots) \quad und \quad E = (e_1, e_2, \ldots, e_n, \ldots)$$

gegeben sind. Mit T sei der metrische Raum aller Grenzpunkte von S bezeichnet. Dann liegt mit T ein vollständiger metrischer Raum vor.

Beweis. Mit $(\xi_1, \xi_2, \ldots, \xi_n, \ldots)$ bezeichnen wir irgendeine Fundamentalfolge im metrischen Raum T. Sie zählt ihrerseits definitionsgemäß Fundamentalfolgen $\xi_1, \xi_2, \ldots, \xi_n, \ldots$ des metrischen Raumes S auf. Überdies wissen wir, dass man zu jeder positiven reellen Größe ε eine Zahl k so finden kann, dass für jedes Paar von Zahlen n und m, die beide mindestens so groß wie k sind, $\|\xi_n - \xi_m\| < \varepsilon$ zutrifft. Dem Satz von Cauchy entnehmen wir die Existenz eines Grenzpunktes ξ, also eines in T liegenden Punktes ξ mit der nachstehenden Eigenschaft: Zu jeder positiven reellen Größe ε kann man eine Zahl j so finden, dass für jede Zahl n, die mindestens so groß wie j ist, die Ungleichung $\|\xi_n - \xi\| < \varepsilon$ zutrifft. Demnach ist ξ Grenzwert der Folge $(\xi_1, \xi_2, \ldots, \xi_n, \ldots)$. $\qquad\qquad\square$

Es bezeichne S einen metrischen Raum. Dann gibt es einen eindeutig bestimmten vollständigen metrischen Raum T, der den beiden folgenden Bedingungen gehorcht:

1. *S ist Teilraum von T.*

2. *Jeder in T liegende Punkt ist Grenzwert einer Fundamentalfolge, die Punkte aus S aufzählt.*

Beweis. Wir betrachten irgendeinen Raster (Σ, E) des metrischen Raumes S. Wir wissen, dass es mindestens einen solchen Raster gibt, zum Beispiel einen trivialen Raster. Es ist dann klar, dass der metrische Raum T, der aus allen Grenzpunkten besteht, ein vollständiger metrischer Raum mit der Eigenschaft ist, dass jeder in T liegende Punkt Grenzwert einer Fundamentalfolge ist, die Punkte aus S aufzählt. Ebenso klar ist, dass S ein Teilraum von T ist. Somit ist die Existenz eines vollständigen metrischen Raumes T, der den beiden genannten Bedingungen gehorcht, bewiesen.

Nun betrachten wir einen weiteren vollständigen metrischen Raum T^*, der ebenfalls den beiden genannten Bedingungen gehorcht. Der eben zuvor konstruierte Raum T erweist sich als Teilraum von T^*. Denn jeder in T liegende Punkt ξ ist Grenzwert einer Fundamentalfolge, die Punkte aus S aufzählt, und daher der ersten

Bedingung zufolge Grenzwert einer Fundamentalfolge, die Punkte aus T^* aufzählt. Er gehört daher wegen der Vollständigkeit von T^* dem Raum T^* an. Umgekehrt ist aber auch T^* ein Teilraum von T. Denn jeder in T^* liegende Punkt ist – der zweiten Bedingung zufolge – Grenzwert einer Fundamentalfolge, die Punkte aus S aufzählt, somit Grenzpunkt und folglich nach dem Satz von Cauchy ein in T liegender Punkt. □

Es bezeichne S einen metrischen Raum. Mit einem Raster (Σ, E) kann man den vollständigen metrischen Raum T der Grenzpunkte konstruieren. Der obige Satz besagt, dass dieser vollständige metrische Raum T allein durch die Vorgabe des Raumes S festgelegt ist. Welchen Raster (Σ, E) man für die Konstruktion von T heranzieht, ist ohne Belang. Man nennt den so erhaltenen metrischen Raum T die *Vervollständigung* des metrischen Raumes S.

Auf den vollständigen metrischen Raum T kann man die Schablonen des Rasters (Σ, E) ebenfalls als Schablonen heranziehen, denn $(\Sigma, 2E)$ erweist sich als Raster in T. Dabei zählt die Folge $2E$ die doppelten Spannweiten $2e_1, 2e_2, \ldots, 2e_n, \ldots$ auf, wenn E aus den Spannweiten $e_1, e_2, \ldots, e_n, \ldots$ besteht. Es ist nämlich klar, dass $(\Sigma, 2E)$ die Bedingungen 1. bis 3. eines Rasters erfüllt. Wenn ferner ξ irgendeinen Punkt aus T bezeichnet, kann man, da ξ Grenzwert einer Fundamentalfolge ist, die Punkte aus S aufzählt, für jede Zahl n einen Punkt u aus S mit $\|\xi - u\| < e_n/4$ ausfindig machen. Und zu dem Punkt u aus S gibt es eine Markierung u_n der Schablone S_n mit $\|u - u_n\| < e_n/2$. Da somit $\|\xi - u_n\| \leq 3e_n/4 < e_n = 2e_n/2$ garantiert ist, liegt mit $(\Sigma, 2E)$ in der Tat ein Raster im metrischen Raum T vor. Und weil T ein vollständiger metrischer Raum ist, stellt sich jeder mit diesem Raster gewonnene Grenzpunkt ebenfalls als Punkt von T heraus. Hieraus folgt:

Die Vervollständigung eines aus einem metrischen Raum hervorgegangenen vollständigen metrischen Raumes stimmt mit diesem vollständigen metrischen Raum bereits überein.

3.1.11 Rundungslemma und hinreichende Näherungen

Kehren wird zu unserem Paradebeispiel des metrischen Raumes $\mathbb{D}$ der Dezimalzahlen zurück, in dem die Gesamtheiten der genau ein-, der genau zwei-, ..., der genau n-, ... stelligen Dezimalzahlen $\mathbb{D}_1, \mathbb{D}_2, \ldots, \mathbb{D}_n, \ldots$ die Schablonen eines Rasters mit den zugehörigen Spannweiten $e_1 = 1/10, e_2 = 1/100, \ldots, e_n = 10^{-n}, \ldots$ sind. Wir stellen fest, dass die Vervollständigung dieses metrischen Raumes $\mathbb{D}$ mit dem Kontinuum $\mathbb{R}$ übereinstimmt. Wir schließen aber aus den Erkenntnissen des vorigen Abschnittes auch, dass das gleiche Kontinuum $\mathbb{R}$ als Vervollständigung des metrischen Raumes $\mathbb{Q}$ der Brüche entsteht.

Die im vorigen Kapitel in allen Einzelheiten vollzogene Konstruktion von $\mathbb{R}$ aus $\mathbb{D}$ benötigte an einigen entscheidenden Stellen die Tatsache, dass wir Dezimalzahlen *runden* konnten. Wir zeigen in diesem Abschnitt, dass sich die Idee des Rundens von Dezimalzahlen auf beliebige metrische Räume übertragen lässt.

Zu diesem Zweck bezeichnen wir mit S in dem gesamten Abschnitt einen metrischen Raum, in dem ein Raster (Σ, E) so gegeben ist, dass die beiden in ihm genannten Folgen

$$\Sigma = (S_1, S_2, \ldots, S_n, \ldots) \quad \text{und} \quad E = (e_1, e_2, \ldots, e_n, \ldots)$$

lauten. Ferner bezeichnet T die Vervollständigung von S, also den vollständigen metrischen Raum, der aus den Grenzpunkten besteht.

Rundungslemma. *Es bezeichne ξ einen beliebigen Punkt des vollständigen metrischen Raumes T. Dann kann man in T einen Punkt ξ^*, eine sogenannte gerundete Darstellung von ξ, mit der folgenden Eigenschaft konstruieren: Für jede Zahl n gehorcht die sogenannte gerundete Annäherung $[\xi^*]_n$ der Ungleichung*

$$\|[\xi^*]_n - \xi\| \leq \frac{3e_n}{4}.$$

Selbstverständlich gilt: $\xi^* = \xi$.

Beweis. Mit n bezeichnen wir eine beliebig gewählte Zahl. Zu ihr gibt es eine Zahl l_n mit der Eigenschaft

$$e_{l_n} \leq \frac{e_n}{4} \cdot\cdot$$

Da $[\xi]_{l_n}$ ein in S liegender Punkt ist, gibt es eine in S_n liegende Markierung $[\xi^*]_n$ mit

$$\|[\xi^*]_n - [\xi]_{l_n}\| \leq \frac{e_n}{2}.$$

Für jedes Paar von Zahlen n, m bestehen daher die drei Ungleichungen

$$\|[\xi^*]_n - [\xi]_{l_n}\| \leq \frac{e_n}{2},$$

$$\|[\xi]_{l_n} - [\xi]_{l_m}\| \leq e_{l_n} + e_{l_m} \leq \frac{e_n}{4} + \frac{e_m}{4},$$

$$\|[\xi]_{l_m} - [\xi^*]_m\| \leq \frac{e_m}{2},$$

was wegen der Dreiecksungleichung zu

$$\|[\xi^*]_n - [\xi^*]_m\| \leq \frac{e_n}{2} + \frac{e_n}{4} + \frac{e_m}{4} + \frac{e_m}{2} = \frac{3e_n}{4} + \frac{3e_m}{4} \leq e_n + e_m$$

führt. Folglich gehört ξ^* dem Raum T an. Weiters führen die beiden Ungleichungen

$$\|[\xi^*]_n - [\xi]_{l_n}\| \leq \frac{e_n}{2},$$

$$\|[\xi]_{l_n} - \xi\| \leq e_{l_n} \leq \frac{e_n}{4}$$

zu

$$\|[\xi^*]_n - \xi\| \le \frac{e_n}{2} + \frac{e_n}{4} = \frac{3e_n}{4},$$

und genau dies war zu beweisen. □

Austauschlemma. *Wir betrachten zwei in T liegende Punkte ξ, η und eine Zahl k. Wir setzen voraus, dass ξ und η so nahe beieinander liegen, dass*

$$\|\xi - \eta\| \le \frac{e_k}{4}$$

stimmt. Der Punkt ξ' sei folgendermaßen definiert: Bezeichnet n eine größere Zahl als k, soll $[\xi']_n = [\xi^*]_n$ sein. Bezeichnet hingegen n eine Zahl, die höchstens so groß wie k ist, kann ganz nach Belieben entweder $[\xi']_n = [\xi^*]_n$ oder $[\xi']_n = [\eta^*]_n$ sein. Dabei symbolisieren ξ^* und η^* die gerundeten Darstellungen von ξ und von η. Jedenfalls ist ξ' ein in T liegender Punkt, der mit ξ übereinstimmt, d. h. $\xi' = \xi$.

Beweis. Wir beachten die drei Ungleichungen

$$\|[\xi^*]_n - \xi\| \le \frac{3e_n}{4},$$

$$\|\xi - \eta\| \le \frac{e_k}{4},$$

$$\|\eta - [\eta^*]_m\| \le \frac{3e_m}{4},$$

wobei die erste für jede Zahl n gilt und die dritte für jede Zahl m gilt. Nun betrachten wir als ersten Fall, dass $n \le k$ und $m \le k$ zutrifft. Dann stimmt $\|[\xi']_n - [\xi']_m\|$ entweder mit

$$\|[\xi^*]_n - [\xi^*]_m\| \le e_n + e_m$$

oder mit

$$\|[\eta^*]_n - [\eta^*]_m\| \le e_n + e_m$$

oder mit

$$\|[\xi^*]_n - [\eta^*]_m\| \le \frac{3e_n}{4} + \frac{e_k}{4} + \frac{3e_m}{4}$$

$$\le \frac{3e_n}{4} + (\frac{e_n}{4} + \frac{e_m}{4}) + \frac{3e_m}{4} = e_n + e_m$$

überein. Im zweiten Fall gehen wir von $n > k$ und $m \le k$ aus. In diesem Fall stimmt $\|[\xi']_n - [\xi']_m\|$ entweder mit

$$\|[\xi^*]_n - [\xi^*]_m\| \le e_n + e_m$$

oder mit

$$\|[\xi^*]_n - [\eta^*]_m\| \le \frac{3e_n}{4} + \frac{e_k}{4} + \frac{3e_m}{4}$$

$$\le \frac{3e_n}{4} + \frac{e_m}{4} + \frac{3e_m}{4} \le e_n + e_m$$

überein. Im dritten Fall gehen wir von $n > k$ und $m > k$ aus. In diesem Fall stimmt $\|[\xi']_n - [\xi']_m\|$ mit

$$\|[\xi^*]_n - [\xi^*]_m\| \le e_n + e_m$$

überein. Folglich gilt für jedes Paar von Zahlen n und m

$$\|[\xi']_n - [\xi']_m\| \le e_n + e_m,$$

was ξ' als einen in T liegenden Punkt bestätigt. Die Folge, welche die Markierungen $[\xi']_1, [\xi']_2, \ldots, [\xi']_n, \ldots$ aufzählt, besitzt den gleichen Grenzwert wie die Folge, welche die Markierungen $[\xi^*]_1, [\xi^*]_2, \ldots, [\xi^*]_n, \ldots$ aufzählt. Dies bestätigt $\xi' = \xi^*$ und somit $\xi' = \xi$.   □

Das Austauschlemma erlaubt, einen sehr subtilen, doch im späteren Verlauf der Erörterungen sehr wichtigen Begriff ins Auge zu fassen: Es bezeichne ξ irgendeinen Punkt aus T und k irgendeine Zahl. Dann heißt ein Punkt η mit $\|\xi - \eta\| \le e_k/4$ eine *k-hinreichende Näherung* an ξ.

Die Namensgebung erklärt sich so: Bezeichnen ξ^* und η^* die gerundeten Darstellungen von ξ und η, dann stellt die Folge

$$([\eta^*]_1, [\eta^*]_2, \ldots, [\eta^*]_k, [\eta^*]_{k+1}, [\eta^*]_{k+2}, \ldots)$$

den Grenzpunkt η dar und die mit den gleichen k ersten Folgegliedern beginnende Folge

$$([\eta^*]_1, [\eta^*]_2, \ldots, [\eta^*]_k, [\xi^*]_{k+1}, [\xi^*]_{k+2}, \ldots)$$

stellt den Grenzpunkt ξ dar. Mit anderen Worten:

Man kann bei alleiniger Betrachtung der ersten k Folgeglieder einer Folge von Annäherungen eines Punktes im Allgemeinen nicht entscheiden, ob die Folge den Punkt selbst, oder eine seiner k-hinreichenden Näherungen darstellt.

3.2 Kompakte metrische Räume

3.2.1 Beschränkte und totalbeschränkte Mengen

Eine Menge X eines metrischen Raumes S heißt genau dann *beschränkt*, wenn man einen Punkt w aus S und eine Dezimalzahl a so bestimmen kann, dass für jeden Punkt u der Menge X die Ungleichung $\|u - w\| \le a$ stimmt.

Eine Menge X eines metrischen Raumes S ist genau dann beschränkt, wenn man zu jedem Punkt v aus S eine Dezimalzahl c so bestimmen kann, dass für jeden Punkt u der Menge X die Ungleichung $\|u - v\| \leq c$ stimmt.

Beweis. Dass die im Satz genannte Bedingung die Beschränktheit der Menge X nach sich zieht, ist klar. Nun gehen wir umgekehrt von einer beschränkten Menge X aus, nehmen also die Existenz eines Punktes w in S und einer Dezimalzahl a an, bei denen für jeden Punkt u aus U die Ungleichung $\|u - w\| \leq a$ stimmt. Mit v bezeichnen wir einen beliebigen Punkt in S. Es gibt sicher eine Dezimalzahl b, für die $\|v - w\| \leq b$ zutrifft. Wir setzen $c = a + b$ und folgern aus den Ungleichungen $\|u - w\| \leq a$ und $\|v - w\| \leq b$ die Ungleichung $\|u - v\| \leq c$, gleichgültig, wie der Punkt u aus X lautet. $\qquad\square$

Eine endliche Folge $(u_1, u_2, \ldots, u_n)$ von in der Menge X liegenden Punkten $u_1, u_2, \ldots, u_n$ heißt genau dann ein *endliches ε-Netz* der Menge X, wenn man für jeden in X liegenden Punkt u eine Zahl j mit $j \leq n$ so bestimmen kann, dass $\|u - u_j\| < \varepsilon$ zutrifft.

Eine Menge X eines metrischen Raumes S heißt genau dann *totalbeschränkt* wenn man für jede positive reelle Größe ε ein endliches ε-Netz der Menge X konstruieren kann.

Jede totalbeschränkte Menge ist zugleich eine beschränkte Menge.

Beweis. Es seien X eine totalbeschränkte Menge und $(u_1, u_2, \ldots, u_n)$ ein endliches 1-Netz der Menge X. Für jede Zahl j mit $1 \leq j \leq n$ legen wir eine Dezimalzahl a_j so groß fest, dass $\|u_j - u_1\| \leq a_j$ stimmt. Schließlich setzen wir $w = u_1$ und

$$a = \max(a_1 + 1, a_2 + 1, \ldots, a_n + 1).$$

Sodann kann man für jeden Punkt u aus X eine Zahl j mit $j \leq n$ so bestimmen, dass $\|u - u_j\| < 1$ zutrifft. Dies führt zusammen mit $\|u_j - u_1\| \leq a_j$ zur Einsicht

$$\|u - w\| = \|u - u_1\| \leq a_j + 1 \leq a. \qquad\square$$

Die Vereinigung zweier totalbeschränkter Mengen bleibt totalbeschränkt.

Beweis. Wir bezeichnen mit X und Y zwei totalbeschränkte Mengen und betrachten eine beliebige positive reelle Größe ε. Die Mengen X und Y erlauben jeweils endliche ε-Netze $(u_1, u_2, \ldots, u_n)$ und $(v_1, v_2, \ldots, v_m)$ zu konstruieren. Wir definieren die gemischte Folge

$$(w_1, w_2, \ldots, w_{n+m}) = (u_1, u_2, \ldots, u_n) \sqcup (v_1, v_2, \ldots, v_m)$$

dieser beiden endlichen Folgen gemäß

$$(w_1, w_2, \ldots, w_{n+m}) = \begin{cases} (u_1, v_1, \ldots, u_k, v_k, v_{k+1}, \ldots, v_m) & \text{bei } k = \min(n, m) = n, \\ (u_1, v_1, \ldots, u_k, v_k, u_{k+1}, \ldots, u_n) & \text{bei } k = \min(n, m) = m. \end{cases}$$

Diese endliche Folge legt ein endliches ε-Netz von $X \cup Y$ fest. Denn für jeden Punkt w dieser Vereinigungsmenge muss für einen Punkt u aus X die Beziehung $w = u$ oder für einen Punkt v aus Y die Beziehung $w = v$ zutreffen, wobei sogar beides der Fall sein darf. Im Falle $w = u \in X$ gibt es eine Zahl j mit $j \le n$, für die $\|w - u_j\| < \varepsilon$ stimmt. Im Falle $w = v \in Y$ gibt es eine Zahl l mit $l \le m$, für die $\|w - v_l\| < \varepsilon$ stimmt. Sowohl u_j als auch v_l gehören der endlichen Folge $(w_1, w_2, \ldots, w_{n+m})$ an. $\qquad\square$

Die Punkte, die eine in einem metrischen Raum konvergente Folge aufzählt, bilden eine totalbeschränkte Menge.

Beweis. Wir gehen davon aus, dass die Folge U die Punkte u_1, u_2, ..., u_n, ... aufzählt und im metrischen Raum S gegen den Grenzwert $\xi = \lim U$ konvergiert. Zu jeder positiven reellen Größe ε kann man eine positive Dezimalzahl e mit $\varepsilon > e$ finden. Sodann gibt es eine Zahl n mit der Eigenschaft, dass für jede Zahl m, die mindestens so groß wie n ist, $\|u_m - \xi\| \le e/2$ stimmt. Insbesondere gilt $\|u_n - \xi\| \le e/2$. Demgemäß trifft für jede Zahl m, die mindestens so groß wie n ist, die Beziehung $\|u_m - u_n\| \le e$ zu. Hieraus ergibt sich bereits, dass $(u_1, u_2, \ldots, u_n)$ ein endliches ε-Netz der (hier als Menge betrachteten) Folge U darstellt. $\qquad\square$

3.2.2 Begrenzbare Mengen

Wir nennen eine Menge X eines metrischen Raumes S genau dann *begrenzbar*, wenn für jeden Punkt w aus S und für jedes Paar α, β reeller Größen mit $\alpha > \beta$ mindestens einer der beiden folgenden Fälle eintritt:

Fall 1: Man kann einen in X liegenden Punkt v mit $\|v - w\| < \alpha$ finden.

Fall 2: Für jeden in X liegenden Punkt u trifft die Ungleichung $\|u - w\| > \beta$ zu.

Man beachte: es ist keineswegs ausgeschlossen, dass sogar beide Fälle zutreffen. Überdies können wir uns anstatt auf reelle Größen α, β allein auf *Dezimalzahlen a, b* mit $a > b$ beschränken, wie im nachfolgenden Satz festgestellt wird:

Eine Menge X eines metrischen Raumes S ist genau dann begrenzbar, wenn für jeden Punkt w aus S und für jedes Paar a, b von Dezimalzahlen mit $a > b$ mindestens einer der beiden folgenden Fälle eintritt:

Fall 1: *Man kann einen in X liegenden Punkt v mit $\|v - w\| < a$ finden.*

Fall 2: *Für jeden in X liegenden Punkt u trifft die Ungleichung $\|u - w\| > b$ zu.*

Beweis. Es ist klar, dass eine begrenzbare Menge X diese Eigenschaft besitzt. Nun gehen wir umgekehrt davon aus, dass X die im Satz genannte Eigenschaft besitzt. Mit α, β bezeichnen wir zwei beliebig gewählte reelle Größen, für die $\alpha > \beta$ zutrifft. Aufgrund des Interpolationslemmas gibt es zwei Dezimalzahlen a, b mit

$$\alpha > a > b > \beta.$$

Einerseits folgt $\|v - w\| < \alpha$ unmittelbar aus $\|v - w\| < a$. Andererseits dient ein Beweis, dass für jeden in X liegenden Punkt u die Ungleichung $\|u - w\| > b$ zutrifft, sogleich als Beweis dafür, dass für jeden in X liegenden Punkt u die Ungleichung $\|u - w\| > \beta$ zutrifft. $\qquad\square$

Es bezeichne T die Vervollständigung des metrischen Raumes S. Eine in T liegende Menge X ist genau dann begrenzbar, wenn man für jeden in S liegenden Punkt w und für jedes Paar a, b von Dezimalzahlen mit a > b mindestens einer der beiden folgenden Fälle eintritt:

Fall 1: *Man kann einen in X liegenden Punkt v mit $\|v - w\| < a$ finden.*

Fall 2: *Für jeden in X liegenden Punkt u trifft die Ungleichung $\|u - w\| > b$ zu.*

Beweis. Es ist klar, dass eine begrenzbare Menge X diese Eigenschaft besitzt. Nun betrachten wir umgekehrt in S einen Raster (Σ, E), wobei E die Dezimalzahlen $e_1, e_2, \ldots, e_n, \ldots$ aufzählt. Es bezeichne ξ irgendeinen Punkt aus T und a, b sei ein Paar zweier Dezimalzahlen mit $a > b$. Wir wählen die Zahl n so groß, dass

$$e_n < \frac{a - b}{4}$$

zutrifft und definieren die Dezimalzahlen a', b' durch die Formeln

$$a' = \frac{3a + b}{4}, \quad b' = \frac{a + 3b}{4},$$

die für

$$a > a' + e_n > a' > b' > b' - e_n > b$$

sorgen. Den in S liegenden Punkt w legen wir als $w = [\xi]_n$ fest. Angenommen, man kann in X einen Punkt v mit $\|v - w\| < a'$ finden. Dann führt dies zusammen mit

$$\|w - \xi\| = \|[\xi]_n - \xi\| \le e_n$$

zur Folgerung

$$\|v - \xi\| \le a' + e_n < a.$$

Angenommen, man kann für jeden in X liegenden Punkt u die Ungleichung $\|u - w\| > b'$ beweisen. Dann führt dies zusammen mit

$$\|w - \xi\| = \|[\xi]_n - \xi\| \le e_n$$

zu einem Beweis von

$$\|u - \xi\| \ge b' - e_n > b. \qquad \square$$

Jede totalbeschränkte Menge ist begrenzbar.

Beweis. Es bezeichne X eine totalbeschränkte Menge. Mit w bezeichnen wir irgendeinen Punkt des metrischen Raumes und mit a, b irgendein Paar zweier Dezimalzahlen mit $a > b$. Wir legen die Dezimalzahl e als $e = (a - b)/4$ fest und können von der Existenz eines endlichen e-Netzes $(u_1, u_2, \ldots, u_n)$ von X ausgehen. Mit j benennen wir eine Zahl, für die $j \le n$ zutrifft. Dem Dichotomielemma zufolge stimmt mindestens eine der beiden Ungleichungen

$$\|u_j - w\| < a \quad \text{oder} \quad \|u_j - w\| > a - e.$$

Hieraus schließen wir, dass mindestens einer der beiden im Folgenden genannten Fälle zutrifft: Im ersten Fall gibt es eine Zahl j mit $j \le n$ und mit $\|u_j - w\| < a$. Im zweiten Fall trifft für jede Zahl j mit $j \le n$ die Ungleichung $\|u_j - w\| > a - e$ zu. Sollte dieser zweite Fall eintreten, führt die Ungleichung $\|u - w\| < a - 2e$ für jeden in X liegenden Punkt u zu einem Widerspruch. Denn andernfalls könnte man aus dem e-Netz von X einen Punkt u_j so entnehmen, dass $\|u_j - u\| < e$ stimmt, was zusammen mit $\|u - w\| < a - 2e$ die Ungleichung

$$\|u_j - w\| < (a - 2e) + e = a - e$$

zur Konsequenz hätte – jene Ungleichung, die der zweite Fall ausschließt. Somit haben wir, falls der zweite Fall zutrifft, für jeden Punkt u aus X die Ungleichung

$$\|u - w\| \ge a - 2e > b$$

hergeleitet. $\square$

3.2.3 Das Infimum

Es bezeichnen S einen metrischen Raum, X eine darin liegende Menge und w einen Punkt aus S. Man nennt eine reelle Größe μ genau dann ein *Infimum von* $\|X - w\|$, wenn diese reelle Größe μ den beiden folgenden Bedingungen gehorcht:

1. μ ist eine *untere Schranke von* $\|X - w\|$, d.h. für jeden Punkt u aus X gilt: $\mu \le \|u - w\|$,

2. μ ist die *größte* untere Schranke von $\|X - w\|$, d. h. man kann zu jeder reellen Größe λ, für die $\lambda > \mu$ zutrifft, einen in X liegenden Punkt v mit $\lambda > \|v - w\|$ finden.

Um diesen Begriff gut fassen zu können, betrachten wir die Abbildung 3.2: Der metrische Raum S stimmt mit der Zeichenebene überein, die Metrik ist durch den mit dem Lineal zu messenden Abstand von Punkten der Zeichenebene gegeben, und die Menge X ist als ein in dieser Zeichenebene liegendes Flächenstück zu sehen. Der Punkt w soll sich außerhalb dieses Flächenstücks befinden (andernfalls stimmte - was nicht besonders aussagekräftig ist - das gesuchte Infimum mit Null überein). Das der Definition gehorchende Infimum μ ist in dieser Veranschaulichung der Radius des größtmöglichen Kreises mit w als Mittelpunkt, der keinesfalls im Inneren, wohl aber am Rand das von X symbolisierte Flächenstück berührt.

Wenn es ein solches Infimum μ gibt, darf man dieses mit $\mu = \inf \|X - w\|$ bezeichnen. Denn es gilt die folgende Aussage:

Wenn es ein Infimum von $\|X - w\|$ gibt, ist dieses eindeutig bestimmt.

Beweis. Die Ungleichung $\lambda > \mu$ verbietet nämlich sofort, dass die beiden reellen Größen λ und μ Infima von $\|X - \xi\|$ wären. $\qquad\square$

Satz vom Infimum. *Das Infimum von $\|X - w\|$ existiert dann und nur dann für jeden Punkt w des metrischen Raumes S, wenn X begrenzbar ist.*

Beweis. Wir gehen zuerst davon aus, dass zu jedem beliebigen Punkt w des metrischen Raumes S die reelle Größe $\mu = \inf \|X - w\|$ existiert. Mit α, β bezeichnen wir zwei beliebige reelle Größen, für die $\alpha > \beta$ zutrifft. Dem Dichotomielemma zufolge ist mindestens eine der beiden Ungleichungen $\alpha > \mu$ oder $\mu > \beta$ richtig. Trifft $\alpha > \mu$ zu, kann man gemäß der Definition des Infimums μ einen in X liegenden Punkt v mit $\alpha > \|v - w\|$ finden. Trifft $\mu > \beta$ zu, wissen wir gemäß der Definition

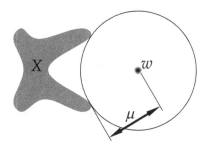

Abbildung 3.2. *Veranschaulichung des Satzes vom Infimum*

des Infimums μ, dass für jeden in X liegenden Punkt u

$$\beta < \mu \le \|u - w\|$$

stimmt. Deshalb muss X begrenzbar sein.

Nun gehen wir umgekehrt von einer begrenzbaren Menge X aus und bezeichnen mit w einen beliebigen Punkt aus S. Mit v^* bezeichnen wir einen beliebig gewählten Punkt aus X und legen j als eine Zahl fest, für die $j > \|v^* - w\|$ zutrifft. Da X begrenzbar ist, trifft für jede ganze Zahl p mindestens einer der beiden Fälle zu:

Fall 1: Es gibt in X einen Punkt v mit $p > \|v - w\|$,

Fall 2: für jeden in X liegenden Punkt u stimmt $\|u - w\| > p - 1$.   .

Der Fall 1 trifft jedenfalls bei $p = j$ zu, weil wir hier $v = v^*$ als entsprechenden Punkt kennen. Und der Fall 2 trifft jedenfalls bei $p = 0$ zu, weil die Metrik positiv ist. Hiervon ausgehend entwickeln wir Schritt für Schritt das folgende Verfahren:

Das Verfahren beginnt damit, dass wir das Symbol z mit dem Wert 0 belegen. Jedenfalls kann bei dieser Setzung der Fall 1 keinesfalls zutreffen.

Angenommen, wir haben bereits z mit dem Wert 0 oder dem Wert einer Zahl belegt. Wenn bei dieser Belegung von z der Fall 2 zutrifft, ersetzen wir die Belegung von z durch die um 1 größere Zahl. Sollte bei dieser neuen Belegung der Fall 1 zutreffen, halten wir den fortschreitenden Belegungsprozess an und identifizieren z *nicht* mit der aktuellen, *sondern* mit der um 1 kleineren, knapp zuvor belegten ganzen Zahl. Es ist klar, dass der Belegungsprozess für z irgendwann anhalten muss – spätestens wenn z vor der letztmöglichen Belegung den Wert $j - 1$ angenommen hat.

Jedenfalls ist somit eine ganze Zahl $z = z_0$ mit $0 \le z_0 < j$ so gefunden worden, dass einerseits für alle in X liegenden Punkte u sicher $\|u - w\| > z_0 - 1$ stimmt und andererseits ein in X liegender Punkt v mit $\|v - w\| < z_0 + 1$ vorliegt.

Nun gehen wir davon aus, dass für eine Zahl n bereits die Dezimalzahl

$$[\mu]_{n-1} = z_0 + z_1 \times 10^{-1} + \ldots + z_{n-1} \times 10^{-n+1}$$

vorliegt, in der $z_1, \ldots, z_{n-1}$ *mit Vorzeichen versehene* Ziffern bezeichnen, also ganze Zahlen, die größer als -10 und kleiner als 10 sind. Dabei setzen wir voraus, dass die Dezimalzahl $[\mu]_{n-1}$ die folgende Eigenschaft besitzt: Einerseits gilt für alle in X liegenden Punkte u

$$\|u - w\| > [\mu]_{n-1} - 10^{-n+1}.$$

Andererseits gibt es einen in X liegenden Punkt v, für den

$$\|v - w\| < [\mu]_{n-1} + 10^{-n+1}$$

stimmt. Jetzt wiederholen wir das oben beschriebene Belegungsverfahren von z bei der Dezimalzahl

$$z_0 + z_1 \times 10^{-1} + \ldots + z_{n-1} \times 10^{-n+1} + z \times 10^{-n} :$$

Denn da X begrenzbar ist, trifft für jede ganze Zahl p mindestens einer der beiden Fälle zu:

Fall 1: Es gibt in X einen Punkt v mit

$$z_0 + z_1 \times 10^{-1} + \ldots + z_{n-1} \times 10^{-n+1} + p \times 10^{-n} > \|v - w\|,$$

Fall 2: für jeden in X liegenden Punkt u stimmt

$$\|u - w\| > z_0 + z_1 \times 10^{-1} + \ldots + z_{n-1} \times 10^{-n+1} + (p - 1) \times 10^{-n}.$$

Der Induktionsvoraussetzung entnehmen wir, dass der Fall 1 sicher bei $p = 10$ zutrifft und dass der Fall 2 sicher bei $p = -9$ zutrifft. Wir starten daher die Belegung des Symbols z bei der ganzen Zahl -9. Hier wissen wir mit Sicherheit, dass der Fall 1 nicht zutreffen kann.

Angenommen, wir haben bereits z mit dem Wert einer ganzen Zahl belegt, die größer als -10 ist. Wenn bei dieser Belegung von z der Fall 2 zutrifft, ersetzen wir die Belegung von z durch die um 1 größere Zahl. Sollte bei dieser neuen Belegung der Fall 1 zutreffen, halten wir den fortschreitenden Belegungsprozess an und identifizieren z *nicht* mit der aktuellen, *sondern* mit der um 1 kleineren, knapp zuvor belegten ganzen Zahl. Es ist klar, dass der Belegungsprozess für z irgendwann anhalten muss - spätestens wenn z vor der letztmöglichen Belegung den Wert 9 angenommen hat.

Jedenfall ist somit eine ganze Zahl $z = z_n$ mit $-9 \leq z_n \leq 9$ so gefunden worden, dass die Dezimalzahl

$$[\mu]_n = z_0 + z_1 \times 10^{-1} + \ldots + z_{n-1} \times 10^{-n+1} + z_n \times 10^{-n}$$

einerseits für alle in X liegenden Punkte u sicher

$$\|u - w\| > [\mu]_n - 10^{-n}$$

gewährleistet und andererseits ein in X liegender Punkt v mit

$$\|v - w\| < [\mu]_n + 10^{-n}$$

vorliegt.

Mit der Folge μ, welche die Dezimalzahlen $[\mu]_1, [\mu]_2, \ldots, [\mu]_n, \ldots$ aufzählt, liegt eine Pendelreihe, folglich eine reelle Größe vor. Wir beweisen jetzt, dass μ die Eigenschaften besitzt, die man vom Infimum von $\|X - w\|$ erwartet:

Einerseits gilt für jeden in X liegenden Punkt u und für jede Zahl n

$$\|u - w\| > [\mu]_n - 10^{-n}, \quad \text{also} \quad [\mu]_n - \|u - w\| < 10^{-n},$$

woraus sich nach dem Permanenzprinzip $\mu - \|u - w\| \leq 0$ ergibt. Folglich stimmt für jeden Punkt u aus X

$$\mu \leq \|u - w\|.$$

μ ist mit anderen Worten eine untere Schranke von $\|X - w\|$.

Andererseits gehen wir von einer reellen Größe λ mit $\lambda > \mu$ aus. Dem Interpolationslemma zufolge gibt es eine Zahl n mit der Eigenschaft $2 \times 10^{-n} \leq \lambda - \mu$. Dem Approximationslemma entnehmen wir

$$([\mu]_n + 10^{-n}) - \mu \leq |([\mu]_n + 10^{-n}) - \mu| \leq 2 \times 10^{-n} \leq \lambda - \mu$$

und schließen hieraus auf

$$[\mu]_n + 10^{-n} \leq \lambda.$$

Da man in X einen Punkt v mit

$$[\mu]_n + 10^{-n} > \|v - w\|$$

findet, hat man damit zugleich einen in X liegenden Punkt v mit $\lambda > \|v - w\|$ entdeckt.   □

3.2.4 Separable und kompakte Räume

Wie üblich bezeichnet S einen metrischen Raum, in dem der Raster (Σ, E) vorliegt. Dieser besteht aus den beiden Folgen

$$\Sigma = (S_1, S_2, \ldots, S_n, \ldots) \quad \text{und} \quad E = (e_1, e_2, \ldots, e_n, \ldots).$$

Mit T bezeichnen wir die Vervollständigung von S, also den metrischen Raum aller Grenzpunkte von S. Man nennt T einen *separablen* metrischen Raum, wenn es den Raster (Σ, E) so gibt, dass für jede Zahl n die Schablone S_n als Folge geschrieben werden kann. Und man nennt T einen *kompakten* metrischen Raum, wenn es den Raster (Σ, E) so gibt, dass für jede Zahl n die Schablone S_n als *endliche* Folge geschrieben werden kann.

Ein vollständiger metrischer Raum ist genau dann kompakt, wenn er totalbeschränkt ist.

Beweis. Wir übernehmen die Bezeichnungen von oben und setzen zunächst voraus, dass T einen kompakten metrischen Raum bezeichnet. Ferner soll ε eine beliebige positive reelle Größe benennen. Die Zahl n sei so groß gewählt, dass $e_n < \varepsilon$ stimmt. Da man zu jedem Punkt u aus S eine in S_n liegende Markierung v mit

$$\|u - v\| \leq \frac{e_n}{2} < e_n < \varepsilon$$

finden kann, ist hergeleitet, dass es sich bei S_n um ein endliches ε-Netz von S handelt.

Ferner bestimmen wir die Zahl m so groß, dass $e_m < e_n/2$ zutrifft. Mit ξ bezeichnen wir einen beliebigen Punkt aus T und setzen $u = [\xi]_m$. Diese Markierung u liegt in S, es gibt eine in S_n liegende Markierung v mit $\|u-v\| \leq e_n/2$, was zusammen mit

$$\|\xi - u\| = \|\xi - [\xi]_m\| \leq e_m < e_n/2$$

zur Ungleichung

$$\|\xi - v\| \leq e_n < \varepsilon$$

führt. Folglich ist S_n auch ein endliches ε-Netz von T.

Jetzt gehen wir umgekehrt davon aus, dass T einen totalbeschränkten vollständigen metrischen Raum darstellt. Mit E bezeichnen wir irgendeine Folge, welche Dezimalzahlen $e_1, e_2, \ldots, e_n, \ldots$ aufzählt, wobei wir bloß

$$e_1 > e_2 > \ldots > e_n > \ldots \quad \text{und} \quad \lim E = 0$$

voraussetzen. Für jede Zahl n erlaubt die Totalbeschränktheit von T eine endliche Folge U_n mit der Eigenschaft zu konstruieren, dass man zu jedem Punkt ξ aus T einen Punkt u in U_n mit $\|u - \xi\| < e_n/2$ entdeckt. Der Reihe nach bilden wir nun die endlichen Folgen $S_1 = U_1, S_2 = S_1 \sqcup U_2, S_3 = S_2 \sqcup U_3, \ldots, S_{n+1} = S_n \sqcup U_{n+1}, \ldots$ und erhalten somit Schablonen einer Folge Σ, für die

$$S_1 \subseteq S_2 \subseteq \ldots \subseteq S_n \subseteq \ldots$$

zutrifft. Die Punkte in diesen Schablonen nennen wir Markierungen und bezeichnen mit S den metrischen Raum, der alle diese Markierungen enthält. Es ist aufgrund dieser Konstruktion klar, dass die Folge Σ zusammen mit der Folge E einen Raster (Σ, E) in S bildet, und es zeigt sich, dass T tatsächlich die Vervollständigung von S darstellt: Denn einerseits ist S ein Teilraum von T, und andererseits kann man zu jedem in T liegenden Punkt ξ und zu jeder Zahl n eine in S_n liegende Markierung u_n finden, für die $\|\xi - u_n\| \leq e_n/2$ zutrifft. Somit konvergiert die dem Raum S angehörende Folge, welche $u_1, u_2, \ldots, u_n, \ldots$ aufzählt, gegen ξ. Es ist mit anderen Worten jeder Punkt aus T Grenzwert einer Fundamentalfolge aus S. $\square$

Eine Menge eines kompakten metrischen Raumes ist genau dann begrenzbar, wenn sie totalbeschränkt ist.

Beweis. Dass eine totalbeschränkte Menge begrenzbar ist, wissen wir bereits. Nun soll umgekehrt X eine begrenzbare Menge im kompakten metrischen Raum T bezeichnen. Mit ε benennen wir eine beliebig gewählte positive reelle Größe. Wir bestimmen eine positive Dezimalzahl e mit $\varepsilon > e$, und wir konstruieren ein endliches $e/4$-Netz $(\xi_1, \xi_2, \ldots, \xi_n)$ von T. Bezeichnet j irgendeine Zahl mit $j \leq n$, muss mindestens eine der beiden Ungleichungen

$$\inf \|X - \xi_j\| > \frac{e}{4} \quad \text{oder} \quad \inf \|X - \xi_j\| < \frac{e}{2}$$

zutreffen. Demnach teilen wir die Zahlen j mit $j \leq n$ in zwei disjunkte Mengen J' und J'' so auf, dass bei $j \in J'$ sicher $\inf \| X - \xi_j \| > e/4$ stimmt und dass bei $j \in J''$ sicher $\inf \| X - \xi_j \| < e/2$ richtig ist. Somit gibt es zu jedem in X liegenden Punkt u eine Zahl j mit $j \leq n$, für die $\| u - \xi_j \| < e/4$ stimmt. Da diese Ungleichung der Annahme $j \in J'$ zuwiderläuft, muss dieses j notwendig in J'' liegen. Der Definition des Infimums gemäß muss es zu jedem in J'' liegenden j einen in X liegenden Punkt u_j mit $\| u_j - \xi_j \| < 3e/4$ geben. Somit gewinnt man nach der Dreiecksungleichung

$$\| u - u_j \| \leq \frac{e}{4} + \frac{3e}{4} = e < \varepsilon.$$

Es zeigt sich somit, dass die endliche Menge aller Punkte u_j, bei denen j aus J'' entnommen ist, ein endliches ε-Netz von X darstellt. □

3.2.5 Barrieren in metrischen Räumen

In diesem Abschnitt bezeichnet S einen metrischen Raum, in dem ein Raster (Σ, E) vorliegt, wobei S mit der Gesamtheit aller Markierungen in den von Σ aufgezählten Schablonen $S_1, S_2, \ldots, S_n, \ldots$ übereinstimmt. Die Folge E zählt wie üblich die Spannweiten $e_1, e_2, \ldots, e_n, \ldots$ des Rasters auf. Ferner bezeichnet T einen metrischen Raum, der entweder durch Vervollständigung von S entsteht oder aber ein Teilraum des durch Vervollständigung von S gebildeten Raumes ist. Folglich besteht T aus Grenzpunkten des metrischen Raumes S der Markierungen.

Brouwer nennt eine Teilmenge Z von S eine *Barriere* des Raumes T, wenn man für jeden Punkt ξ aus T eine Zahl j so finden kann, dass für jede Zahl n, die mindestens so groß wie j ist, $[\xi]_n$ der Menge Z angehört.

Bevor wir im nächsten Abschnitt den Satz formulieren, der Brouwer zu Erfindung dieses Begriffs motivierte, soll anhand von Beispielen sein Gehalt nahegebracht werden.

Im ersten Beispiel steht T für den metrischen Raum $\mathbb{R}^+$ aller positiven reellen Größen. Für eine beliebige Zahl n soll eine n-te Markierung eine Dezimalzahl a der Gestalt $a = z.z_1 z_2 \ldots z_n$ sein, wobei z entweder Null oder eine Zahl bezeichnet und die $z_1, z_2, \ldots, z_n$ Ziffern symbolisieren, also entweder Null oder Zahlen, die kleiner als 10 sind. Die Menge Z bestehe aus jenen Dezimalzahlen a der obigen Gestalt, für die entweder z eine Zahl ist, oder aber $z = 0$ und z_1 eine Zahl ist, oder aber $z = z_1 = 0$ und z_2 eine Zahl ist, ..., oder aber schließlich $z = z_1 = \ldots = z_{n-1} = 0$ und z_n eine Zahl ist. Einfacher gesagt: Z besteht aus allen positiven Dezimalzahlen.

Sicher ist diese Menge Z eine Barriere des Raumes $\mathbb{R}^+$. Denn wenn ε eine beliebig gewählte positive reelle Größe bezeichnet, gibt es eine positive Dezimalzahl e mit $\varepsilon > e$. Wir wählen die Zahl j so groß, dass $e \geq 2 \times 10^{-j}$ zutrifft. Mit n bezeichnen wir eine Zahl, die mindestens so groß wie j ist. Weil wegen des Approximationslemmas

$|[\varepsilon]_n - \varepsilon| \leq 10^{-n}$, also $[\varepsilon]_n - \varepsilon \geq -10^{-n}$ und daher

$$[\varepsilon]_n \geq \varepsilon - 10^{-n} \geq e - 10^{-n} \geq e - 10^{-j} \geq 10^{-j}$$

stimmt, liegt $[\varepsilon]_n$ in der Menge Z.

Trotzdem ist bemerkenswert, dass es zu jeder Zahl k eine positive reelle Größe ε gibt, für die $[\varepsilon]_k$ der Barriere Z *nicht* angehört. Man braucht bloß $\varepsilon = 10^{-k-1}$ zu wählen. Wie sich zeigen wird, tritt dieses Phänomen deshalb zutage, weil der metrische Raum $\mathbb{R}^+$ *nicht vollständig* ist: Die mit Null übereinstimmende reelle Größe α, bei der für jede Zahl n die n-te Annäherung an Null $[\alpha]_n = 10^{-n}$ lautet, ist Grenzpunkt des metrischen Raumes aller positiven Dezimalzahlen, gehört aber $\mathbb{R}^+$ nicht an.

Im zweiten Beispiel steht T für den metrischen Raum $\mathbb{R}_0^+$, der alle reellen Größen α mit $\alpha \geq 0$ umfasst. Im Unterschied zum vorigen Beispiel handelt es sich hierbei um einen vollständigen metrischen Raum, in dem die wie oben mit $a = z.z_1 z_2 \ldots z_n$ symbolisierten Dezimalzahlen die Markierungen bilden. Nun definieren wir die Menge Z in folgender Weise: Eine Dezimalzahl $a = z.z_1 z_2 \ldots z_n$ mit genau n Nachkommastellen soll genau dann in Z zu liegen kommen, wenn $n \geq z$ zutrifft.

Es ist klar, dass es sich bei Z um eine Barriere handelt. Denn wenn α irgendeine reelle Größe mit $\alpha \geq 0$ bezeichnet, wählen wir bei $[\alpha]_1 = p + q \times 10^{-1}$ (mit ganzen Zahlen p, q, für die $p \geq 0$ und $0 \leq q \leq 9$ gilt) die Zahl j so groß, dass $j > p$ ist. Damit erreichen wir, dass für jede Zahl n, die mindestens so groß wie j ist, die n-te Annäherung $[\alpha]_n = z.z_1 z_2 \ldots z_n$ an α eine Dezimalzahl mit mindestens z Nachkommastellen ist. Denn selbst im „ungünstigsten" Fall, wenn $q = 9$ ist, trifft sicher $z \leq p + 1$ zu.

Auch in diesem Fall ist bemerkenswert, dass es zu jeder Zahl k eine reelle Größe α aus $\mathbb{R}_0^+$ gibt, für die $[\alpha]_k$ der Barriere Z *nicht* angehört. Man braucht bloß $\alpha = k + 1$ zu wählen. Wie sich zeigen wird, tritt dieses Phänomen deshalb zutage, weil der metrische Raum $\mathbb{R}_0^+$ *nicht totalbeschränkt* ist. Er ist nicht einmal beschränkt.

Um sich Barrieren bildhaft vorstellen zu können, wählen wir als drittes Beispiel den metrischen Raum $[0; 1]$ aller reellen Größen α mit $0 \leq \alpha \leq 1$. Anschaulich bildet dieser Raum auf der waagrechten Skala eine Strecke, die von ihrem Anfangspunkt 0 zu ihrem Endpunkt 1 führt. Jede reelle Größe α, für die $0 \leq \alpha \leq 1$ gilt, ist ein Punkt auf dieser Strecke. Nach unten hin denken wir uns diese Strecke immer im gleichen Abstand kopiert, tragen aber darin schrittweise zuerst nur die ein-, dann die zwei-, ..., dann die n-, ... stelligen Dezimalzahlen zwischen 0 und 1 als Markierungen ein. Damit veranschaulichen wir die Schablonen der Strecke $[0; 1]$.

Was bedeutet es, dass eine Menge Z von Markierungen, in diesem Beispiel: von Dezimalzahlen zwischen 0 und 1, eine Barriere bildet? Die Antwort auf die Frage gibt die Veranschaulichung der Abbildung 3.3: Von irgendeinem Punkt α der von 0 zu 1 führenden Strecke ausgehend legen wir einen senkrechten Strahl nach unten. Dann muss ab einem bestimmten Niveau, genauer: ab dem j-ten Schritt, der

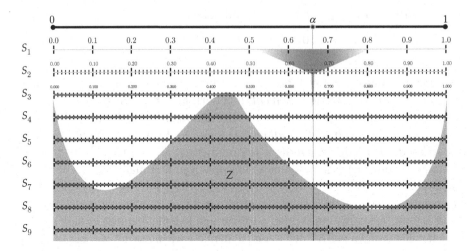

Abbildung 3.3. *Veranschaulichung einer Barriere Z im kompakten metrischen Raum der Strecke* $[0; 1]$

j-ten Kopie jener Strecke, in der die Dezimalzahlen zwischen 0 und 1 mit genau j Nachkommastellen eingetragen sind, der Strahl in der Menge Z landen und darf diese nie mehr wieder verlassen.

Man kann sich gleichsam vorstellen, dass die von 0 nach 1 führende Strecke, aus der Vogelperspektive betrachtet, eine von West nach Ost führende „Küstenstraße" darstellt, von der aus man an jeder Stelle senkrecht zu ihr Richtung Süden auf den „Strand" und zum „Meer" laufen kann. Jeder weitere Schritt, den man beim Lauf tätigt, führt von einer parallel zur Küstenstraße nach unten eingetragenen Schablone zur nächsten. Die Barriere Z ist das Meer – jedenfalls jener Teil des Meeres, der sich südlich der Straße erstreckt.

Ein wenig ist dieses Bild jedoch zu korrigieren, weil man nie einen exakten, hauchdünnen Strahl von einem Punkt α der Strecke aus nach unten legen kann. Denn der Punkt α selbst ist nie exakt zu lokalisieren. Genauer, aber immer noch der Anschauung geschuldet, sollte man statt von einem Strahl besser von einem sich in die Tiefe stetig verengenden „Schlund" sprechen. Oder, um im Bild der Küstenstraße mit Strand und Meer zu bleiben: Der vom Punkt α startende Läufer eilt nicht schnurstracks Richtung Süden von der Straße weg, sondern schwankt während seines Laufs leicht nach links und nach rechts, wobei dieses Schwanken mit zunehmender Zahl der Schritte stetig abnimmt.

Interessant ist, um beim Bild der Küstenstraße, des Strandes und des Meeres zu verharren, wie sich die „Küstenlinie" gestaltet, die den trockenen Strand von nassen Meer trennt. Sie beginnt links bei der von 0 ausgehenden senkrechten Begrenzung und endet rechts bei der von 1 ausgehenden senkrechten Begrenzung.

Wie zerklüftet die Küstenlinie auch gestaltet sein mag, irgendwann landet man, von der Küstenstraße senkrecht weglaufend immer im Meer. Die Anschauung legt zwingend nahe, dass es eine Maximalanzahl k von Schritten gibt, ab der man, von welcher Stelle der Straße man auch immer den Lauf beginnt, sich garantiert im Wasser befindet. Anders formuliert: Zieht man k Schritte südlich von der Straße eine Strecke in West-Ost-Richtung, befinden sich diese Strecke und alle Punkte, die südlich von ihr liegen, durchgehend im Wasser.

Das erste Beispiel hingegen widerspricht dieser Anschauung. Dies ist deshalb der Fall, weil bei diesem Beispiel die Küstenstraße im Westen bei 0 beginnend – aber 0 selbst liegt nicht auf der Küstenstraße – sich zwar ohne Ende nach Osten hin erstreckt und die Küstenlinie sich nach Osten immer näher an die Küstenstraße anschmiegt. Aber beim westlichen, vom Punkt 0 gekennzeichneten Rand setzt sich die Küstenlinie rasant Richtung Süden von der Küstenstraße ab. Zwar landet noch jeder knapp rechts von 0 startende Läufer irgendwann im Meer, aber vom Punkt 0 aus startend – jenem Punkt, der nicht mehr zur Küstenstraße gehört – bleibt der Läufer, wie weit er auch eilt, immer im Trockenen.

Auch das zweite Beispiel widerspricht dieser Anschauung. Denn bei diesem Beispiel beginnt die Küstenstraße im Westen mit dem Punkt 0 und erstreckt sich endlos nach Osten. Auch die Küstenlinie beginnt im Westen direkt bei der Küstenstraße, setzt sich aber, immer weiter nach Osten gehend, proportional dazu immer weiter Richtung Süden von ihr ab. Deshalb ist es auch hier sinnlos, von einer Maximalanzahl k von Schritten zu sprechen, ab der man, von welcher Stelle der Straße man auch immer den Lauf beginnt, sich garantiert im Wasser befindet.

Dass hingegen beim metrischen Raum [0; 1] eine solche Maximalanzahl k immer so gegeben ist, wie es die Anschauung zwingend nahelegt, liegt daran, dass dieser Raum kompakt ist. Der folgende Abschnitt ist der Begründung dieser Behauptung gewidmet.

3.2.6 Barrieren in kompakten Räumen

In diesem Abschnitt steht T für einen kompakten metrischen Raum. Für die Formulierung des folgenden Satzes verwenden wir die Bezeichnungen des vorigen Abschnitts: Es liegt ein Raster (Σ, E) vor, S ist die Gesamtheit der Markierungen der von der Folge Σ aufgezählten Schablonen $S_1, S_2, \ldots, S_n, \ldots$, und T stimmt mit der Vervollständigung von S überein. Überdies darf man wegen der Kompaktheit von T davon ausgehen, dass für jede Zahl n die Schablone S_n eine endliche Menge ist.

Satz von Brouwer. *Stellt Z im kompakten metrischen Raum T eine Barriere dar, gibt es eine Zahl k mit der Eigenschaft, dass für jede Zahl n, die mindestens so groß wie k ist, und für jeden Punkt ξ des Raumes T die n-te Annäherung $[\xi]_n$ der Barriere Z angehört.*

Beweis. Brouwer geht davon aus, dass ein Beweis dafür vorliegen muss, dass Z eine Barriere ist. Wir symbolisieren diesen Beweis mit dem hebräischen Buchstaben ב, gesprochen „beth", was sowohl dem Anfangsbuchstaben des Wortes „Beweis" wie auch des Namens „Brouwer" geschuldet ist. Aus dem Beweis ב ist für jeden Punkt ξ aus T eine Zahl ב(ξ) zu erschließen, so dass für jede Zahl n, die mindestens so groß wie ב(ξ) ist, $[\xi]_n$ der Barriere Z angehört.

Da es undenkbar ist, die Gesamtheit aller Annäherungen $[\xi]_1, [\xi]_2, \ldots, [\xi]_m, \ldots$ zu überblicken, muss ב(ξ) bereits dann ermittelt werden können, wenn man von ξ eine hinreichend genaue Annäherung kennt. Mit ב$[u]$ symbolisieren wir den Berechnungsvorgang der Zahl ב(ξ) aus der Markierung u, wenn $[\xi]_m = u$ ist.

Liegt ein Punkt ξ aus T mit der Eigenschaft vor, dass $[\xi]_m = u$ stimmt, gibt es prinzipiell nur zwei Schlussweisen, nach denen ב(ξ) ermittelt werden kann:

1. der direkte Schluss: Man kann ב(ξ) unmittelbar aus ב$[u]$ ermitteln.

2. der induktive Schluss: Man benötigt zur Berechnung von ב(ξ) noch die Kenntnis von $[\xi]_{m+1} = v$.

Da es sich bei T um einen kompakten Raum handelt, sind alle Schablonen $S_1, S_2, \ldots, S_n, \ldots$ endliche Mengen. Folglich stehen *nur endlich viele* Markierungen v als Information für den induktiven Schluss zur Verfügung. Setzt man diese in den mit dem Symbol ב verknüpften Berechnungsvorgang ein, erhält man *nur endlich viele* daraus ermittelte Zahlen. Statt diese einzeln zu betrachten, ersetzt man sie durch die größte von ihnen. Dieser Ersatz sorgt dafür, dass der ursprüngliche Beweis ב zu einem neuen Beweis ב$'$ umformuliert wird – möglicherweise „auf Kosten" der Kleinheit der Zahl ב(ξ). Diese mag im neu formulierten Beweis ב$'$ durch eine größere Zahl ב$'(\xi)$ ersetzt sein. Was aber damit erreicht wurde, ist, dass der im Beweis ב noch enthaltene induktive Schluss im Beweis ב$'$ nicht mehr vorkommt.

Nun gehen wir davon aus, dass auf die eben beschriebene Weise der Reihe nach alle im Beweis ב vorkommenden induktiven Schlüsse entfernt sind. Man gelangt so zu einem ohne induktive Schlüsse formulierten Beweis ב*. Dieser erlaubt bereits bei Kenntnis von $[\xi]_1 = u$ die Berechnung der Zahl ב$^*(\xi)$ aus dem mit ב$^*[u]$ symbolisierten Berechnungsvorgang. Weil die Menge S_1 endlich ist, kann man unter allen von ב$^*[u]$ ermittelten endlich vielen Zahlen die größte auswählen und mit k bezeichnen. Diese Zahl k besitzt die im Satz von Brouwer behauptete Eigenschaft.   □

Die wichtigste Folgerung aus dem Satz von Brouwer ist, dass man mit ihm einen nach Eduard Heine und Emile Borel benannten Satz beweisen kann:

Satz von Heine und Borel. *Es bezeichnen T einen kompakten metrischen Raum und $\mathfrak{E}$ eine Eigenschaft, die Zahlen besitzen können. Es sei bekannt, dass man für jeden in T liegenden Punkt eine Zahl j so finden kann, dass jede Zahl, die mindestens so groß wie j ist, die Eigenschaft $\mathfrak{E}$ besitzt. Dann gelingt es, eine Zahl k so zu finden, dass jede Zahl, die mindestens so groß wie k ist, die Eigenschaft $\mathfrak{E}$ besitzt.*

Beweis. Wir symbolisieren mit $\mathfrak{E}[\xi]$ das Verfahren, welches bei Vorgabe des in T liegenden Punktes ξ jene Zahl j liefert, die dafür sorgt, dass jede Zahl, die mindestens so groß wie j ist, die Eigenschaft $\mathfrak{E}$ besitzt. Da es undenkbar ist, die Gesamtheit aller Annäherungen $[\xi]_1, [\xi]_2, \ldots, [\xi]_m, \ldots$ zu überblicken, muss $\mathfrak{E}[\xi]$ bereits dann in Gang gesetzt werden können, wenn man von ξ eine hinreichend genaue Annäherung kennt.

Diese Einsicht führt zur folgenden Definition einer Menge Z von Markierungen: Eine Markierung u soll genau dann in Z liegen, wenn sie für jeden Punkt ξ, für den $[\xi]_n = u$ gilt, das Verfahren $\mathfrak{E}[\xi]$ zur Berechnung der Zahl j erfolgreich in Gang setzt. Offenkundig besagt die Voraussetzung des Satzes von Heine und Borel, dass es sich bei Z um eine Barriere handelt. Demnach gibt es nach dem Satz von Brouwer eine Zahl m, so dass für jede Zahl n, die mindestens so groß wie m ist, und für jeden Punkt ξ des Raumes T die n-te Annäherung $[\xi]_n$ der Barriere Z angehört. Weil es nur endlich viele Markierungen $[\xi]_m$ in der Schablone S_m gibt, kann man von den endlich vielen Zahlen, welche die bei Kenntnis von $[\xi]_m$ in Gang gesetzten Verfahren $\mathfrak{E}[\xi]$ ermitteln, die größte auswählen und mit k bezeichnen. Diese Zahl k gehorcht der im Satz von Heine und Borel erhobenen Behauptung. $\qquad\square$

Die ursprüngliche Fassung des Satzes von Heine und Borel lautet anders. Die hier aus dem Satz von Brouwer gefolgerte Fassung ist ungleich weitreichender als die ursprüngliche Fassung und hätte nicht bewiesen werden können, würde man den von Cantor und Dedekind gezogenen Spuren folgen. Wie sich später zeigen wird, lassen sich aus der hier formulierten Version des Satzes von Heine und Borel Folgerungen ziehen, die einerseits sehr tiefgreifend sind und andererseits dem Zugriff einer von der Mengenlehre Cantors geprägten Mathematik verwehrt sind.

3.3 Topologische Begriffe

3.3.1 Der Abschluss einer Menge

Mit S bezeichnen wir einen vollständigen metrischen Raum und mit X eine Menge, also einen Teilraum von S. Die Gesamtheit aller Grenzpunkte des metrischen Raumes X nennt man den *Abschluss* von X. Die Menge X heißt genau dann *abgeschlossen*, wenn sie mit ihrem Abschluss übereinstimmt.

Ein Punkt ξ gehört genau dann dem Abschluss von X an, wenn man zu jeder positiven reellen Größe ε einen in X liegenden Punkt u mit $\|u - \xi\| < \varepsilon$ finden kann.

Beweis. Angenommen ξ gehört dem Abschluss von X an, ist also ein Grenzpunkt von X. Dann muss eine konvergente Folge U vorliegen, die in X liegende Punkte $u_1, u_2, \ldots, u_n, \ldots$ so aufzählt, dass für sie $\lim U = \xi$ zutrifft. Demnach kann man zu jeder positiven reellen Größe ε eine Zahl j so finden, dass für jede Zahl n, die mindestens so groß wie j ist, $\|u_n - \xi\| < \varepsilon$ stimmt. Dann genügt es, $u = u_j$ zu wählen.

Nun nehmen wir umgekehrt an, dass man zu jeder positiven reellen Größe ε einen in X liegenden Punkt u mit $\|u - \xi\| < \varepsilon$ finden kann. Insbesondere kann man zu jeder Zahl n einen in X liegenden Punkt u_n mit $\|u_n - \xi\| < 10^{-n}$ finden. Die Folge U, welche $u_1, u_2, \ldots, u_n, \ldots$ aufzählt, ist daher eine Fundamentalfolge von X, für die $\lim U = \xi$ stimmt. Darum gehört ξ dem Abschluss von X an. $\square$

Wir betrachten als Beispiel das Kontinuum $\mathbb{R}$ als vollständigen metrischen Raum mit dem Unterschied als Metrik dieses Raumes. Mit j bezeichnen wir eine Zahl. Dann ist die Gesamtheit aller Dezimalzahlen mit genau j Nachkommastellen eine abgeschlossene Menge. Wir begründen dies folgendermaßen: Wenn α dem Abschluss dieser Menge angehört, muss man zu jeder Zahl n eine Dezimalzahl a_n mit genau j Nachkommastellen so finden können, dass $|a_n - \alpha| < 10^{-n-1}$ stimmt. Daher gilt für jede Zahl n die Beziehung $|a_n - a_j| \leq 10^{-n-1} + 10^{-j-1}$. Für jede Zahl n, die mindestens so groß wie j ist, folgt hieraus zwingend $|a_n - a_j| \leq 2 \times 10^{-j-1} < 10^{-j}$ und damit $a_n = a_j$. Darum besitzt die Folge A, die $a_1, a_2, \ldots, a_n, \ldots$ aufzählt, den Grenzwert $\alpha = \lim A = a_j$. Tatsächlich handelt es sich bei α um eine Dezimalzahl mit genau j Nachkommastellen.

Ist eine Menge totalbeschränkt, ist auch ihr Abschluss totalbeschränkt.

Beweis. Es bezeichnen X eine totalbeschränkte Menge und ε eine beliebige positive reelle Größe. Zu einer positiven Dezimalzahl e mit $\varepsilon > e$ konstruieren wir ein endliches $e/2$-Netz $(u_1, u_2, \ldots, u_n)$ von X. Zu jedem Grenzpunkt ξ von X kann man einen in X liegenden Punkt u mit $\|u - \xi\| < e/2$ finden. Und zu diesem eben gefundenen u lässt sich eine Zahl j mit $j \leq n$ so angeben, dass $\|u_j - u\| < e/2$ stimmt. Weil hieraus $\|u_j - \xi\| \leq e < \varepsilon$ folgt, erweist sich $(u_1, u_2, \ldots, u_n)$ als endliches ε-Netz des Abschlusses von X. $\square$

Ist eine Menge begrenzbar, ist auch ihr Abschluss begrenzbar.

Beweis. Wir bezeichnen mit X eine begrenzbare Menge, mit w irgendeinen Punkt aus S und mit α, β zwei beliebige reelle Größen mit $\alpha > \beta$. Ihnen ordnen wir zwei Dezimalzahlen a, b mit $\alpha > a > b > \beta$ zu. Dann trifft mindestens einer der beiden folgenden Fälle zu:

Fall 1: Man kann einen in X liegenden Punkt v mit $\|v - w\| < \alpha$ finden.

Fall 2: Für jeden in X liegenden Punkt u trifft die Ungleichung $\|u - w\| > a$ zu.

Sollte der Fall 1 zutreffen, gehört der Punkt v nicht nur X, sondern auch dem Abschluss von X an, und wir sind fertig.

Nun gehen wir von Fall 2 aus: Angenommen, es gäbe einen Grenzpunkt ξ von X mit $\|\xi - w\| < b$. Dann gäbe es einen in X liegenden Punkt u mit $\|u - \xi\| < a - b$, woraus sich

$$\|u - w\| \leq b + (a - b) = a$$

ergäbe, was der Aussage von Fall 2 widerspricht. Demgemäß haben wir für jeden Grenzpunkt ξ von X im Fall 2

$$\|\xi - w\| \geq b > \beta$$

hergeleitet, was die Begrenzbarkeit des Abschlusses von X bestätigt.   □

3.3.2 Der Abstand eines Punktes von einer Menge

Satz vom positiven Abstand. Es bezeichnen X eine begrenzbare Menge und w einen Punkt, der von jedem Punkt des Abschlusses von X verschieden ist. Dann gilt: $\inf \|X - w\| > 0$.

Beweis. Wir legen für jede Zahl n die Dezimalzahlen e_n und d_n folgendermaßen fest:

$$e_n = 10^{-n}, \quad d_n = e_n/2 = 5 \times 10^{-n-1}.$$

Da es sich bei X um eine begrenzbare Menge handelt, trifft mindestens einer der beiden folgenden Fälle zu:

Fall 1: Man kann einen in X liegenden Punkt v_n mit $\|v_n - w\| < e_n$ finden.

Fall 2: Für jeden in X liegenden Punkt u trifft die Ungleichung $\|u - w\| > d_n$ zu.

Wir definieren nun ein Verfahren zur Festlegung von Punkten: Das Verfahren beginnt mit irgendeinem in X liegenden Punkt v_0. Es bezeichne n eine Zahl, und wir nehmen an, wir wüssten bereits Bescheid, wie der Punkt v_{n-1} lautet. Stellt sich für dieses n heraus, dass der Fall 1 zutrifft, dann soll v_n ein Punkt aus X mit $\|v_n - w\| < e_n$ sein. Stellt sich für dieses n heraus, dass der Fall 2 zutrifft, brechen wir das Verfahren damit ab, dass wir $v_n = v_{n-1}$ und für alle Zahlen k auch weiterhin $v_{n+k} = v_n = v_{n-1}$ setzen. (Sollten beide Fälle zutreffen, ist die Entscheidung, welchen der beiden wir bevorzugen, unserer Willkür überlassen.)

Zuerst beweisen wir für jedes Paar von Zahlen n und m die Ungleichung

$$\|v_n - v_m\| \leq 2 \times 10^{-\min(n,m)} :$$

Solange das Verfahren läuft, gilt ja $\|v_n - w\| < e_n$ und $\|v_m - w\| < e_m$ sowie

$$e_n + e_m = 10^{-n} + 10^{-m} \leq 2 \times 10^{-\min(n,m)}.$$

Nehmen wir nun an, das Verfahren wird mit der Zahl j abgebrochen. Dann ergeben sich, wenn man von $n \leq j$ und $m \geq j$ ausgeht, die Ungleichungen $\|v_n - v_j\| \leq e_n + e_j$ und $\|v_j - v_m\| = 0$, demnach $\|v_n - v_m\| \leq e_n + e_j$, was zusammen mit

$$e_n + e_j = 10^{-n} + 10^{-j} \leq 2 \times 10^{-n} = 2 \times 10^{-\min(n,m)}$$

wieder zum gewünschten Ergebnis führt. Und bei $n \geq j$ und $m \geq j$ liegt die banale Situation $\|v_n - v_m\| = 0$ vor.

Demnach ist die Folge V, welche die Punkte v_1, v_2, ..., v_n, ... aufzählt, konvergent und $\xi = \lim V$ muss dem Abschluss von X angehören. Wir wissen sogar, dass für jede Zahl n die Abschätzung $\|v_n - \xi\| \leq 2 \times 10^{-n}$ zutrifft. Da w von jedem Punkt aus dem Abschluss von X verschieden ist, stimmt speziell $w \neq \xi$, also $\|\xi - w\| > 0$. Deshalb gibt es eine Zahl k mit $\|\xi - w\| > 3 \times 10^{-k}$. Für dieses k folgern wir aus der Dreiecksungleichung

$$\|v_k - w\| \geq \|\xi - w\| - \|\xi - v_k\| \geq \|\xi - w\| - 2 \times 10^{-k}$$
$$\geq 3 \times 10^{-k} - 2 \times 10^{-k} = 10^{-k} = e_k.$$

Hieraus entnehmen wir, dass spätestens bei $n = k$ der Fall 1 *unmöglich* zutreffen kann. *Zwingend* trifft daher der Fall 2 zu, der uns für jeden in X liegenden Punkt u die Ungleichung $\|u - w\| > d_k$ liefert. Womit wir zu $\inf \|X - w\| \geq d_k > 0$, also zur Aussage des Satzes vom positiven Abstand gelangt sind. $\qquad\square$

3.3.3 Umgebungen

Es bezeichnen S einen vollständigen metrischen Raum und ξ einen in ihm liegenden Punkt. Für jede positive reelle Größe α besteht die mit dem Symbol $\langle \xi \rangle_\alpha$ bezeichnete Menge aus allen Punkten u des metrischen Raumes S mit $\|\xi - u\| < \alpha$. Wir nennen $\langle \xi \rangle_\alpha$ die *α-Umgebung von ξ*.

Falls der Punkt η dem Abschluss der α-Umgebung $\langle \xi \rangle_\alpha$ des Punktes ξ angehört, gilt $\|\xi - \eta\| \leq \alpha$.

Beweis. Gehört η dem Abschluss der α-Umgebung $\langle \xi \rangle_\alpha$ des Punktes ξ an, ist η Grenzpunkt einer Folge U von Punkten $u_1, u_2, \ldots, u_n, \ldots$, von denen jeder in $\langle \xi \rangle_\alpha$ liegt. Für jede Zahl n gilt daher die Ungleichung

$$\|\xi - u_n\| < \alpha.$$

Aus dem Permanenzprinzip folgt hieraus $\|\xi - \eta\| = \lim \|\xi - U\| \leq \alpha$. $\qquad\square$

Es bezeichnen S einen vollständigen metrischen Raum und X eine darin liegende Menge, also einen Teilraum von S. Ein Punkt ξ heißt genau dann ein *innerer*

Punkt von X, wenn man eine positive reelle Größe δ so finden kann, dass die δ-Umgebung $\langle\xi\rangle_\delta$ eine Teilmenge von X ist. Wir setzen voraus, dass es in X tatsächlich mindestens einen inneren Punkt gibt. Dann nennen wir die Gesamtheit aller inneren Punkte von X das *Innere* der Menge X. Und die Menge X heißt genau dann eine *offene Menge*, wenn sie mit ihrem Inneren übereinstimmt.

Es bezeichnen S einen vollständigen metrischen Raum und X eine darin liegende Menge, also einen Teilraum von S. Ein Punkt ζ heißt genau dann ein *äußerer Punkt* von X, wenn man eine positive reelle Größe δ so finden kann, dass jeder Punkt der δ-Umgebung $\langle\zeta\rangle_\delta$ des Punktes ζ von jedem in X liegenden Punkt verschieden ist. Wir setzen voraus, dass es tatsächlich mindestens einen äußeren Punkt von X gibt. Dann nennen wir die Gesamtheit aller äußeren Punkte von X das *Äußere* der Menge X.

Unter der Voraussetzung, dass für einen Punkt ξ und für eine positive reelle Größe δ die δ-Umgebung $\langle\xi\rangle_\delta$ eine Teilmenge von X ist, erweist sich jeder Punkt aus $\langle\xi\rangle_\delta$ als innerer Punkt von X.

Beweis. Wir bezeichnen mit η irgendeinen Punkt aus $\langle\xi\rangle_\delta$. Dann lässt sich eine positive Dezimalzahl d mit der Eigenschaft

$$\delta - \|\xi - \eta\| > d$$

finden. Für jeden Punkt u aus der d-Umgebung $\langle\eta\rangle_d$ von η gilt $\|\eta - u\| < d$, folglich

$$\|\xi - u\| - \|\xi - \eta\| \leq \|u - \eta\| < d < \delta - \|\xi - \eta\|.$$

Hieraus folgt $\|\xi - u\| < \delta$, d. h. u gehört $\langle\xi\rangle_\delta$ an und liegt a fortiori in X. Deshalb erweist sich η als innerer Punkt von X. $\qquad\square$

Jede α-Umgebung $\langle\xi\rangle_\alpha$ eines Punktes ξ ist eine offene Menge.

Beweis. Man braucht bloß X im zuvor bewiesenen Satz mit $\langle\xi\rangle_\alpha$ gleichzusetzen. $\quad\square$

Es bezeichnen S einen vollständigen metrischen Raum und X eine Menge in S mit der Eigenschaft, dass mindestens ein äußerer Punkt von X vorliegt. Dann ist das Äußere von X eine offene Menge.

Beweis. Wir bezeichnen mit ζ irgendeinen Punkt aus dem Äußeren von X. Definitionsgemäß kann man eine positive reelle Größe δ so finden, dass jeder Punkt der δ-Umgebung $\langle\zeta\rangle_\delta$ des Punktes ζ von jedem in X liegenden Punkt verschieden ist. Wir bezeichnen mit η irgendeinen Punkt aus $\langle\zeta\rangle_\delta$. Dann lässt sich eine positive Dezimalzahl d mit der Eigenschaft

$$\delta - \|\zeta - \eta\| > d$$

finden. Für jeden Punkt u aus der d-Umgebung $\langle \eta \rangle_d$ von η gilt $\| \eta - u \| < d$, folglich

$$\| \zeta - u \| - \| \zeta - \eta \| \leq \| u - \eta \| < d < \delta - \| \zeta - \eta \| \, .$$

Hieraus folgt $\| \zeta - u \| < \delta$, d. h. u gehört $\langle \zeta \rangle_\delta$ an und ist a fortiori von jedem in X liegenden Punkt verschieden. Deshalb erweist sich η als äußerer Punkt von X und ζ stellt sich demgemäß als innerer Punkt des Äußeren von X heraus. $\qquad\square$

Es bezeichnen S einen vollständigen metrischen Raum und X eine Menge in S mit der Eigenschaft, dass mindestens ein äußerer Punkt von X vorliegt. Dann ist jeder Punkt aus dem Äußeren von X von jedem in X liegenden Punkt verschieden. Setzt man X als begrenzbare und abgeschlossene Menge voraus, gilt auch die Umkehrung: Ein Punkt, der von jedem in X liegenden Punkt verschieden ist, gehört sicher dem Äußeren von X an.

Beweis. Der erste Teil des Satzes ergibt sich offenkundig daraus, dass jeder Punkt ξ seiner eigenen δ-Umgebung $\langle \xi \rangle_\delta$ angehört.

Den zweiten Teil des Satzes leiten wir aus dem Satz vom positiven Abstand her: Bezeichnet ζ einen Punkt, der von jedem in X liegenden Punkt verschieden ist, gilt $\inf \| X - \zeta \| = \delta > 0$. Wir betrachten einen beliebigen Punkt η aus der δ-Umgebung $\langle \zeta \rangle_\delta$ des Punktes ζ. Für jeden in X liegenden Punkt u besteht die Ungleichungskette

$$\| u - \eta \| \geq \| u - \zeta \| - \| \eta - \zeta \| > \delta - \delta = 0 \, ,$$

und dies beweist, dass η von jedem in X liegenden Punkt verschieden ist. $\qquad\square$

3.3.4 Dichte und nirgends dichte Mengen

Es bezeichnen S einen vollständigen metrischen Raum und X eine Menge in S. Die Menge X heißt genau dann *dicht*, wenn man für jeden in S liegenden Punkt ξ und für jede positive reelle Größe ε einen in X liegenden Punkt so finden kann, dass dieser der ε-Umgebung $\langle \xi \rangle_\varepsilon$ von ξ angehört.

Die Menge X ist dann und nur dann dicht, wenn ihr Abschluss mit S übereinstimmt.

Beweis. Wir wissen bereits, dass ein Punkt ξ genau dann dem Abschluss von X angehört, wenn man zu jeder positiven reellen Größe ε einen in X liegenden Punkt u mit $\| u - \xi \| < \varepsilon$ finden kann, d. h. einen Punkt u finden kann, der $\langle \xi \rangle_\varepsilon$ angehört. $\qquad\square$

Es bezeichnen S einen vollständigen metrischen Raum und X eine Menge in S. Die Menge X heißt genau dann *nirgends dicht*, wenn man für jeden in S liegenden Punkt ξ und für jede positive reelle Größe ε einen im Äußeren von X liegenden Punkt so finden kann, dass dieser der ε-Umgebung $\langle \xi \rangle_\varepsilon$ von ξ angehört.

Satz von Baire. *Es bezeichnet* $(X_1, X_2, \ldots X_n, \ldots)$ *eine Folge begrenzbarer und nirgends dichter Mengen des vollständigen metrischen Raumes S. Dann kann man zu jedem in S liegenden Punkt ξ und zu jeder positiven reellen Größe ε einen in der ε-Umgebung $\langle \xi \rangle_\varepsilon$ von ξ liegenden Punkt η ausfindig machen, der bei jeder der Mengen $X_1, X_2, \ldots, X_n, \ldots$ ein äußerer Punkt ist.*

Beweis. Wir legen ein Verfahren fest, das mit dem Punkt $u_0 = \xi$ und einer positiven Dezimalzahl d_0 mit $\varepsilon > d_0$ beginnt. Das Verfahren wird schrittweise sowohl Punkte $u_1, u_2, \ldots, u_n, \ldots$ als auch positive Dezimalzahlen $d_1, d_2, \ldots, d_n, \ldots$ hervorbringen, wobei es folgendermaßen gestaltet ist:

Angenommen, wir kennen bereits den Punkt u_{n-1} und die positive Dezimalzahl d_{n-1}. Da X_n nirgends dicht ist, können wir einen in $\langle u_{n-1} \rangle_{d_{n-1}}$ liegenden Punkt u_n finden, der im Äußeren von X_n liegt. Wir können sogar eine positive Dezimalzahl d'_n so bestimmen, dass alle in $\langle u_n \rangle_{d'_n}$ liegende Punkte äußere Punkte von X_n sind. Schließlich erlauben uns die Ungleichung $\|u_n - u_{n-1}\| < d_{n-1}$ und das Interpolationslemma zwei positive Dezimalzahlen d''_n und c_n so zu konstruieren, dass sogar

$$\|u_n - u_{n-1}\| < c_n < d_{n-1} - d''_n$$

zutrifft. Hieraus schließen wir für jeden in $\langle u_n \rangle_{d''_n}$ liegenden Punkt u aus den beiden Ungleichungen

$$\|u - u_n\| < d''_n \qquad \text{und} \qquad \|u_n - u_{n-1}\| < c_n$$

die Beziehung

$$\|u - u_{n-1}\| \le d''_n + c_n < d''_n + (d_{n-1} - d''_n) = d_{n-1},$$

welche besagt, dass u der d_{n-1}-Umgebung $\langle u_{n-1} \rangle_{d_{n-1}}$ von u_{n-1} angehört. Jetzt legen wir die positive Dezimalzahl d_n so fest, dass

$$d_n < \min(d'_n, d''_n, 10^{-n})$$

stimmt. Damit haben wir drei Ziele erreicht:

1. Der Abschluss von $\langle u_n \rangle_{d_n}$ ist Teilmenge von $\langle u_n \rangle_{d'_n}$, woraus folgt, dass jeder Punkt dieses Abschlusses ein äußerer Punkt von X_n ist.

2. Der Abschluss von $\langle u_n \rangle_{d_n}$ ist Teilmenge von $\langle u_n \rangle_{d''_n}$ und somit Teilmenge von $\langle u_{n-1} \rangle_{d_{n-1}}$. Umso mehr ist die offene Menge $\langle u_n \rangle_{d_n}$ in der offenen Menge $\langle u_{n-1} \rangle_{d_{n-1}}$ enthalten.

3. Für beliebige Zahlen n und k besteht die Ungleichung

$$\|u_n - u_{n+k}\| \le d_n \le 10^{-n},$$

woraus sich ergibt, dass die Folge U, die $u_1, u_2, \ldots, u_n, \ldots$ aufzählt, konvergiert.

Für den Punkt $\eta = \lim U$ und für jede Zahl n gilt die Ungleichung

$$\|u_n - \eta\| \leq d_n.$$

Deshalb gehört η für jede Zahl n dem Abschluss von $\langle u_n \rangle_{d_n}$ an, was dem obigen erstgenannten Punkt zufolge bedeutet, dass η ein äußerer Punkt von X_n ist. Dem obigen zweitgenannten Punkt zufolge gehört η auch $\langle u_{n-1} \rangle_{d_{n-1}}$ an und damit a fortiori auch der ε-Umgebung $\langle \xi \rangle_\varepsilon$ von ξ. □

Satz von Cantor. *Zu jeder reellen Größe α, zu jeder positiven reellen Größe ε und zu jeder unendlichen Folge C, die reelle Größen $\gamma_1, \gamma_2, \ldots, \gamma_n, \ldots$ aufzählt, kann man eine reelle Größe β mit $|\alpha - \beta| < \varepsilon$ so konstruieren, dass β von jeder der reellen Größen $\gamma_1, \gamma_2, \ldots, \gamma_n, \ldots$ verschieden ist.*

Beweis. Hier steht S für den vollständigen metrischen Raum $\mathbb{R}$, also das Kontinuum mit dem Unterschied als Metrik. Beinhaltet für jede Zahl n die Menge X_n allein die reelle Größe γ_n, stellt X_n offenkundig eine begrenzbare und nirgends dichte Menge dar. Dem Satz von Baire zufolge kann man zu jeder reellen Größe α und zu jeder positiven reellen Größe ε eine reelle Größe β finden, die einerseits in der ε-Umgebung $\langle \alpha \rangle_\varepsilon$ liegt, für die also $|\alpha - \beta| < \varepsilon$ stimmt, und die andererseits für jede Zahl n im Äußeren von X_n liegt, für die also $\beta \neq \gamma_n$ zutrifft. □

3.3.5 Zusammenhang

Mit α bezeichnen wir eine positive reelle Größe. Eine endliche Folge U von Punkten $u_0, u_1, u_2, \ldots, u_j$ nennen wir genau dann eine α-*Verbindung*, wenn für alle Zahlen n mit $n \leq j$ die Ungleichungen $\|u_{n-1} - u_n\| < \alpha$ bestehen. Die α-Verbindung U wird genau dann ein α-*Zyklus* genannt, wenn zusätzlich $\|u_j - u_0\| < \alpha$ gilt.

Es bezeichnen S einen vollständigen metrischen Raum und X eine in S liegende Menge. Wir sagen, dass X genau dann zwei Punkte ξ und η aus S *verbindet*, wenn man zu jeder positiven reellen Größe ε eine ε-Verbindung U von in X liegenden Punkten $u_0, u_1, u_2, \ldots, u_j$ konstruieren kann, wobei die Ungleichungen $\|\xi - u_0\| < \varepsilon$ und $\|u_j - \eta\| < \varepsilon$ zutreffen.

Die Menge X verbindet zwei Punkte ξ und η höchstens dann, wenn diese Punkte dem Abschluss von X angehören.

Beweis. Wir gehen davon aus, dass X die beiden Punkte ξ und η verbindet. Für jede Zahl n kann man eine 10^{-n}-Verbindung U_n, bestehend aus in X liegenden Punkten $u_0^{(n)}, u_1^{(n)}, u_2^{(n)}, \ldots, u_{j_n}^{(n)}$ so konstruieren, dass die beiden Ungleichungen $\|\xi - u_0^{(n)}\| < 10^{-n}$ und $\|u_{j_n}^{(n)} - \eta\| < 10^{-n}$ zutreffen. Die beiden Folgen

$$U^* = \left(u_0^{(1)}, u_0^{(2)}, \ldots, u_0^{(n)} \ldots \right)$$

und

$$U^{**} = \left(u_{j_1}^{(1)}, u_{j_2}^{(2)}, \ldots, u_{j_n}^{(n)}, \ldots \right)$$

beinhalten einerseits nur Punkte aus X und sind andererseits konvergent mit den Grenzwerten $\lim U^* = \xi$ und $\lim U^{**} = \eta$. □

Eine Menge X verbindet zwei Punkte ξ und η genau dann, wenn der Abschluss von X diese beiden Punkte verbindet.

Beweis. Falls X die beiden Punkte ξ und η verbindet, ist es offensichtlich, dass die beiden Punkte auch vom Abschluss von X verbunden werden.

Nun gehen wir umgekehrt davon aus, der Abschluss von X verbinde die beiden Punkte ξ und η. Mit ε bezeichnen wir eine beliebig gewählte positive reelle Größe. Die positive Dezimalzahl e erfülle $\varepsilon > e$ und sie erlaubt, eine $(e/2)$-Verbindung U, bestehend aus Punkten $\zeta_0, \zeta_1, \zeta_2, \ldots, \zeta_j$ zu konstruieren, wobei diese Punkte dem Abschluss von X angehören und die beiden Ungleichungen $\|\xi - \zeta_0\| < e/2$ und $\|\zeta_j - \eta\| < e/2$ zutreffen. Zu jeder ganzen Zahl n mit $0 \le n \le j$ kann man einen in X liegenden Punkt u_n mit $\|\zeta_n - u_n\| < e/4$ auffinden. Somit führen für jede Zahl n mit $n \le j$ die drei Ungleichungen

$$\|u_{n-1} - \zeta_{n-1}\| < \frac{e}{4}$$

$$\|\zeta_{n-1} - \zeta_n\| < \frac{e}{2}$$

$$\|\zeta_n - u_n\| < \frac{e}{4}$$

zur Beziehung $\|u_{n-1} - u_n\| \le e < \varepsilon$. In gleicher Weise ziehen die beiden Paare von Ungleichungen

$$\|\xi - \zeta_0\| < e/2, \qquad \|\zeta_0 - u_0\| < e/4$$

und

$$\|u_j - \zeta_j\| < e/4, \qquad \|\zeta_j - \eta\| < e/2$$

die Beziehungen $\|\xi - u_0\| < \varepsilon$ und $\|u_j - \eta\| < \zeta$ nach sich. □

3.4 Das s-dimensionale Kontinuum

3.4.1 Metriken im s-dimensionalen Raum

Mit s und n bezeichnen wir im Folgenden immer Zahlen. $\mathbb{D}_n^s$ steht für die Gesamtheit aller s-Tupel $u = (a_1, \ldots, a_s)$, den *Punkten* von $\mathbb{D}_n^s$, wobei die einzelnen *Koordinaten* $a_1, \ldots, a_s$ von u Dezimalzahlen mit genau n Nachkommastellen sind. $\mathbb{D}^s$ steht für die Gesamtheit aller s-Tupel $u = (a_1, \ldots, a_s)$, den *Punkten* von $\mathbb{D}^s$, deren *Koordinaten* $a_1, \ldots, a_s$ Dezimalzahlen bezeichnen.

$\mathbb{D}^s$ *kann als metrischer Raum verstanden werden: Für je zwei Punkte $u = (a_1, \ldots, a_s)$, $v = (b_1, \ldots, b_s)$ ist der Abstand $\|u - v\|_\infty$ zwischen u und v durch die Formel*

$$\|u - v\|_\infty = \max(|a_1 - b_1|, \ldots, |a_s - b_s|)$$

definiert.

Beweis. Dass für alle Punkte u, v die Ungleichung $\|u - v\|_\infty \geq 0$ zutrifft und dass der so definierte Abstand extensional ist, sieht man unmittelbar ein.

Nun gehen wir von $u = (a_1, \ldots, a_s) \neq v = (b_1, \ldots, b_s)$ aus. Dies bedeutet, dass man eine Zahl j mit $j \leq s$ und $a_j \neq b_j$ finden kann. Demnach ist

$$\|u - v\|_\infty = \max(|a_1 - b_1|, \ldots, |a_s - b_s|) \geq |a_j - b_j| > 0.$$

Nun gehen wir umgekehrt von

$$\|u - v\|_\infty = \max(|a_1 - b_1|, \ldots, |a_s - b_s|) > 0$$

aus. Folglich muss mindestens eine der absoluten Differenzen $|a_1 - b_1|, \ldots, |a_s - b_s|$ positiv sein, also muss es eine Zahl j mit $j \leq s$ und $a_j \neq b_j$ geben. Demnach ist $u \neq v$. Offenkundig ist der so definierte Abstand positiv definit.

Verwendet man die Bezeichnungen

$$u = (a_1, \ldots, a_s), \quad v = (b_1, \ldots, b_s), \quad w = (c_1, \ldots, c_s)$$

folgt aus der Rechnung

$$\begin{aligned}
\|w - u\|_\infty &= \max(|a_1 - c_1|, \ldots, |a_s - c_s|) \\
&\leq \max(|a_1 - b_1| + |b_1 - c_1|, \ldots, |a_s - b_s| + |b_s - c_s|) \\
&\leq \max(|a_1 - b_1|, \ldots, |a_s - b_s|) + \max(|c_1 - b_1|, \ldots, |c_s - b_s|) \\
&= \|u - v\|_\infty + \|w - v\|_\infty
\end{aligned}$$

die Dreiecksungleichung:

$$\|w - u\|_\infty - \|w - v\|_\infty \leq \|u - v\|_\infty. \qquad \square$$

Eine Metrik, also ein Abstand $\|u - v\|$ zwischen den beiden Punkten u, v aus $\mathbb{D}^s$ heißt mit der oben gegebenen Metrik *vergleichbar*, wenn sich zwei positive Dezimalzahlen c' und c'' so auffinden lassen, dass für je zwei Punkte u, v die Ungleichungskette

$$c'\|u - v\|_\infty \leq \|u - v\| \leq c''\|u - v\|_\infty$$

besteht. Alle Begriffe, die wir bisher bei metrischen Räumen definiert und alle Einsichten, die wir bisher aus der Betrachtung metrischer Räume gewonnen haben, ändern sich nicht, falls die Metrik durch eine andere Metrik ersetzt werden sollte, solange diese andere Metrik mit der ursprünglichen vergleichbar ist.

Wir geben ein Beispiel: Liegen die beiden Punkte $u = (a_1,\ldots,a_s)$, $v = (b_1,\ldots,b_s)$ vor, kann man zwischen ihnen einen Abstand $\|u - v\|_1$ mithilfe der Formel

$$\|u - v\|_1 = |a_1 - b_1| + \ldots + |a_s - b_s|$$

festlegen. Es handelt sich dabei um eine Metrik, die mit der zu Beginn definierten Metrik vergleichbar ist, weil Folgendes gilt:

$$\|u - v\|_\infty \le \|u - v\|_1 \le s\|u - v\|_\infty.$$

3.4.2 Die Vervollständigung des s-dimensionalen Raumes

Die Vervollständigung von $\mathbb{D}^s$ heißt das s-dimensionale Kontinuum und wird mit $\mathbb{R}^s$ bezeichnet.

Jeder Punkt ξ aus $\mathbb{R}^s$ kann als $\xi = (\alpha_1,\ldots,\alpha_s)$ geschrieben werden, wobei die α_1, ..., α_s, die Koordinaten von ξ, reelle Größen sind. Umgekehrt lässt sich jedes s-Tupel $(\alpha_1,\ldots,\alpha_s)$ mit reellen Größen α_1, ..., α_s als Punkt aus $\mathbb{R}^s$ deuten. Wir schreiben einfach statt $\mathbb{D}^1$ nur $\mathbb{D}$ und statt $\mathbb{R}^1$ nur $\mathbb{R}$.

Beweis. Mit (Σ, E), bestehend aus den beiden Folgen

$$\Sigma = (\mathbb{D}_1^s, \mathbb{D}_2^s,\ldots, \mathbb{D}_n^s,\ldots) \quad \text{und} \quad E = (10^{-1}, 10^{-2},\ldots, 10^{-n},\ldots)$$

liegt im metrischen Raum $\mathbb{D}^s$ ein Raster vor.

Es bezeichne ξ einen Grenzpunkt, also eine Folge bestehend aus Markierungen

$$[\xi]_1, [\xi]_2,\ldots, [\xi]_n,\ldots$$

die jeweils den Schablonen $\mathbb{D}_1^s$, $\mathbb{D}_2^s$, ..., $\mathbb{D}_n^s$, ... angehören, wobei

$$[\xi]_n = (a_1^{(n)},\ldots, a_s^{(n)})$$

sein soll. Definitionsgemäß gilt für je zwei Zahlen n und m

$$\|[\xi]_n - [\xi]_m\|_\infty = \max\left(|a_1^{(n)} - a_1^{(m)}|,\ldots, |a_s^{(n)} - a_s^{(m)}|\right) \le 10^{-n} + 10^{-m}.$$

Mit dieser Voraussetzung ist die Existenz von s Folgen A_1, ..., A_s verknüpft: Für jede Zahl j mit $j \le s$ besteht die Folge A_j aus den j-ten Koordinaten $a_j^{(1)}, a_j^{(2)},\ldots, a_j^{(n)},\ldots$ von $[\xi]_1, [\xi]_2,\ldots, [\xi]_n,\ldots$. Wir wissen, dass für jede Zahl j von 1 bis s und für je zwei Zahlen n, m die Ungleichung

$$|a_j^{(n)} - a_j^{(m)}| \le 10^{-n} + 10^{-m}$$

zutrifft. Demgemäß ist jede einzelne der s Folgen $A_1, \ldots, A_s$ konvergent. Folglich sind die Koordinaten

$$\alpha_1 = \lim A_1, \quad \ldots, \quad \alpha_s = \lim A_s$$

von ξ wohldefiniert.

Nun gehen wir umgekehrt von einem s-Tupel $\xi = (\alpha_1, \ldots, \alpha_s)$ reeller Größen $\alpha_1, \ldots, \alpha_s$ aus: Wir definieren die Folge U der Punkte $u_1, u_2, \ldots, u_n, \ldots$, indem wir

$$u_n = ([\alpha_1]_n, \ldots, [\alpha_s]_n)$$

festlegen. Für jede Zahl n gehört der Punkt u_n der Schablone $\mathbb{D}_n^s$ an, und für je zwei Zahlen n und m besteht die Ungleichung

$$\|u_n - u_m\|_\infty = \max \left(|[\alpha_1]_n - [\alpha_1]_m|, \ldots, |[\alpha_s]_n - [\alpha_s]_m| \right)$$
$$\leq 10^{-n} + 10^{-m}.$$

Deshalb erweist sich der Punkt $\xi = \lim U$ des vollständigen metrischen Raumes $\mathbb{R}^s$ als Grenzpunkt, wenn $\alpha_1, \ldots, \alpha_s$ seine Koordinaten sind.   □

Zwei Punkte $\xi = (\alpha_1, \ldots, \alpha_s)$ und $\eta = (\beta_1, \ldots, \beta_s)$ des s-dimensionalen Kontinuums sind genau dann voneinander verschieden, wenn man eine Zahl j mit $j \leq s$ und mit $\alpha_j \neq \beta_j$ entdecken kann. Die beiden Punkte sind dann und nur dann gleich, wenn ihre entsprechenden Koordinaten übereinstimmen.

Beweis. Offenkundig ergibt sich die zweite Behauptung unmittelbar aus der ersten.

Gehen wir nun davon aus, ξ und η seien voneinander verschieden, es gelte also $\|\xi - \eta\|_\infty > 0$. Die reelle Größe $\|\xi - \eta\|_\infty$ ergibt sich als Grenzwert jener Folge, die aus den reellen Größen $\|[\xi]_1 - [\eta]_1\|_\infty, \|[\xi]_2 - [\eta]_2\|_\infty, \ldots, \|[\xi]_n - [\eta]_n\|_\infty, \ldots$ besteht. Für jede Zahl n sollen die Markierungen $[\xi]_n$ und $[\eta]_n$ als

$$[\xi]_n = (a_1^{(n)}, \ldots, a_s^{(n)}), \quad [\eta]_n = (b_1^{(n)}, \ldots, b_s^{(n)})$$

gegeben sein. Wir wissen, dass für jede Zahl n und für jede Zahl j mit $j \leq s$ die Ungleichungen

$$|a_j^{(n)} - \alpha_j| \leq 10^{-n} \quad \text{und} \quad |b_j^{(n)} - \beta_j| \leq 10^{-n}$$

zutreffen. Wir können eine positive Dezimalzahl d mit $\|\xi - \eta\|_\infty > d$ und eine Zahl k so finden, dass für jede Zahl n mit $n \geq k$

$$\left| \|[\xi]_n - [\eta]_n\|_\infty - \|\xi - \eta\|_\infty \right| < \frac{d}{4}$$

stimmt. Wir betrachten eine Zahl n, für die nicht bloß $n \geq k$, sondern auch $10^{-n} \leq d/4$ zutrifft. Dann lässt sich eine Zahl j mit $j \leq s$ angeben, für die

$$|a_j^{(n)} - b_j^{(n)}| > \frac{3d}{4}$$

stimmt. Denn andernfalls würde die Annahme $\|[\xi]_n - [\eta]_n\|_\infty \le 3d/4$ zusammen mit $\|\xi - \eta\|_\infty > d$ den Widerspruch

$$\|\xi - \eta\|_\infty - \|[\xi]_n - [\eta]_n\|_\infty > d - \frac{3d}{4} = \frac{d}{4}$$

zur Ungleichung

$$|\|\xi - \eta\|_\infty - \|[\xi]_n - [\eta]_n\|_\infty| < \frac{d}{4}$$

nach sich ziehen. Träfe $|\alpha_j - \beta_j| < d/4$ zu, riefen die drei Ungleichungen

$$|a_j^{(n)} - \alpha_j| \le \frac{d}{4}, \quad |\alpha_j - \beta_j| < \frac{d}{4}, \quad |\beta_j - b_j^{(n)}| \le \frac{d}{4}$$

den Widerspruch

$$|a_j^{(n)} - b_j^{(n)}| \le \frac{3d}{4}$$

zu $|a_j^{(n)} - b_j^{(n)}| > 3d/4$ hervor. Folglich gilt

$$|\alpha_j - \beta_j| \ge \frac{d}{4} > 0,$$

also sicher $\alpha_j \ne \beta_j$.

Jetzt gehen wir umgekehrt von $\xi = (\alpha_1, \ldots, \alpha_s)$, $\eta = (\beta_1, \ldots, \beta_s)$ aus und nehmen an, es existiere eine Zahl j mit $j \le s$, für die $\alpha_j \ne \beta_j$ stimmt. Für jede Zahl n schreiben wir

$$[\xi]_n = (a_1^{(n)}, \ldots, a_s^{(n)}), \quad [\eta]_n = (b_1^{(n)}, \ldots, b_s^{(n)}).$$

Dann ergibt sich aus der für jede Zahl n bestehenden Ungleichung

$$\|[\xi]_n - [\eta]_n\|_\infty = \max\left(|a_1^{(n)} - b_1^{(n)}|, \ldots |a_s^{(n)} - b_s^{(n)}|\right)$$
$$\ge |a_j^{(n)} - b_j^{(n)}|$$

und dem Permanenzprinzip die Ungleichung

$$\|\xi - \eta\|_\infty \ge |\alpha_j - \beta_j| > 0.$$

Darum muss $\xi \ne \eta$ stimmen. $\qquad\qquad\qquad\qquad\qquad\qquad\qquad\qquad\qquad$ $\square$

3.4.3 Zellen, Halbräume und Teilräume

Wir nennen zwei Punkte $\xi = (\alpha_1, \ldots, \alpha_s)$ und $\eta = (\beta_1, \ldots, \beta_s)$ aus $\mathbb{R}^s$ genau dann *diskret*, wenn man für jede Zahl j mit $j \le s$ feststellen kann, ob entweder $\alpha_j \ne \beta_j$ oder aber $\alpha_j = \beta_j$ zutrifft. In diesem Fall kann man die Menge der Zahlen j mit $j \le s$

in zwei disjunkte Teilmengen J' und J'' aufteilen: $j \in J'$ soll genau bei $\alpha_j \neq \beta_j$, und $j \in J''$ soll genau bei $\alpha_j = \beta_j$ stimmen. Es ist dabei nicht ausgeschlossen, dass eine der beiden Mengen J' oder J'' „leer" ist, sich also alle Zahlen j mit $j \leq s$ in der anderen Menge aufhalten.

Liegen zwei diskrete Punkte $\xi = (\alpha_1, \dots, \alpha_s)$ und $\eta = (\beta_1, \dots, \beta_s)$ mit den oben beschriebenen Mengen J' und J'' vor, und geht man zusätzlich von der Voraussetzung aus, dass für jede Zahl j aus J' die Ungleichung $\alpha_j < \beta_j$ zutrifft, kann man mit diesen beiden Punkten eine sogenannte Zelle definieren:

Wir nennen die Menge $[\xi; \eta]$ bestehend aus den Punkten $u = (u_1, \dots, u_s)$, für die bei jeder Zahl j mit $j \leq s$ die Ungleichung $\alpha_j \leq u_j \leq \beta_j$ zutrifft, eine *Zelle*. Die Anzahl k der in J' enthaltenen Zahlen heißt die *Dimension* dieser Zelle.

Die eben definierte Zelle $[\xi; \eta]$ ist in zwei k-dimensional *Halbräumen* $[\xi; \eta\rangle$ und $\langle\xi; \eta]$ eingebettet: Der erstgenannte besteht aus den Punkten $u = (u_1, \dots, u_s)$, für die im Falle $j \in J'$ die Ungleichung $\alpha_j \leq u_j$ zutrifft und im Falle $j \in J''$ die Gleichheit $\alpha_j = u_j = \beta_j$ stimmt. Der zweitgenannte besteht aus den Punkten $u = (u_1, \dots, u_s)$, für die im Falle $j \in J'$ die Ungleichung $u_j \leq \beta_j$ zutrifft und im Falle $j \in J''$ die Gleichheit $\alpha_j = u_j = \beta_j$ stimmt.

Schließlich sind die eben definierten Halbräume $[\xi; \eta\rangle$ und $\langle\xi; \eta]$ in einem k-dimensional *Teilraum* $\langle\xi; \eta\rangle$ eingebettet, den man den von ξ und η *aufgespannten* Raum nennt: er besteht aus den Punkten $u = (u_1, \dots, u_s)$, bei denen für jede Zahl j aus J'' die Gleichheit $\alpha_j = u_j = \beta_j$ zutrifft.

Zellen, Halbräume und Teilräume sind abgeschlossene Mengen.

Beweis. Diese Aussage ergibt sich unmittelbar aus dem Permanenzprinzip. □

Liegen zwei diskrete Punkte $\xi = (\alpha_1, \dots, \alpha_s)$ und $\eta = (\beta_1, \dots, \beta_s)$ mit den oben beschriebenen Mengen J' und J'' vor, und geht man zusätzlich von der Voraussetzung aus, dass für jede Zahl j aus J' die Ungleichung $\alpha_j < \beta_j$ zutrifft und dass überdies die Menge J' mindestens eine Zahl enthält, kann man mit diesen beiden Punkten weitere Mengen definieren:

Die Mengen $]\xi; \eta[$, $[\xi; \eta[$, $]\xi; \eta]$ bestehen aus den Punkten $u = (u_1, \dots, u_s)$, wobei für jede Zahl j aus J' jeweils $\alpha_j < x_j < \beta_j$ beziehungsweise $\alpha_j \leq x_j < \beta_j$ beziehungsweise $\alpha_j < x_j \leq \beta_j$ zutrifft und überdies für jede Zahl j aus J'' die Gleichheit $\alpha_j = x_j = \beta_j$ stimmt.

$]\xi; \eta\rangle$ besteht aus den Punkten $u = (u_1, \dots, u_s)$, für die im Falle $j \in J'$ die Ungleichung $\alpha_j < u_j$ zutrifft und im Falle $j \in J''$ die Gleichheit $\alpha_j = u_j = \beta_j$ stimmt. $\langle\xi; \eta[$ besteht aus den Punkten $u = (u_1, \dots, u_s)$, für die im Falle $j \in J'$ die Ungleichung $u_j < \beta_j$ zutrifft und im Falle $j \in J''$ die Gleichheit $\alpha_j = u_j = \beta_j$ stimmt.

Die Mengen $]\xi; \eta[$, $]\xi; \eta\rangle$, $\langle\xi; \eta[$ sind offene Mengen des metrischen Raumes $\langle\xi; \eta\rangle$.

Beweis. Angenommen, für eine Zahl j aus J' trifft die Ungleichung $\alpha_j < \gamma_j$ beziehungsweise die Ungleichung $\gamma_j < \beta_j$ zu. Dann kann man eine positive Dezimalzahl d so finden, dass $d < \gamma_j - \alpha_j$ beziehungsweise $d < \beta_j - \gamma_j$ stimmt. Dies erzwingt für jedes u_j mit $|u_j - \gamma_j| < d$ die Beziehung $\alpha_j < u_j$ beziehungsweise $u_j < \beta_j$. $\qquad\square$

Im Spezialfall $s = 1$ erhalten bei $\alpha < \beta$ die oben konstruierten Mengen spezielle Namen: $[\alpha; \beta]$ beziehungsweise $]\alpha; \beta[$ heißen ein *abgeschlossenes* beziehungsweise ein *offenes beschränktes Intervall*. Die Mengen $[\alpha; \beta[$ und $]\alpha; \beta]$ heißen *halboffene Intervalle*. Auch sie gelten als *beschränkte* Intervalle. Die Mengen $[\alpha; \beta\rangle$ und $\langle\alpha; \beta]$ werden mit $[\alpha; \infty[$ und $]\infty; \beta]$ bezeichnet; man nennt sie *abgeschlossene unbeschränkte Intervalle*. Die Mengen $]\alpha; \beta\rangle$ und $\langle\alpha; \beta[$ werden mit $]\alpha; \infty[$ und $]\infty; \beta[$ bezeichnet und sie heißen *offene unbeschränkte Intervalle*.

3.4.4 Totalbeschränktheit im s-dimensionalen Kontinuum

Satz von Weierstrass. *Eine Menge des s-dimensionalen Kontinuums $\mathbb{R}^s$ ist genau dann totalbeschränkt, wenn sie begrenzbar und beschränkt ist.*

Beweis. Dass eine totalbeschränkte Menge begrenzbar und beschränkt sein muss, wissen wir bereits.

Nun gehen wir umgekehrt von einer Menge des s-dimensionalen Kontinuums aus, die begrenzbar und beschränkt ist. Wir brauchen nur zu beweisen, dass sie dann Teilmenge eines kompakten metrischen Raumes ist. Dies stimmt, weil wir diese Menge in eine Zelle $[\xi; \eta]$ mit

$$\xi = (-k, -k, \ldots, -k) \quad \text{und} \quad \eta = (k, k, \ldots, k)$$

einbetten können, wobei k eine hinreichend große Zahl bezeichnet. Wir zeigen jetzt, dass diese Zelle kompakt ist:

Zu diesem Zweck definieren wir für eine beliebige Zahl n die Schablone S_n als Gesamtheit jener Punkte $u = (a_1, \ldots, a_s)$, bei denen für jede Zahl j mit $j \le s$ die Dezimalzahl a_j folgendermaßen lautet:

$$a_j = w + w_1 \times 10^{-1} + w_2 \times 10^{-2} + \ldots + w_n \times 10^{-n}.$$

Dabei bezeichnen $w, w_1, w_2, \ldots, w_n$ Zahlen mit

$$-k < w < k, \quad -9 \le w_1 \le 9, \quad -9 \le w_2 \le 9, \quad \ldots, \quad -9 \le w_n \le 9.$$

Es ist klar, dass (Σ, E) mit

$$\Sigma = (S_1, S_2, \ldots, S_n, \ldots) \quad \text{und} \quad E = (10^{-1}, 10^{-2}, \ldots, 10^{-n}, \ldots)$$

einen Raster bildet, der $[\xi; \eta]$ als zugehörigen vollständigen metrischen Raum besitzt. Weil für jede Zahl n die Schablone S_n eine endliche Menge ist, erweist sich $[\xi; \eta]$ als kompakt. $\qquad\square$

3.4.5 Supremum und Infimum

Die im Kontinuum liegende Menge X sei begrenzbar und beschränkt. Dann gibt es eine eindeutig bestimmte reelle Größe σ, das sogenannte Supremum $\sigma = \sup X$ der Menge X, welches die beiden folgenden Eigenschaften besitzt:

1. σ *ist eine obere Schranke von X, womit gemeint ist, dass für jeden Punkt u aus X die Ungleichung $u \leq \sigma$ zutrifft.*

2. σ *ist die kleinste obere Schranke von X, womit gemeint ist, dass bei einer beliebigen reellen Größe α mit $\alpha < \sigma$ in X ein Punkt v auffindbar ist, für den $v > \alpha$ zutrifft.*

Beweis. Dass die Größe σ, so sie existiert, eindeutig bestimmt ist, ergibt sich unmittelbar aus ihren Eigenschaften. Wir zeigen nun, wie man sie findet:

Weil X beschränkt ist, gibt es eine Dezimalzahl c mit der Eigenschaft, dass für jedes u aus X sicher $u \leq c$ stimmt. Jedenfalls ist dann

$$|u - c| = c - u$$

und wir können das Infimum

$$\mu = \inf |X - c|$$

berechnen. Es zeigt sich, dass $\sigma = c - \mu$ die vom Supremum verlangten Eigenschaften besitzt:

Der Definition von μ gemäß gehorcht jedes u aus X der Ungleichung

$$|u - c| = c - u \geq \mu,$$

aus der sich

$$u \leq c - \mu = \sigma$$

ergibt. Liegt eine reelle Größe α mit $\alpha < \sigma$ vor, definieren wir $\lambda = c - \alpha$ und erkennen sofort:

$$\lambda = c - \alpha > c - \sigma = \mu.$$

Der Definition von μ gemäß gibt es in X einen Punkt v mit

$$|v - c| = c - v < \lambda,$$

woraus $v > c - \lambda = \alpha$ folgt. $\square$

Die im Kontinuum liegende Menge X sei begrenzbar und beschränkt. Dann gibt es eine eindeutig bestimmte reelle Größe ρ, das sogenannte Infimum $\rho = \inf X$ der Menge X, welches die beiden folgenden Eigenschaften besitzt:

1. ρ *ist eine untere Schranke von X, womit gemeint ist, dass für jeden Punkt u aus X die Ungleichung $u \geq \rho$ zutrifft.*

2. *ρ ist die größte untere Schranke von X, womit gemeint ist, dass bei einer beliebigen reellen Größe α mit $\alpha > \rho$ in X ein Punkt v auffindbar ist, für den $v < \alpha$ zutrifft.*

Beweis. Dass die Größe ρ, so sie existiert, eindeutig bestimmt ist, ergibt sich unmittelbar aus ihren Eigenschaften. Wir zeigen nun, wie man sie findet:

Da X beschränkt ist, gibt es eine Dezimalzahl c mit der Eigenschaft, dass für jedes u aus X

$$0 - u \leq c$$

stimmt. Wir legen nun Y als Gesamtheit der $v = 0 - u$ fest, wobei u aus X entnommen ist. Aufgrund des vorigen Satzes können wir $\tau = \sup Y$ berechnen und $\rho = 0 - \tau$ setzen. Wir stellen nun fest, dass ρ die Eigenschaften des Infimums besitzt:

Einerseits stimmt für jeden Punkt u aus X definitionsgemäß $0 - u \leq \tau$. Hieraus folgt:

$$u \geq 0 - \tau = \rho.$$

Andererseits sei α eine reelle Größe mit $\alpha > \rho$. Dann gehorcht die reelle Größe $\beta = 0 - \alpha$ der Ungleichung

$$\beta = 0 - \alpha < 0 - \rho = \tau,$$

aus der nach Definition von τ die Existenz eines v aus X mit

$$0 - v > \beta$$

folgt. Dies führt zu

$$v < 0 - \beta = \alpha. \qquad \square$$

3.4.6 Kompakte Intervalle

Ein kompaktes Intervall ist im Kontinuum eine zusammenhängende Menge.

Beweis. Mit α, β bezeichnen wir zwei reelle Größen, für die $\alpha < \beta$ zutrifft und S soll aus den Dezimalzahlen c bestehen, für die $\alpha \leq c \leq \beta$ stimmt. Das kompakte Intervall $[\alpha; \beta]$ ist dann der Abschluss von S. Mit ε bezeichnen wir eine beliebige positive reelle Größe. Es seien c' und c'' zwei Dezimalzahlen aus S der Gestalt

$$c' = p' \times 10^{-n}, \quad c'' = p'' \times 10^{-n},$$

wobei p', p'' ganze Zahlen bezeichnen und die Zahl n so groß festgelegt sein kann, dass $10^{-n} < \varepsilon$ zutrifft. Wir gehen ferner von $p' \leq p''$ aus. Dann stellt die endliche Folge, bestehend aus den Dezimalzahlen

$$c_j = (p' + j) \times 10^{-n},$$

bei denen j die ganzen Zahlen mit $0 \leq j \leq p'' - p'$ bezeichnet, eine ε-Verbindung von c' zu c'' dar.   □

Angenommen, eine kompakte und zusammenhängende Menge im Kontinuum besteht aus mindestens zwei verschiedenen Punkten. Dann handelt es sich bei dieser Menge um ein kompaktes Intervall.

Beweis. Wir bezeichnen die betrachtete Menge mit X. Weil sie kompakt ist, können wir $\alpha = \inf X$ und $\beta = \sup X$ berechnen. Zwei reelle Größen ξ, η mit $\xi < \eta$ liegen in X, folglich gilt:

$$\alpha \leq \xi < \eta \leq \beta .$$

Jedenfalls ist $\alpha < \beta$ und offenkundig ist X eine Teilmenge des kompakten Intervalls $[\alpha; \beta]$.

Es bezeichne c eine in $[\alpha; \beta]$ liegende Dezimalzahl und ε eine beliebige positive reelle Größe. Wir finden dann eine positive Dezimalzahl e, für die $\varepsilon > e$ zutrifft. Weil X die reellen Größe α und β verbindet, gibt es eine endliche Folge $(\xi_0, \xi_1, \ldots, \xi_j)$ von in X liegenden reellen Größen, für die

$$|\alpha - \xi_0| < e , \quad |\xi_n - \beta| < e ,$$

sowie für jede Zahl n mit $n \leq j$ auch $|\xi_{n-1} - \xi_n| < e$ zutrifft.

Angenommen, für jede ganze Zahl n mit $0 \leq n \leq j$ stimmte $|\xi_n - c| > e$. Das folgende Argument zeigt, dass diese Annahme absurd ist:

Denn sie würde ermöglichen, die ganzen Zahlen n mit $0 \leq n \leq j$ in zwei disjunkte Mengen J' und J'' in folgender Weise aufzuteilen: $n \in J'$ würde das Gleiche wie $c - \xi_n > e$, also $\xi_n < c - e$ besagen und $n \in J''$ würde das Gleiche wie $\xi_n - c > e$, also $\xi_n > c + e$ besagen. Aus

$$|\alpha - \xi_0| = \xi_0 - \alpha < e \quad \text{und} \quad \alpha \leq c$$

folgte $\xi_0 - c < e$ und somit $0 \in J'$. Aus

$$|\xi_j - \beta| = \beta - \xi_j < e \quad \text{und} \quad c \leq \beta$$

folgte $c - \xi_j < e$ und somit $j \in J''$. J'' müsste somit mindestens eine ganze Zahl enthalten, und wir könnten die *kleinste* unter ihnen auswählen und n taufen. Weil 0 in J' liegt, müsste es sich bei n um eine Zahl handeln, und $n - 1$ müsste sich in J' befinden. Doch dann führten die beiden Ungleichungen

$$\xi_n > c + e \quad \text{und} \quad \xi_{n-1} < c - e$$

die Beziehung

$$\xi_n - \xi_{n-1} > \xi_n - (c - e) > (c + e) - (c - e) = 2e$$

herbei, die der Ungleichung $|\xi_n - \xi_{n-1}| < e$ widerspricht.

Hieraus schließen wir, dass in der endlichen Folge $(\xi_0, \xi_1, \ldots, \xi_j)$ ein Punkt ξ_n mit $|c - \xi_n| \leq e$ aufgefunden werden kann. Und dies bedeutet: Zu jeder in $[\alpha; \beta]$ liegenden Dezimalzahl c und zu jeder positiven reellen Größe ε lässt sich in X ein Punkt ξ mit der Eigenschaft $|c - \xi| < \varepsilon$ auffinden. X ist eine abgeschlossene Menge, folglich gehört c der Menge X an.

Schließlich ist jede in $[\alpha; \beta]$ liegende reelle Größe y Grenzwert einer Folge von Dezimalzahlen, die $[\alpha; \beta]$ angehören. Wieder belegt die Tatsache, dass X eine abgeschlossene Menge ist, die Zugehörigkeit von y zu X. Und dies zeigt: $X = [\alpha; \beta]$. $\qquad\square$

4 Stetige Funktionen

4.1 Punktweise Stetigkeit

4.1.1 Der Begriff der Funktion

Ein Verfahren f, das bei einem mit u symbolisierten Input einen mit v bezeichneten Output liefert, nennen wir eine *Zuordnung*, die jedenfalls für den Input u *definiert* ist. Seit Leibniz wird die Tatsache, dass dem Input oder dem *Eingangswert* u durch das Verfahren f der Output oder der *Ausgangswert* v zugeordnet wird, mit

$$f(u) = v$$

symbolisiert.

Wir sagen ferner, dass die Zuordnung f über einer Menge X *definiert* ist, wenn jedes Element aus X als Eingangswert zur Verfügung steht. Wenn die zugehörigen Ausgangswerte von der Menge Y umfasst werden, sagen wir, dass die Zuordnung f die Menge X in die Menge Y *überführt* oder in die Menge Y *abbildet*. Als sinnfällige Bezeichnung für diese Tatsache schreibt man $f : X \to Y$. Sollte die Menge Y mit der Gesamtheit aller Ausgangswerte übereinstimmen, sagen wir, dass die Zuordnung f die Menge X *auf* die Menge Y überführt oder *auf* die Menge Y abbildet. Man sagt dazu auch, dass es sich bei f um eine *surjektive* Zuordnung handelt.

Eine Zuordnung f nennen wir genau dann eine *Funktion*, wenn sie *extensional* ist. Darunter verstehen wir Folgendes: Wenn f dem Eingangswert u' den Ausgangswert $f(u') = v'$ zuordnet, wenn f dem Eingangswert u'' den Ausgangswert $f(u'') = v''$ zuordnet und wenn diese beiden Ausgangswerte voneinander verschieden sind, $v' \ne v''$, sind auch die beiden Eingangswerte voneinander verschieden: $u' \ne u''$. Aus dieser Bedingung folgt unmittelbar, dass die Gleichheit $u' = u''$ der Eingangswerte zur Gleichheit der Ausgangswerte führen muss: $f(u') = f(u'')$. Wenn eine Funktion vorliegt, verwendet man statt des Wortes Eingangswert bevorzugt das Wort *Argumentwert* oder kurz nur *Argument*, und man verwendet statt des Wortes Ausgangswert bevorzugt das Wort *Funktionswert*. Sollte bei einer Funktion f aus der Verschiedenheit zweier Argumentwerte u' und u'', also aus $u' \ne u''$, zwingend die Verschiedenheit der entsprechenden Funktionswerte folgen, also $f(u') \ne f(u'')$ gelten, nennt man in einer traditionellen Sprache die Funktion f eine *schlichte Funktion*. Moderner sagt man, dass es sich bei f um eine *injektive* Funktion handelt. Eine Funktion $f : X \to Y$, die zugleich injektiv und surjektiv ist, heißt eine *bijektive* Funktion oder eine *Bijektion* der beiden Mengen X und Y.

© Springer Fachmedien Wiesbaden GmbH, ein Teil von Springer Nature 2018
R. Taschner, *Vom Kontinuum zum Integral*, https://doi.org/10.1007/978-3-658-23380-8_4

Um die *Gleichheit* von Funktionen definieren zu können, treffen wir die folgende Festlegung: Es bezeichnen f und f^* zwei Funktionen, f ist dabei über der Menge X und f^* ist über der Menge X^* definiert. Die Funktion f heißt genau dann in der Funktion f^* *eingebettet*, und die Funktion f^* heißt genau dann eine *erweiterte Funktion* der Funktion f, wenn Folgendes zutrifft:

1. X ist Teilmenge von X^* und

2. für jedes in X liegende u besteht die Gleichheit $f(u) = f^*(u)$.

Zwei Funktionen f' und f^* heißen genau dann einander *gleich*, wenn jede der beiden eine Einbettung in die jeweils andere ist. Dementsprechend besteht die *Verschiedenheit* zweier Funktionen f und g bereits dann, wenn die beiden über Mengen definiert sind, die voneinander verschieden sind. Und selbst, wenn die beiden Funktionen f und g über der gleichen Menge definiert sind und für einen Punkt u der Menge $f(u) \neq g(u)$ stimmt, heißen die beiden Funktionen voneinander verschieden.

Als wichtiges Beispiel betrachten wir bei einer Zahl n die Zuordnung, die einer reellen Größe α als Eingangswert dessen n-te Näherung $[\alpha]_n$ als Ausgangswert zuweist. Offenkundig handelt es sich dabei um eine Zuordnung, die über dem Kontinuum definiert ist, aber es handelt sich hierbei um *keine* Funktion.

Hingegen ist jene Zuordnung, die jedem beliebigen Eingangswert, wie er auch lauten mag, immer ein und denselben Ausgangswert c zuweist, offenkundig eine Funktion. Sie heißt eine *konstante Funktion*, die man der Einfachheit halber genauso mit c bezeichnet wie ihren Funktionswert. Es führt nämlich zu keinen Missverständnissen, wenn man die konstante Funktion mit ihrem Funktionswert gleichsetzt.

Jene Zuordnung, die jeden aus der Menge X entnommenen Eingangswert schlicht so belässt, wie er lautet, bei der also die Ausgangswerte mit den Eingangswerten übereinstimmen, nennt man die über X definierte *identische Funktion*. Es stellt sich als sehr verlockend heraus, wenn wir bei mit Großbuchstaben S, T, X, Y, Z bezeichneten Mengen die über ihnen definierten identischen Funktionen mit den entsprechenden Kleinbuchstaben s, t, x, y, z bezeichnen. Wir werden dieser Versuchung erliegen. Wenn folglich der Argumentwert u der Menge X entnommen ist, gilt $x(u) = u$. Gerne wird die identische Funktion x auch eine *Variable* genannt, welche – anschaulich gesprochen – in der Menge X „lebt" oder die Menge X „durchläuft". Schreibt man für einen in X gelegenen Punkt u die Formel $x = u$, einigt man sich darauf, dass im Kontext dieser Bezeichnung die ursprüngliche Menge X allein durch den einen Punkt u ersetzt wird. Man sagt dazu, dass die Variable x „den Wert u annimmt".

Liegen zwei Funktionen f und g so vor, dass die Funktion f jeden Funktionswert der Funktion g als Argumentwert besitzt, kann man diese beiden Funktionen „verketten": Die *Verkettung* $f(g)$ dieser beiden Funktionen beschreibt jene Zuordnung, bei der dem Argumentwert u der Funktionswert $f(g)(u) = f(g(u))$

zugewiesen wird. (Hier rächt sich ein wenig die Klammerschreibweise von Leibniz: ohne Klammern wäre die Wirkungsweise der Verkettung noch einsichtiger. Zuweilen wird die Verkettung von f mit g als $f \circ g$ symbolisiert, aber die Bezeichnung $f(g)$ ist suggestiver.) Es ist im Übrigen der Sprechweise von Personen der angewandten Mathematik, der Naturwissenschaften und des Ingenieurwesens entgegenkommend, dass bei einer über der Menge X definierten Funktion f die gleiche Funktion genausogut durch $f(x)$ symbolisiert wird.

Wenn bei einer surjektiven Funktion $f : X \to Y$ die Menge Y die Gesamtheit der Funktionswerte von f umfasst, sagt man, dass Y von der Variable $y = f(x)$ durchlaufen wird. Und im Falle $x = u$, dass also x den in X liegenden Wert u annimmt, schreibt man für den zugehörigen Funktionswert $v = f(u)$ auch gerne $y|_{x=u} = v$ im Sinne von: „Wenn x den Wert u annimmt, dann nimmt y den Wert v an".

Die Geschmeidigkeit dieser Schreibweise tritt deutlich hervor, wenn die Funktion g über der Menge T definiert ist, welche von der Variable t (als über der Menge T identischer Funktion) „durchlaufen" wird. Wenn die Menge X die Gesamtheit der Funktionswerte von g umfasst, oder – wie man auch sagen könnte – von $x = g(t)$ durchlaufen wird, kann man die über X definierte Funktion f mit Funktionswerten in der Menge Y sowohl mit $y = f(x)$ als auch mit $y = f(g(t))$ symbolisieren. In der Sprache der angewandten Mathematik heißt x eine *unabhängige Variable*, wenn $x = g(t)$ keine Rolle spielt und man nur $y = f(x)$ in den Blick nimmt. Hingegen heißt x eine von t *abhängige Variable*, wenn $x = g(t)$ ins Spiel kommt und man $y = f(x)$ als $y = f(g(t))$ versteht.

4.1.2 Folgen und Funktionen

Als wichtiges Beispiel betrachten wir eine Folge $X = (u_1, u_2, \ldots, u_n, \ldots)$, von der wir voraussetzen, dass sie diskret ist, dass also für jedes Paar von Zahlen n, m festgestellt werden kann, ob $u_n = u_m$ oder aber $u_n \neq u_m$ zutrifft. Es sei ferner eine weitere Folge $Y = (v_1, v_2, \ldots, v_n, \ldots)$ gegeben. (Im Falle, dass die beiden Folgen X und Y endlich sind, sollen sie aus gleich vielen Folgegliedern bestehen.) Dann stellt die Zuordnung f, welche für jede Zahl n dem Folgeglied u_n das Folgeglied v_n zuweist, genau dann eine über X definierte Funktion dar, wenn für jedes Paar von Zahlen n, m aus $u_n = u_m$ notwendig $v_n = v_m$ folgt. Bei einer solchen Funktion liegt es nahe, ihre Wirkungsweise in Form einer „Wertetabelle"

x	u_1	u_2	$\ldots$	u_n	$\ldots$
$y = f(x)$	v_1	v_2	$\ldots$	v_n	$\ldots$

anzudeuten. Sollte die Folge X aus den Zahlen selbst bestehen (oder aus den ersten j Zahlen), erweist sich die Funktion $f(x)$ zugleich als eine Folge. Es sind, mit

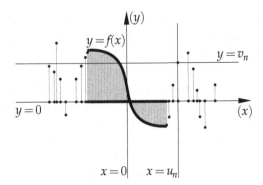

Abbildung 4.1. *Schaubild einer Funktion*

anderen Worten, endliche und unendliche Folgen nichts anderes als Funktionen spezieller Bauart.

Überdies erfasst dieses Beispiel alle Funktionen, die über metrischen Räumen S definiert sind, sofern die Punkte dieser metrischen Räume in Form einer diskreten Folge $S = (u_1, u_2, \ldots, u_n, \ldots)$ vorliegen. Beim metrischen Raum $\mathbb{D}$ der Dezimalzahlen oder beim metrischen Raum $\mathbb{Q}$ der Brüche trifft dies zum Beispiel zu.

Bestehen die Folgen X und Y aus reellen Größen u_1, u_2, ..., u_n, ... und $v_1, v_2, \ldots, v_n, \ldots$, wird durch die graphische Darstellung der Punkte (u_1, v_1), $(u_2, v_2), \ldots, (u_n, v_n)$, ... oder einer repräsentativen Auswahl dieser Punkte in einem zweidimensionalen Koordinatensystem die Wirkungsweise der oben beschriebenen Funktion $f(x)$ augenfällig veranschaulicht. Man spricht dann vom *Schaubild* oder vom *Graphen* der Funktion $f(x)$.

Als erstes Beispiel definieren wir die nach Oliver Heaviside benannte Funktion $H(x)$ über den in $X = \mathbb{D}^*$ versammelten, von Null verschiedenen Dezimalzahlen in folgender Weise: Bezeichnen a eine negative und b eine positive Dezimalzahl, dann

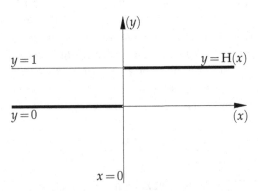

Abbildung 4.2. *Schaubild der Heavisidefunktion*

seien H(a) = 0 und H(b) = 1. Anschaulich beschrieb der Ingenieur Heaviside damit einen Einschaltvorgang, der zu dem mit der Zahl Null symbolisierten Zeitpunkt stattfindet: „Vorher", also für Argumente, die kleiner als Null sind, ist das System „ausgeschaltet", also auf Null gestellt, „nachher", also für Argumente, die größer als Null sind, ist das System „eingeschaltet", also auf Eins gestellt. Wenn jemand unbedingt die Heavisidefunktion auch an der Dezimalzahl 0 definiert sehen möchte, kann man diesen Wunsch zum Beispiel durch die willkürliche Festsetzung H(0) = 1/2 zufriedenstellen, obwohl dies physikalisch keinen Sinn macht, da der Moment des Einschaltens mit Festsetzungen wie dieser sicher nicht erfasst werden kann. Sinnvoller ist es, die Heavisidefunktion H(x) wirklich nur auf $X = \mathbb{D}^*$ definiert sein zu lassen.

Als zweites Beispiel sei die mit dem griechischen Buchstaben Θ symbolisierte „Skalierungsfunktion" $\Theta(x)$ genannt, die über der Menge $X = \mathbb{D}$ der Dezimalzahlen wie folgt definiert ist: Jeder Dezimalzahl $a = w + 0.w_1 w_2 \ldots w_n$ wird entweder

$$\Theta(a) = 10^0 = 1$$

zugeordnet – nämlich genau dann, wenn alle Ziffern w_1, w_2, …, w_n mit 0 übereinstimmen, wenn also a eine ganze Zahl ist, oder aber

$$\Theta(a) = 10^{-k}$$

zugeordnet – nämlich genau dann, wenn zwar $w_k \neq 0$ ist, aber für alle Zahlen j mit $k < j \leq n$ die Ziffern w_j mit 0 übereinstimmen. Anschaulich findet man diese Funktion bei einem Metermaß mit seinen Unterteilungen andeutungsweise verwirklicht: die Striche der ganzen Meter sind lang, die Striche der Dezimeter kürzer, die der Zentimeter noch kürzer und die der Millimeter besonders kurz – allein die Längen der Skalenstriche gehorchen im Allgemeinen nicht der hier verlangten Vorgabe. Der Abbruch der Skalenstriche bei Millimeter ist zwar aus praktischen Gründen verständlich, aber völlig willkürlich.

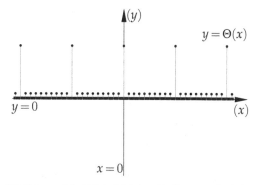

Abbildung 4.3. *Schaubild der Skalierungsfunktion*

Als drittes Beispiel sei die mit dem griechischen Buchstaben Δ symbolisierte und nach Dirichlet benannte Funktion $\Delta(x)$ genannt, die über der Menge $X = \mathbb{D}$ der Dezimalzahlen wie folgt definiert ist: Jeder Dezimalzahl $a = w + 0.w_1 w_2 \ldots w_n$ wird entweder

$$\Delta(a) = \frac{1 + (-1)^0}{2} = 1$$

zugeordnet – nämlich genau dann, wenn alle Ziffern w_1, w_2, $\ldots$, w_n mit 0 übereinstimmen, wenn also a eine ganze Zahl ist, oder aber

$$\Delta(a) = \frac{1 + (-1)^k}{2}$$

zugeordnet – nämlich genau dann, wenn zwar $w_k \neq 0$ ist, aber für alle Zahlen j mit $k < j \leq n$ die Ziffern w_j mit 0 übereinstimmen. Die Dirichletfunktion $\Delta(x)$ besitzt demnach nur die Zahlen 1 oder 0 als Funktionswerte. 1 ist der Funktionswert genau dann, wenn der Argumentwert, also die Dezimalzahl a, entweder eine ganze Zahl ist oder aber aus einer geraden Anzahl von Nachkommastellen besteht, wobei die letzte Nachkommastelle von Null verschieden ist. 0 ist der Funktionswert genau dann, wenn der Argumentwert, also die Dezimalzahl a, aus einer ungeraden Anzahl von Nachkommastellen besteht, wobei die letzte Nachkommastelle von Null verschieden ist. Historisch wurde die Dirichletfunktion von ihrem Erfinder etwas anders festgelegt, doch die hier gegebene Definition leistet gottlob die gleichen Dienste wie die ursprüngliche.

4.1.3   Die Stetigkeit einer Funktion an einem Punkt

Es bezeichnen S und T zwei vollständige metrische Räume. Die Funktion f soll über einer Teilmenge X von S definiert sein und ihre Funktionswerte sollen in T liegen. Es bezeichne ferner ξ einen Punkt, der dem Abschluss von X angehört. Die Funktion f heißt genau dann *am Punkt ξ stetig* oder *an der Stelle ξ stetig*, wenn man zu jeder positiven reellen Größe ε eine positive reelle Größe δ so auffinden kann, dass für jedes Paar u', u'' von Punkten aus X mit

$$\|u' - \xi\| < \delta \quad \text{und} \quad \|u'' - \xi\| < \delta$$

die Beziehung

$$\|f(u') - f(u'')\| < \varepsilon$$

zutrifft.

Es ergibt sich aus dem Zusammenhang, dass in den Formeln $\|u' - \xi\| < \delta$ und $\|u'' - \xi\| < \delta$ die Metrik der in S definierte Abstand ist, während in der Formel $\|f(u') - f(u'')\| < \varepsilon$ die Metrik den in T definierten Abstand meint. Da keine Missverständnisse zu befürchten sind, brauchen wir diese beiden Metriken nicht verschieden zu bezeichnen.

Die Pointe dieser Definition besteht offenkundig darin, dass ξ nicht der Menge X angehören muss, sondern bloß dem Abschluss von X. Es wird sich in Kürze herausstellen, warum es klug ist, die Stetigkeit so zu definieren.

Es bezeichnen S und T zwei vollständige metrische Räume, und X sei eine Teilmenge von S. Die Funktion $f : X \to T$ sei an der Stelle ξ, die im Abschluss von X liegt, stetig. Dann gibt es in T einen eindeutig bestimmten Punkt η mit der folgenden Eigenschaft: Zu jeder aus Punkten $u_1, u_2, \ldots, u_n, \ldots$ der Menge X bestehenden Folge U, die gegen ξ konvergiert, $\lim U = \xi$, konvergiert auch die Folge $V = f(U)$, die aus den entsprechenden Funktionswerten $v_1 = f(u_1), v_2 = f(u_2), \ldots, v_n = f(u_n), \ldots$ besteht, und es gilt: $\lim V = \eta$.

Beweis. Es bezeichne ε eine beliebige positive reelle Größe. Die Stetigkeit von f an der Stelle ξ erlaubt uns definitionsgemäß die Konstruktion einer positiven reellen Größe δ mit der Eigenschaft, dass für jedes Paar u', u'' von Punkten aus X mit

$$\|u' - \xi\| < \delta \quad \text{und} \quad \|u'' - \xi\| < \delta$$

die Beziehung

$$\|f(u') - f(u'')\| < \varepsilon$$

zutrifft. Wegen $\lim U = \xi$ kann man eine Zahl j so ausfindig machen, dass für jedes Paar von Zahlen n und m die Beziehungen $n \geq j$ und $m \geq j$ die Ungleichungen

$$\|u_n - \xi\| < \delta \quad \text{und} \quad \|u_m - \xi\| < \delta$$

nach sich ziehen, woraus sich

$$\|f(u_n) - f(u_m)\| < \varepsilon$$

ergibt. Dem Cauchyschen Konvergenzkriterium zufolge handelt es sich bei $V = f(U)$ um eine konvergente Folge. Darum liegt der Grenzpunkt $\eta = \lim V$ vor und ist im vollständigen metrischen Raum T enthalten.

Jetzt zeigen wir noch, dass dieser Punkt η allein durch die Vorgabe der Funktion f und des Punktes ξ bestimmt ist, nicht aber von der Wahl der Folge U abhängt: Angenommen, es liegt eine weitere Folge U', bestehend aus in X liegenden Punkten vor, die ebenfalls nach ξ konvergiert. Das gleiche Argument, das oben die Existenz von $\lim f(U)$ herleitete, beweist die Existenz von $\lim f(U')$. Auch die aus den beiden Folgen U und U' gebildete gemischte Folge $U^* = U \sqcup U'$ besteht aus Punkten der Menge X und konvergiert nach ξ. Demnach ist auch die Folge $V^* = f(U^*)$ konvergent und besitzt die beiden Folgen $V = f(U)$ und $V' = f(U')$ als Teilfolgen. Somit schließen wir auf

$$\lim f(U) = \lim f(U^*) = \lim f(U'),$$

und haben die Behauptung des Satzes vollständig bewiesen. $\qquad\square$

Es ist natürlich möglich, dass der Punkt ξ, an dem die Funktion f stetig ist, der Menge X selbst angehört. Dann stimmt der Punkt η, der aus dem obigen Satz erhalten wird, notwendig mit dem Funktionswert $f(\xi)$ überein. Denn die konstante Folge U, die immer nur ξ aufzählt, besitzt als Bild von f die konstante Folge $V = f(U)$, die immer nur $f(\xi)$ aufzählt. Deshalb vereinbaren wir, dass der aus dem obigen Satz erhaltene Punkt η auch im allgemeinen Fall, bei dem ξ bloß dem Abschluss von X angehören muss, mit $\eta = f(\xi)$ bezeichnet wird. Will man betonen, dass ξ zwar dem Abschluss von X, nicht notwendig aber X angehört, schreibt man unter Verwendung der Abkürzung lim für den „Limes", den Grenzwert, gerne

$$\eta = \lim_{x \to \xi} f(x)\,.$$

Die auf einem metrischen Raum definierte konstante Funktion ist zum Beispiel an jedem Punkt des Abschlusses dieses Raumes stetig.

Die Heavisidefunktion H ist an allen negativen reellen Größen und an allen positiven reellen Größen stetig – zum Nachweis braucht man sich nur zu überlegen, dass man bei einer vorgelegten negativen Größe die Heavisidefunktion auf die negativen Dezimalzahlen als Argumentwerte einschränkt, für die sie konstant 0 ist, und dass man bei einer vorgelegten positiven Größe die Heavisidefunktion auf die positiven Dezimalzahlen als Argumentwerte einschränkt, für die sie konstant 1 ist. Bei einer von Null verschiedenen reellen Größe ξ reicht es aus, $\delta = |\xi|$ zu wählen, um die genannten Einschränkungen der Heavisidefunktion rechtfertigen zu können. An der Stelle 0 ist die Heavisidefunktion offenkundig *nicht* stetig.

Interessanter ist das Beispiel der Skalierungsfunktion Θ: Es zeigt sich, dass sie an einer reellen Größe ξ stetig ist, sobald ξ von jeder Dezimalzahl verschieden ist. Die Begründung dafür lautet so: Es bezeichne ξ eine reelle Größe, die von jeder Dezimalzahl verschieden ist, und ε symbolisiere eine beliebige positive reelle Größe. Die Zahl j sei so groß, dass $10^{-j} \le \varepsilon$ zutrifft. Dann ist die Menge $\mathbb{D}_j$ aller Dezimalzahlen mit genau j Nachkommastellen im Kontinuum begrenzbar und abgeschlossen. Aufgrund des Satzes vom positiven Abstand existiert die reelle Größe $\delta = \inf |\mathbb{D}_j - \xi|$ und sie ist positiv. Folglich erzwingt für jede Dezimalzahl u die Ungleichung $|u - \xi| < \delta$, dass u keine Dezimalzahl mit genau j Nachkommastellen sein darf. Die Definition der Skalierungsfunktion erwirkt demnach $\Theta(u) \le 10^{-j-1}$. Dies beweist, dass für jedes Paar von Dezimalzahlen u', u'' die Ungleichungen

$$|u' - \xi| < \delta \quad \text{und} \quad |u'' - \xi| < \delta$$

zu

$$|\Theta(u') - \Theta(u'')| \le 2 \times 10^{-j-1} < 10^{-j} \le \varepsilon$$

führen.

Die Skalierungsfunktion stellt somit ein sehr einprägsames Beispiel einer Funktion dar, die an jeder Stelle, an der sie definiert ist, *nicht* stetig ist, die aber an jedem Grenzpunkt sehr wohl stetig *ist*, wenn dieser Grenzpunkt von jedem Punkt verschieden ist, an dem die Skalierungsfunktion definiert ist.

Bei der Dirichletfunktion Δ liegt *an keiner einzigen reellen Größe* ξ Stetigkeit vor. Denn für jedes positive reelle δ und jede Dezimalzahl u' mit $|u' - \xi| < \delta$ gibt es eine Zahl j, für die u' höchstens j Nachkommastellen besitzt und $\delta - |u' - \xi| < 10^{-j}$ ist. Sollte $\Delta(u') = 0$ sein, bezeichne k eine ungerade Zahl mit $k > j$ und $u'' = u' + 10^{-k}$, wodurch einerseits $\Delta(u'') = 1$ und andererseits $|u'' - \xi| < \delta$ garantiert ist. Sollte $\Delta(u') = 1$ sein, bezeichne k eine gerade Zahl mit $k > j$ und $u'' = u' + 10^{-k}$, wodurch einerseits $\Delta(u'') = 0$ und andererseits $|u'' - \xi| < \delta$ garantiert ist. In jedem Fall hat man damit für $|\Delta(u') - \Delta(u'')| = 1$ gesorgt. Daher kann man bei einer positiven reellen Größe ε mit $\varepsilon < 1$ nie die in der Definition der Stetigkeit geforderte Beziehung $|\Delta(u') - \Delta(u'')| < \varepsilon$ erzielen.

4.1.4 Drei Eigenschaften der Stetigkeit

Erste Eigenschaft: Die Funktion $f : X \to T$ sei an der Stelle ξ stetig. Dann kann man für jede positive reelle Größe ε eine positive reelle Größe δ so festlegen, dass für jeden aus X entnommenen Punkt u aus $\|u - \xi\| < \delta$ die Beziehung $\|f(u) - f(\xi)\| < \varepsilon$ folgt.

Beweis. Bezeichnet ε eine beliebige positive reelle Größe, sei die positive Dezimalzahl e so festgelegt, dass $\varepsilon > e$ stimmt. Da f an der Stelle ξ stetig ist, kann man eine positive reelle Größe δ so festlegen, dass für jedes Paar von in X liegenden Punkten u, u' die beiden Ungleichungen

$$\|u - \xi\| < \delta \quad \text{und} \quad \|u' - \xi\| < \delta$$

die Beziehung

$$\|f(u) - f(u')\| < e$$

zur Folge haben. Es bezeichne $(u_1, u_2, \ldots, u_n, \ldots)$ eine aus Punkten aus X bestehende und gegen ξ konvergierende Folge. Demgemäß gibt es eine Zahl j mit der Eigenschaft, dass für jede Zahl n aus $n \geq j$ sicher $\|u_n - \xi\| < \delta$ folgt. Für jede Zahl n folgt somit aus $n \geq j$ die Beziehung $\|f(u) - f(u_n)\| < e$, und die aus den Punkten $f(u_1)$, $f(u_2)$, ..., $f(u_n)$, ... bestehende Folge konvergiert gegen $f(\xi)$. Aus der Abschätzung des Grenzwerts folgt somit

$$\|f(u) - f(\xi)\| \leq e < \varepsilon. \qquad \square$$

Bezeichnen f und g zwei über metrischen Räumen definierte Funktionen, wobei die Funktion f an jedem Funktionswert der Funktion g definiert sei. Ist g an der Stelle ξ stetig und ist f an der Stelle $g(\xi)$ stetig, dann ist die Verkettung $f(g)$ an der Stelle ξ stetig.

Beweis. Zu jeder positiven reellen Größe ε kann man eine positive reelle Größe ρ so festlegen, dass für jedes Paar von Punkten v', v'', die dem metrischen Raum entnommen sind, über dem f definiert ist, die beiden Ungleichungen

$$\|v' - g(\xi)\| < \rho \quad \text{und} \quad \|v'' - g(\xi)\| < \rho$$

zu

$$\|f(v') - f(v'')\| < \varepsilon$$

führen. Und man kann aufgrund der eben bewiesenen ersten Eigenschaft stetiger Funktionen eine positive reelle Größe δ so festlegen, dass für jedes Paar von Punkten u', u'', die dem metrischen Raum entnommen sind, über dem g definiert ist, die beiden Ungleichungen

$$\|u' - \xi\| < \delta \quad \text{und} \quad \|u'' - \xi\| < \delta$$

zu

$$\|g(u') - g(\xi)\| < \rho \quad \text{und} \quad \|g(u'') - g(\xi)\| < \rho$$

führen. Deshalb erzwingen die beiden Ungleichungen

$$\|u' - \xi\| < \delta \quad \text{und} \quad \|u'' - \xi\| < \delta$$

die Beziehung

$$\|f(g(u')) - f(g(u''))\| < \varepsilon. \qquad \square$$

Zweite Eigenschaft: Von der Funktion $f : X \to T$ und von dem in X gelegenen Punkt ξ sei Folgendes vorausgesetzt: Zu jeder positiven reellen Größe ε kann man eine positive reelle Größe δ so festlegen, dass für jeden in X gelegenen Punkt u aus $\|u - \xi\| < \delta$ die Beziehung $\|f(u) - f(\xi)\| < \varepsilon$ folgt. Dann ist die Funktion f an der Stelle ξ stetig.

Beweis. Für die positive Dezimalzahl e gelte $\varepsilon > e$. Man kann der oben genannten Voraussetzung gemäß eine positive reelle Größe δ so festlegen, dass für jeden in X gelegenen Punkt u aus $\|u - \xi\| < \delta$ die Beziehung $\|f(u) - f(\xi)\| < e/2$ folgt. Umso mehr gilt für jedes Paar aus X entnommener Punkte u', u'', dass die Ungleichungen

$$\|u' - \xi\| < \delta \quad \text{und} \quad \|u'' - \xi\| < \delta$$

die Beziehungen

$$\|f(u') - f(\xi)\| < \frac{e}{2} \quad \text{und} \quad \|f(u'') - f(\xi)\| < \frac{e}{2}$$

zur Folge haben, aus denen sich

$$\|f(u') - f(u'')\| \le e < \varepsilon$$

ergibt. $\qquad \square$

Die über einem metrischen Raum definierte identische Funktion ist an jeder Stelle, an der sie definiert ist, stetig.

Beweis. Dies ergibt sich sofort aus der eben bewiesenen zweiten Eigenschaft stetiger Funktionen: Bei einer vorgelegten positiven Größe ε braucht man nur $\delta = \varepsilon$ festzulegen. $\qquad\qquad\square$

Dritte Eigenschaft: Eine Funktion $f : X \to T$ ist an einer Stelle ξ aus dem Abschluss von X genau dann stetig, wenn man zu jeder positiven reellen Größe ε eine positive reelle Größe δ mit der folgenden Eigenschaft festlegen kann: Bezeichnen ξ' und ξ'' zwei Punkte aus dem Abschluss von X, die entweder X selbst angehören oder Stellen bezeichnen, an denen f stetig ist (oder beides), wobei für diese beiden Punkte die beiden Ungleichungen

$$\|\xi' - \xi\| < \delta \quad\quad und \quad\quad \|\xi'' - \xi\| < \delta$$

zutreffen, dann gilt:

$$\|f(\xi') - f(\xi'')\| < \varepsilon.$$

Beweis. Es ist klar, dass aus der genannten Bedingung die Stetigkeit von f an der Stelle ξ folgt.

Nun gehen wir umgekehrt davon aus, dass f an der Stelle ξ stetig ist. Es bezeichne ε eine beliebige positive reelle Größe. Die positive Dezimalzahl e sei so konstruiert, dass $\varepsilon > e$ zutrifft. Und die positive Dezimalzahl d sei so konstruiert, dass für jedes Paar von in X liegenden Punkten u', u'' die beiden Ungleichungen

$$\|u' - \xi\| < d \quad und \quad \|u'' - \xi\| < d$$

die Beziehung

$$\|f(u') - f(u'')\| < \frac{e}{2}$$

erzwingen. Schließlich sei $\delta = d/2$.

Wir gehen erstens von einem Paar zweier Punkte ξ', ξ'' aus dem Abschluss von X aus, an denen f stetig ist. Dementsprechend können wir zwei positive Dezimalzahlen d', d'' finden, die einerseits so klein sind, dass

$$d' \le \frac{d}{4} \quad und \quad d'' \le \frac{d}{4}$$

stimmt, und für die andererseits bei einem beliebigen Paar von in X liegenden Punkten u', u'' die Beziehungen

$$\|u' - \xi'\| < d' \quad bzw. \quad \|u'' - \xi''\| < d''$$

die Ungleichungen

$$\|f(u') - f(\xi')\| < \frac{e}{4} \quad bzw. \quad \|f(u'') - f(\xi'')\| < \frac{e}{4}$$

nach sich ziehen. (Dass es solche Punkte u', u'' überhaupt *gibt*, wird dadurch gesichert, dass ξ', ξ'' dem Abschluss von X angehören.) Gehen wir von den beiden Ungleichungen

$$\|\xi' - \xi\| < \delta \quad \text{und} \quad \|\xi'' - \xi\| < \delta$$

aus, folgern wir für jedes Paar von in X liegenden Punkten u', u'', für die $\|u' - \xi'\| < d'$ und $\|u'' - \xi''\| < d''$ stimmt, die beiden Ungleichungen

$$\|u' - \xi\| < d \quad \text{und} \quad \|u'' - \xi\| < d.$$

Und hieraus gewinnen wir die drei Ungleichungen

$$\|f(u') - f(\xi')\| < \frac{e}{4}, \quad \|f(u'') - f(\xi'')\| < \frac{e}{4},$$

sowie

$$\|f(u') - f(u'')\| < \frac{e}{2}.$$

Die Dreiecksungleichung führt somit zu

$$\|f(\xi') - f(\xi'')\| \le \frac{e}{4} + \frac{e}{2} + \frac{e}{4} = e < \varepsilon.$$

Wir gehen zweitens von einem ξ' aus dem Abschluss von X aus, an dem f stetig ist, und von einem Punkt $\xi'' = u''$ aus, der X selbst angehört. Dementsprechend können wir eine positive Dezimalzahl d' finden, die einerseits so klein ist, dass

$$d' \le \frac{d}{4}$$

stimmt, und für die andererseits bei einem beliebigen in X liegenden Punkt u' die Beziehung

$$\|u' - \xi'\| < d'$$

die Ungleichung

$$\|f(u') - f(\xi')\| < \frac{e}{2}$$

nach sich zieht. (Dass es einen solchen Punkt u' überhaupt *gibt*, wird dadurch gesichert, dass ξ' dem Abschluss von X angehört.) Gehen wir von den beiden Ungleichungen

$$\|\xi' - \xi\| < \delta \quad \text{und} \quad \|\xi'' - \xi\| < \delta$$

aus, folgern wir für jeden in X liegenden Punkt u', für den $\|u' - \xi'\| < d'$ stimmt, die Ungleichung $\|u' - \xi\| < d$, und es gilt auch

$$\|\xi'' - \xi\| = \|u'' - \xi\| < \delta < d.$$

Hieraus gewinnen wir die zwei Ungleichungen

$$\|f(u') - f(\xi')\| < \frac{e}{2},$$

sowie

$$\|f(u') - f(\xi'')\| = \|f(u') - f(u'')\| < \frac{e}{2}.$$

Die Dreiecksungleichung führt somit zu

$$\|f(\xi') - f(\xi'')\| \le \frac{e}{2} + \frac{e}{2} = e < \varepsilon.$$

Wir gehen drittens von zwei Punkten $\xi' = u'$, $\xi'' = u''$ aus, die in X liegen. Für sie sollen die beiden Ungleichungen

$$\|\xi' - \xi\| < \delta \quad \text{und} \quad \|\xi'' - \xi\| < \delta$$

zutreffen. Umso mehr gilt für sie

$$\|u' - \xi\| = \|\xi' - \xi\| < d \quad \text{und} \quad \|u'' - \xi\| = \|\xi'' - \xi\| < d$$

mit der Folgerung

$$\|f(\xi') - f(\xi'')\| = \|f(u') - f(u'')\| \le \frac{e}{2} < \varepsilon. \qquad \square$$

Diese dritte Eigenschaft stetiger Funktionen erlaubt bei einer über der Menge X definierten Funktion $f : X \to T$, die an Stellen ξ aus dem Abschluss von X stetig ist, die folgende Konstruktion: Wir fassen in X' die Gesamtheit aller Punkte aus dem Abschluss von X zusammen, an denen f stetig ist. Dann bilden wir die Vereinigung $X^* = X \cup X'$ und definieren über ihr eine Funktion $f^* : X^* \to T$, bei der wir - gemäß unserer Bezeichnungsvereinbarung - einfach $f^*(\xi) = f(\xi)$ setzen: sowohl, wenn es sich bei ξ um einen in X liegenden Punkt handelt, als auch, wenn ξ eine Stelle bezeichnet, an der f stetig ist. Die Funktion f^* ist somit eine Erweiterung der Funktion f, definiert über der Menge X^*. Und da keine Gefahr von Missverständnissen droht, erlauben wir uns, bei f^* den Asterix $*$ wegzulassen und für die so konstruierte Erweiterung den ursprünglichen Namen f der Funktion zu übernehmen. Kurz zusammengefasst: Die Stetigkeit einer Funktion erlaubt im Allgemeinen, die Menge, auf der sie definiert ist, um die Stellen zu bereichern, an denen sie stetig ist.

Nach dieser Vereinbarung ist zum Beispiel die Skalierungsfunktion Θ auf der Gesamtheit der Dezimalzahlen und der reellen Größen ξ definiert, die von jeder Dezimalzahl verschieden sind (wobei an diesen Stellen ξ die Skalierungsfunktion den Wert $\Theta(\xi) = 0$ annimmt). Es wäre aber falsch, würde man glauben, dass damit die Skalierungsfunktion über dem ganzen Kontinuum definiert sei. Denn von einer beliebigen reellen Größe kann man im allgemeinen nicht entscheiden, ob sie eine Dezimalzahl ist oder aber von jeder Dezimalzahl verschieden ist.

Die Heavisidefunktion H ist nach dieser Vereinbarung hingegen auf $\mathbb{R}^*$, der Gesamtheit der von Null verschiedenen reellen Größen ξ definiert (wobei für negative reelle Größen ξ die Heavisidefunktion den Wert $H(\xi) = 0$ und für positive reelle Größen ξ die Heavisidefunktion den Wert $H(\xi) = 1$ annimmt). Aber selbst wenn man H durch die willkürliche Festsetzung $H(0) = 1/2$ auch an der Stelle Null einen Funktionswert zuschreibt, ist die Heavisidefunktion dennoch nicht über dem ganzen Kontinuum definiert. Denn von einer beliebigen reellen Größe kann man im allgemeinen nicht entscheiden, ob sie mit Null übereinstimmt oder aber von Null verschieden ist.

4.1.5 Stetigkeit an inneren Punkten

Satz von Weyl und Brouwer. Es bezeichnen S und T zwei vollständige metrische Räume. Über dem Teilraum X von S sei eine Funktion f definiert, und es bezeichne ξ einen inneren Punkt von X. Dann ist die Funktion f an der Stelle ξ stetig.

Beweis. Wir gehen beim vollständigen metrischen Raum S vom Raster (Σ, E) aus, bei dem die beiden Folgen

$$\Sigma = (S_1, S_2, \ldots, S_n, \ldots) \quad \text{und} \quad E = (e_1, e_2, \ldots, e_n, \ldots)$$

dessen Schablonen und dessen Spannweiten erfassen. Ebenso gehen wir beim vollständigen metrischen Raum T vom Raster $(\overline{\Sigma}, \overline{E})$ aus, bei dem die beiden Folgen

$$\overline{\Sigma} = (T_1, T_2, \ldots, T_n, \ldots) \quad \text{und} \quad \overline{E} = (\overline{e}_1, \overline{e}_2, \ldots, \overline{e}_n, \ldots)$$

dessen Schablonen und dessen Spannweiten aufzählen. ξ ist als innerer Punkt von X vorausgesetzt. Darum gibt es eine positive Dezimalzahl d mit der Eigenschaft, dass die d-Umgebung $\langle \xi \rangle_d$ eine Teilmenge von X darstellt.

Die im Satz genannte Funktion f muss von ihrem Wesen her eine klar definierte *Zuordnung* sein. Wenn sie dem Eingangswert ξ den Ausgangswert η zuweist, bedeutet dies Folgendes: Man kann bereits nach Bekanntgabe *endlich* vieler der Markierungen $[\xi]_1, [\xi]_2, \ldots, [\xi]_n, \ldots$ die Zuordnung in Gang setzen – die Vorstellung, man müsse zur Berechnung von η unendlich viele Daten zur Verfügung haben, ist Nonsens. Aber es wäre ebenso Nonsens zu erwarten, dass beim „In-Gang-Setzen" der Zuordnung schon *alle* Markierungen $[\eta]_1, [\eta]_2, \ldots, [\eta]_n, \ldots$ geliefert werden. Was wir aber erwarten dürfen, ist, dass bei Vorgabe von ξ die Zuordnung zu jeder Zahl j die Markierung $[\eta]_j$ liefert. Denn nur dann liegt eine Folge bestehend aus den Markierungen $[\eta]_1, [\eta]_2, \ldots, [\eta]_n, \ldots$ vor, die den Punkt η festlegt.

Es ist daher wichtig, dass wir die Bedeutung des folgenden Satzes vollinhaltlich verstehen: „Die Zuordnung f liefert bei Vorgabe von ξ zu jeder Zahl j die Markierung $[\eta]_j$." Wobei bei diesem Satz entscheidend ist, dass er von der Vorgabe von ξ und *nicht* von der Vorgabe der aus den Markierungen $[\xi]_1, [\xi]_2, \ldots, [\xi]_n, \ldots$ bestehenden Folge spricht.

Genauer bedeutet „bei der Vorgabe von ξ" im obigen Satz das Folgende: *Zu jeder Zahl j gibt es eine Zahl k mit der Eigenschaft, dass für jede erste Markierung*

x_1 mit $\|x_1 - \xi\| \leq e_1$, für jede zweite Markierung x_2 mit $\|x_2 - \xi\| \leq e_2, \ldots$, für jede k-te Markierung x_k mit $\|x_k - \xi\| \leq e_k$, die Zuordnung f aus der Kenntnis der k Markierungen $x_1, x_2, \ldots, x_k$ die Berechnung von $[\eta]_j$ gestattet.

Die Begründung dafür lautet so: Für jedes Paar von Zahlen n, m mit $n \leq k$ und $m \leq k$ gilt wegen der Dreiecksungleichung

$$\|x_n - x_m\| \leq e_n + e_m.$$

Ferner folgt für jedes Paar von Zahlen n, m mit $n \leq k$ und $m > k$ wegen

$$\|[\xi]_m - \xi\| \leq e_m$$

ebenfalls aufgrund der Dreiecksungleichung

$$\|x_n - [\xi]_m\| \leq e_n + e_m.$$

Deshalb ist jenes ξ', das einerseits durch $[\xi']_1 = x_1$, $[\xi']_2 = x_2, \ldots, [\xi']_k = x_k$ und andererseits für Zahlen m mit $m > k$ durch $[\xi']_m = [\xi]_m$ festgelegt ist, ein in S liegender Punkt mit der Eigenschaft $\xi' = \xi$. Genauso kann man umgekehrt für jeden in S liegenden Punkt ξ' mit $\xi' = \xi$ die k Markierungen $[\xi']_1, [\xi']_2, \ldots, [\xi']_k$ mit solchen k Markierungen $x_1, x_2, \ldots, x_k$ gleichsetzen, wie sie oben gegeben sind. Denn dies wird durch die Gleichheit $\xi' = \xi$ und die aus dem Approximationslemma folgenden Formeln

$$\|[\xi']_1 - \xi\| \leq e_1, \quad \|[\xi']_2 - \xi\| \leq e_2, \quad \ldots, \quad \|[\xi']_k - \xi\| \leq e_k$$

ermöglicht. Da die Zuordnung f eine *Funktion* ist, also aufgrund der Vorgabe des Punktes ξ und *nicht* aufgrund der Vorgabe der aus den Markierungen $[\xi]_1, [\xi]_2, \ldots,$ $[\xi]_n, \ldots$ bestehenden Folge den Funktionswert $f(\xi)$ liefert, muss diese Zuordnung in gleicher Weise „in Gang gesetzt" werden, egal ob der Argumentwert ξ oder ob der Argumentwert ξ' lautet, wenn $\xi' = \xi$ gilt.

Dennoch ist es möglich, dass die Zuordnung - bei einer beliebig gewählten Zahl j - bei Vorgabe von ξ die Markierung $[\eta]_j$ und bei Vorgabe von ξ' trotz $\xi' = \xi$ eine möglicherweise andere Markierung $[\eta']_j$ liefert. Aber weil es sich bei der Zuordnung f um eine *Funktion* handelt, muss $\eta = \eta'$ sein. Diese Tatsache liefert zusammen mit

$$\|[\eta]_j - \eta\| \leq \bar{e}_j \quad \text{und} \quad \|[\eta']_j - \eta'\| \leq \bar{e}_j$$

die Ungleichung

$$\|[\eta]_j - [\eta']_j\| \leq 2\bar{e}_j.$$

Nach diesen Vorbereitungen gehen wir von einer beliebigen positiven reellen Größe ε aus. Die Zahl j sei so groß gewählt, dass $4\bar{e}_j < \varepsilon$ stimmt. Den obigen Überlegungen folgend können wir eine Zahl k so festlegen, dass die Zuordnung f für jede erste Markierung x_1 mit $\|x_1 - \xi\| \leq e_1$, für jede zweite Markierung x_2 mit

$\|x_2 - \xi\| \le e_2, \ldots$, für jede k-te Markierung x_k mit $\|x_k - \xi\| \le e_k$ die Berechnung der Markierung $[\eta]_j$ gestattet. Nach Kenntnis dieser Zahl k definieren wir die positive Dezimalzahl δ als

$$\delta = \min\left(d, \frac{e_k}{4}\right).$$

Nun gehen wir von einem in S liegenden Punkt u mit $\|u - \xi\| < \delta$ aus. Wegen $\delta \le d$ wissen wir, dass u sogar in X liegt. Wir legen ferner gemäß des Rundungslemmas u^* und ξ^* als gerundete Darstellungen von u und ξ fest. Schließlich definieren wir für jede Zahl n mit $n \le k$ die n-te Markierung $[\xi']_n$ als $[\xi']_n = [u^*]_n$, und für jede Zahl n mit $n > k$ die n-te Markierung $[\xi']_n$ als $[\xi']_n = [\xi^*]_n$. Aufgrund des Austauschlemmas wissen wir, dass ξ' ein in S liegender Punkt ist, der mit ξ übereinstimmt. Die von f symbolisierte Zuordnung erlaubt nach Vorgabe von $[u^*]_1, [u^*]_2, \ldots, [u^*]_k$, also nach Vorgabe von $[\xi']_1, [\xi']_2, \ldots, [\xi']_k$, die j-te Markierung $[\eta']_j$ zu berechnen. Und aus der Gleichheit $u^* = u$ folgt

$$\|[\eta']_j - f(u)\| \le \bar{e}_j.$$

Diese Ungleichung führt zusammen mit den beiden Ungleichungen

$$\|[\eta]_j - [\eta']_j\| \le 2\bar{e}_j \quad \text{und} \quad \|[\eta]_j - \eta\| = \|[\eta]_j - f(\xi)\| \le \bar{e}_j$$

aufgrund der Dreiecksungleichung zu $\|f(\xi) - f(u)\| \le 4\bar{e}_j$, also zu

$$\|f(u) - f(\xi)\| < \varepsilon. \qquad \square$$

Dieser außerordentlich bemerkenswerte Satz verwandelt die bekannte Hypothese von Leibniz „Natura non facit saltus" zu einer exakten mathematischen Erkenntnis. Es handelt sich dabei nicht nur um eine wertvolle Erkenntnis, sondern auch um eine Einsicht in das Wesen von Funktionen, die der von Dedekind und Cantor vertretenen Mathematik verschlossen bleibt. Denn sie tritt nur dann offen zutage, wenn man sich von der Illusion löst, man könne das Kontinuum als Vereinigung disjunkter Teile erfassen, zum Beispiel als Vereinigung der Menge aller negativen reellen Größen, der Null und der Menge aller positiven reellen Größen. So gesehen bestätigt sich das alte Wort von Aristoteles, wonach „das Ganze mehr sei als die Summe seiner Teile".

4.2 Gleichmäßige Stetigkeit

4.2.1 Punktweise und gleichmäßige Stetigkeit

Im Folgenden bezeichnen, wie schon zuvor, S und T zwei vollständige metrische Räume und $f : X \to T$ eine auf dem Teilraum X von S definierte Funktion.

Wir nennen die Funktion f in X *stetig*, genauer: in X *punktweise stetig*, wenn sie an jedem Punkt von X stetig ist. Es ist mit anderen Worten möglich, zu jeder positiven reellen Größe ε und zu jedem in X liegenden Punkt ξ eine positive reelle Größe δ so festzulegen, dass für jeden in X gelegenen Punkt ξ' die Ungleichung $\|\xi' - \xi\| < \delta$ die Ungleichung $\|f(\xi') - f(\xi)\| < \varepsilon$ nach sich zieht.

Wir nennen im Unterschied dazu die Funktion f in X *gleichmäßig stetig*, wenn es möglich ist, zu jeder positiven reellen Größe ε eine positive reelle Größe δ so festzulegen, dass für jedes Paar von in X gelegenen Punkten ξ, ξ' die Ungleichung $\|\xi' - \xi\| < \delta$ die Ungleichung $\|f(\xi') - f(\xi)\| < \varepsilon$ nach sich zieht.

Es sei vorausgesetzt, dass die Funktion f in X gleichmäßig stetig ist. Dann ist die Funktion f an allen Stellen ξ aus dem Abschluss von X stetig.

Beweis. Mit ε bezeichnen wir eine beliebige positive reelle Größe. Dann kann man eine positive reelle Größe δ so festsetzen, dass für jedes Paar von in X liegenden Punkten u', u'' die Ungleichung

$$\|u' - u''\| < \delta$$

die Ungleichung

$$\|f(u') - f(u'')\| < \varepsilon$$

nach sich zieht. Es sei d eine positive Dezimalzahl mit $2d \leq \delta$. Da für einen Punkt ξ aus dem Abschluss von X die beiden Ungleichungen

$$\|u' - \xi\| < d \quad \text{und} \quad \|u'' - \xi\| < d$$

zu $\|u' - u''\| < \delta$ und daher zu

$$\|f(u') - f(u'')\| < \varepsilon$$

führen, ist damit die Stetigkeit von f an der Stelle ξ hergeleitet. □

Es sei vorausgesetzt, dass die Funktion f in X gleichmäßig stetig ist. Dann ist die Erweiterung von f auf den Abschluss von X in eben diesem Abschluss von X auch gleichmäßig stetig.

Beweis. Mit ε bezeichnen wir eine beliebige positive reelle Größe. Die positive Dezimalzahl e erfüllt $e < \varepsilon$, und die positive Dezimalzahl d sei so festgeleget, dass für jedes Paar in X liegender Punkte u', u'' die Ungleichung $\|u' - u''\| < d$ die Beziehung

$$\|f(u') - f(u'')\| < \frac{e}{2}$$

nach sich zieht. Es sei nun $\delta = d/2$ und es bezeichnen ξ', ξ'' zwei aus dem Abschluss von X entnommene Punkte mit $\|\xi' - \xi''\| < \delta$.

Da f an der Stelle ξ' stetig ist, gibt es eine positive Dezimalzahl d' mit $d' \le d/4$, bei der für jeden in X liegenden Punkt u' mit $\|u' - \xi'\| < d'$ (und solche Punkte u' existieren) die Ungleichung

$$\|f(u') - f(\xi')\| < \frac{e}{4}$$

zutrifft. Da f an der Stelle ξ'' stetig ist, gibt es eine positive Dezimalzahl d'' mit $d'' \le d/4$, bei der für jeden in X liegenden Punkt u'' mit $\|u'' - \xi''\| < d''$ (und solche Punkte u'' existieren) die Ungleichung

$$\|f(u'') - f(\xi'')\| < \frac{e}{4}$$

zutrifft.

Die beiden Voraussetzungen

$$\|u' - \xi'\| < \frac{d}{4} \quad \text{und} \quad \|u'' - \xi''\| < \frac{d}{4}$$

führen aufgrund der Dreiecksungleichung zusammen mit $\|\xi' - \xi''\| < d/2$ zu $\|u' - u''\| < d$, also zu

$$\|f(u') - f(u'')\| < \frac{e}{2}.$$

Dies führt wiederum aufgrund der Dreiecksungleichung zusammen mit den beiden Ungleichungen

$$\|f(u') - f(\xi')\| < \frac{e}{4} \quad \text{und} \quad \|f(u'') - f(\xi'')\| < \frac{e}{4}$$

zu $\|f(\xi') - f(\xi'')\| < \varepsilon$. □

4.2.2 Gleichmäßige Stetigkeit und Totalbeschränktheit

Die Funktion f sei über einer totalbeschränkten Menge X definiert und gleichmäßig stetig. Dann ist die aus den Funktionswerten $v = f(u)$ (bei Argumentwerten u aus X) bestehende Menge $Y = f(X)$ auch totalbeschränkt.

Beweis. Es bezeichne ε eine beliebige positive reelle Größe. Dann lässt sich eine positive reelle Größe δ so auffinden, dass für je zwei in X liegende Punkte u', u'' die Ungleichung

$$\|u' - u''\| < \delta$$

die Ungleichung

$$\|f(u') - f(u'')\| < \varepsilon$$

nach sich zieht. Mit $(u_1, u_2, \ldots, u_n)$ bezeichnen wir ein endliches δ-Netz von X. Für jede Zahl j mit $j \leq n$ seien die Punkte v_j als $v_j = f(u_j)$ festgelegt. Ist v ein beliebiger aus $Y = f(X)$ entnommener Punkt, gibt es einen in X liegenden Argumentwert u mit $v = f(u)$. Ferner gibt es eine Zahl j mit $j \leq n$, für die $\|u_j - u\| < \delta$ stimmt. Hieraus folgt $\|f(u_j) - f(u)\| < \varepsilon$, also $\|v_j - v\| < \varepsilon$. Darum ist mit der Folge $(v_1, v_2, \ldots, v_n)$ ein endliches ε-Netz von Y gegeben. $\qquad\square$

Wir nennen eine Funktion genau dann eine *reelle Funktion*, wenn ihre Funktionswerte durchwegs reelle Größen sind.

Satz über das Supremum und das Infimum reeller Funktionen. *Die reelle Funktion f sei über einer totalbeschränkten Menge X definiert und gleichmäßig stetig. Dann gibt es zwei reelle Größen $\sigma = \sup f(X)$ und $\rho = \inf f(X)$ mit den beiden folgenden Eigenschaften:*

1. *σ ist eine obere Schranke und ρ ist eine untere Schranke der Menge $f(X)$, d. h. für jeden in X liegenden Argumentwert ξ gilt: $\rho \leq f(\xi) \leq \sigma$.*

2. *σ ist die kleinste obere Schranke und ρ ist die größte untere Schranke der Menge $f(X)$, d. h. zu jeder reellen Größe $\alpha < \sigma$ (bzw. $\alpha > \rho$) kann man einen in X liegenden Punkt ξ_0 finden, für den $f(\xi_0) > \alpha$ (bzw. $f(\xi_0) < \alpha$) zutrifft.*

Zwar besteht trotz dieses Satzes nicht die leiseste Hoffnung, dass man zwei Punkte ξ' oder ξ'' (die X oder dem Abschluss von X angehören) finden könnte, für die $f(\xi') = \sigma$ oder $f(\xi'') = \rho$ zutrifft. Wir werden dies in Kürze mit einem Beispiel belegen. Allerdings kann man zu jeder beliebig klein gewählten positiven reellen Größe ε stets einen in X liegenden Punkt ξ' mit

$$\sigma - \varepsilon < f(\xi') \leq \sigma$$

und einen in X liegenden Punkt ξ'' mit

$$\rho \leq f(\xi'') < \rho + \varepsilon$$

finden.

4.2.3 Gleichmäßige Stetigkeit und Zusammenhang

Die Funktion f sei über einer Menge X definiert, gleichmäßig stetig und die Menge X verbinde die beiden im Abschluss von X gelegenen Punkt ξ' und ξ''. Dann verbindet die Menge $Y = f(X)$ auch deren Funktionswerte $\eta' = f(\xi')$ und $\eta'' = f(\xi'')$.

Beweis. Es bezeichne ε eine beliebige positive reelle Größe. Dann lässt sich eine positive reelle Größe δ so auffinden, dass für je zwei in X liegende Punkte u', u'' die Ungleichung

$$\|u' - u''\| < \delta$$

die Ungleichung

$$\|f(u') - f(u'')\| < \varepsilon$$

nach sich zieht. Es gibt eine δ-Verbindung von in X liegenden Punkten u_0, u_1, u_2, ..., u_j, bei der sowohl die beiden Ungleichungen

$$\|\xi' - u_0\| < \delta \quad \text{und} \quad \|u_j - \xi''\| < \delta$$

als auch für jede Zahl n mit $n \le j$ die Ungleichung $\|u_{n-1} - u_n\| < \delta$ zutreffen. Für jede dieser Zahlen n mit $n \le j$ sei der Punkt v_n als $v_n = f(u_n)$ festgelegt, und es ist klar, dass einerseits für jede Zahl n mit $n \le j$ die Ungleichung

$$\|v_{n-1} - v_n\| = \|f(u_{n-1}) - f(u_n)\| < \varepsilon$$

stimmt und dass andererseits sowohl

$$\|\eta' - v_0\| = \|f(\xi') - f(u_0)\| < \varepsilon$$

als auch

$$\|v_n - \eta''\| = \|f(u_n) - f(\xi'')\| < \varepsilon$$

gelten muss. Demnach ist die aus den endliche vielen Punkten v_0, v_1, v_2, ..., v_j bestehende Folge eine ε-Verbindung in Y, die η' mit η'' verbindet. $\qquad \square$

Die Funktion f sei über einer zusammenhängenden Menge X definiert und gleichmäßig stetig. Dann ist die aus den Funktionswerten $v = f(u)$ (bei Argumentwerten u aus X) bestehende Menge $Y = f(X)$ auch zusammenhängend.

Die reelle Funktion f sei über einer totalbeschränkten und zusammenhängenden Menge X definiert und gleichmäßig stetig. Dann stimmt der Abschluss von $Y = f(X)$ mit dem kompakten Intervall $[\rho; \sigma]$ überein, dessen Grenzen als $\rho = \inf f(X)$ und als $\sigma = \sup f(X)$ gegeben sind.

Beweis. Y ist im Kontinuum eine totalbeschränkte und zusammenhängende Menge. Der Abschluss von Y ist daher im Kontinuum eine kompakte und zusammenhängende Menge, folglich ein kompaktes Intervall mit den Intervallgrenzen $\rho = \inf Y$ und $\sigma = \sup Y$. $\qquad \square$

Satz von Bolzano. *Die reelle Funktion f sei über einer totalbeschränkten und zusammenhängenden Menge X definiert und gleichmäßig stetig, und es bezeichnen*

$$\rho = \inf f(X), \quad \sigma = \sup f(X).$$

Dann gibt es zu jeder positiven reellen Größe ε und zu jeder in [ρ; σ] gelegenen reellen Größe η einen in X liegenden Punkt ξ mit |f(ξ) − η| < ε.

Bernard Bolzano glaubte sogar an die Existenz eines in X oder im Abschluss von X gelegenen Punktes ξ mit der Eigenschaft f(ξ) = η. Es zeigt sich aber, dass dieser Glaube in die Irre führt. In Kürze werden wir anhand eines Beispiels belegen, warum dies der Fall ist.

4.2.4 Gleichmäßige Stetigkeit auf kompakten Räumen

Satz von Weierstraß und Brouwer. *Es bezeichnen S einen kompakten metrischen Raum und T einen vollständigen metrischen Raum. Dann ist jede Funktion f : S → T über S gleichmäßig stetig.*

Beweis. Wir gehen beim vollständigen metrischen Raum S vom Raster (Σ, E) aus, bei dem die beiden Folgen

$$\Sigma = (S_1, S_2, \ldots, S_n, \ldots) \quad \text{und} \quad E = (e_1, e_2, \ldots, e_n, \ldots)$$

dessen Schablonen und dessen Spannweiten erfassen. Weil S ein kompakter metrischer Raum ist, können wir für jede Zahl n davon ausgehen, dass die Menge S_n endlich ist.

Da jeder Punkt von S zugleich innerer Punkt von S ist, handelt es sich nach dem Satz von Weyl und Brouwer bei der Funktion f jedenfalls um eine über S punktweise stetige Funktion. Nun sei ε eine beliebige positive reelle Größe. Die positive Dezimalzahl e sei so definiert, dass e < ε zutrifft. Zu jedem in S liegenden Punkt ξ kann man eine positive Dezimalzahl d so festlegen, dass für jeden in S liegenden Punkt u aus ‖u − ξ‖ < d die Ungleichung ‖f(u) − f(ξ)‖ < e/2 folgt. Die Zahl k sei sodann so festgelegt, dass $e_k \le d$ stimmt. Demnach gilt für jede Zahl n, sobald n ≥ k zutrifft, aufgrund des Approximationslemmas, also wegen

$$\|[\xi]_n - \xi\| \le e_n \le e_k \le d,$$

die Beziehung

$$\|f([\xi]_n) - f(\xi)\| < \frac{e}{2}.$$

In einem Satz zusammengefasst bedeutet dies: *Zu jedem in S liegenden Punkt ξ kann man eine Zahl k so festlegen, dass für jede Zahl n mit n ≥ k die Ungleichung* $\|f([\xi]_n) - f(\xi)\| < e/2$ *zutrifft.*

Wir fassen nun in Z die in den Schablonen S_1, S_2, …, S_n, … liegenden Markierungen u zusammen, die folgende Eigenschaft besitzen: Bezeichnen ξ einen in S liegenden Punkt und n eine Zahl, liegt $[\xi]_n = u$ genau dann in Z, wenn ‖f(u) − f(ξ)‖ < e/2 zutrifft. Aus dem oben zitierten Satz folgt, dass es sich bei Z um eine *Barriere* handelt. Der Satz von Brouwer versichert uns der Existenz einer Zahl m mit folgender Eigenschaft: Für jeden in S liegenden Punkt ξ und für jede Zahl n mit $n \geq m$ trifft $\|f([\xi]_n) - f(\xi)\| < e/2$ zu. Nach Kenntnis von m setzt man δ als $\delta = e_m/4$ fest.

Nun bezeichnen ξ und ζ zwei Punkte aus S mit der Eigenschaft $\|\xi - \zeta\| < \delta$. Dem Rundungslemma zufolge kann man ξ eine gerundete Darstellung ξ^* mit $\xi^* = \xi$ zuweisen, ebenso ζ eine gerundete Darstellung ζ^* mit $\zeta^* = \zeta$ zuweisen. Und dem Überlappungslemma zufolge erhält man mit den Festsetzungen $[u]_n = [\xi^*]_n$, solange für die Zahl n die Ungleichung $n \leq m$ zutrifft, und $[u]_n = [\zeta^*]_n$, sobald für die Zahl n die Ungleichung $n > m$ zutrifft, einen in S liegenden Punkt u mit $u = \zeta$. Aus den beiden Ungleichungen

$$\|f([\xi^*]_m) - f(\xi)\| = \|f([\xi^*]_m) - f(\xi^*)\| < \frac{e}{2}$$

und

$$\|f([\xi^*]_m) - f(\zeta)\| = \|f([u]_m) - f(u)\| < \frac{e}{2}$$

folgt wegen der Dreiecksungleichung: $\|f(\xi) - f(\zeta)\| \leq e < \varepsilon$.   □

Der Satz wird deshalb nach Karl Weierstraß benannt, weil ihn dieser zuerst bewies – allerdings mit der von ihm noch erhobenen Voraussetzung, dass die über dem kompakten metrischen Raum definierte Funktion stetig sei. Dem Satz von Weyl und Brouwer zufolge brauchen wir diese Voraussetzung nicht zu erwähnen, denn sie ist ohnehin gegeben. Doch nicht nur nach Weierstraß, sondern auch nach Brouwer sollte dieser Satz betitelt werden. Denn der ursprüngliche Beweis von Weierstraß ist aus der Sicht der Mathematik, wie Brouwer und Weyl sie verstehen, nicht schlüssig. 1923 gelang es Brouwer mit der Erfindung des Begriffs der Barriere eine tragfähige Herleitung dieses im höchsten Maße wichtigen Satzes zu formulieren.

4.3   Rechnen im Kontinuum

4.3.1   Die Stetigkeit von Addition und Multiplikation

Die über $\mathbb{D}^2$ definierte Funktion f, die jedem Paar von Dezimalzahlen u, v deren Summe $f(u, v) = u + v$ zuweist, ist über $\mathbb{R}^2$ stetig.

Beweis. Es bezeichne (ξ, η) einen beliebigen Punkt aus $\mathbb{R}^2$, und es bezeichne ε eine beliebige positive reelle Größe. Mit e legen wir eine positive Dezimalzahl fest, für die $e < \varepsilon$ gilt und nennen $\delta = e/4$. Für je zwei Paare (u', v') und (u'', v'') aus $\mathbb{D}^2$ folgen aus den beiden Ungleichungen

$$\|(u', v') - (\xi, \eta)\|_\infty < \delta \qquad \text{und} \qquad \|(u'', v'') - (\xi, \eta)\|_\infty < \delta$$

die vier Ungleichungen

$$|u' - \xi| < \frac{e}{4} \qquad\qquad |u'' - \xi| < \frac{e}{4}$$
$$|v' - \eta| < \frac{e}{4} \qquad\qquad |v'' - \eta| < \frac{e}{4}$$

Somit ergibt sich aus der Dreiecksungleichung

$$|u' - u''| \leq \frac{e}{2} \quad \text{und} \quad |v' - v''| \leq \frac{e}{2},$$

mit dem Resultat

$$|(u' + v') - (u'' + v'')| = |(u' - u'') + (v' - v'')|$$
$$\leq |u' - u''| + |v' - v''| \leq e < \varepsilon. \qquad \square$$

Die über $\mathbb{D}^2$ definierte Funktion f, die jedem Paar von Dezimalzahlen u, v deren Produkt $f(u, v) = uv$ zuweist, ist über $\mathbb{R}^2$ stetig.

Beweis. Es bezeichne (ξ, η) einen beliebigen Punkt aus $\mathbb{R}^2$, und es bezeichne ε eine beliebige positive reelle Größe. Die Zahl k sei so groß, dass für Dezimalzahlen u, v mit $|\xi - u| \leq 1$ und $|\eta - v| \leq 1$ die Abschätzungen $|u| \leq 10^k$ und $|v| \leq 10^k$ bestehen. Mit e bezeichnen wir eine positive Dezimalzahl, für die $e < \varepsilon$ gilt, und wir legen die positive Dezimalzahl δ folgendermaßen fest:

$$\delta = \min\left(\frac{e}{4} \times 10^{-k}, 1\right).$$

Für je zwei Paare (u', v') und (u'', v'') aus $\mathbb{D}^2$ folgen aus den beiden Ungleichungen

$$\|(u', v') - (\xi, \eta)\|_\infty < \delta \quad \text{und} \quad \|(u'', v'') - (\xi, \eta)\|_\infty < \delta$$

die vier Ungleichungen

$$|u' - \xi| < \frac{e}{4} \times 10^{-k} \qquad\qquad |u'' - \xi| < \frac{e}{4} \times 10^{-k}$$
$$|v' - \eta| < \frac{e}{4} \times 10^{-k} \qquad\qquad |v'' - \eta| < \frac{e}{4} \times 10^{-k}$$

Somit ergibt sich aus der Dreiecksungleichung

$$|u' - u''| \leq \frac{e}{2} \times 10^{-k} \quad \text{und} \quad |v' - v''| \leq \frac{e}{2} \times 10^{-k},$$

mit dem Resultat

$$|u'v' - u''v''| = |(u'v' - u''v') + (u''v' - u''v'')|$$
$$\leq |v'||u' - u''| + |u''||v' - v''|$$
$$\leq 10^k \times \frac{e}{2} \times 10^{-k} + 10^k \times \frac{e}{2} \times 10^{-k} = e < \varepsilon. \qquad \square$$

Jedem Paar reeller Größen α, β wird eine reelle Größe α + β als Summe und eine reelle Größe αβ als Produkt so zugeordnet, dass

1. *diese Zuordnungen Funktionen sind, welche die Summe und das Produkt von Dezimalzahlen erweitern,*

2. *diese Zuordnungen für je drei reelle Größen α, β, γ den folgenden algebraischen Regeln gehorchen:*

$$\alpha + (\beta + \gamma) = (\alpha + \beta) + \gamma, \qquad \alpha(\beta\gamma) = (\alpha\beta)\gamma,$$
$$\alpha + \beta = \beta + \alpha, \qquad \alpha\beta = \beta\alpha,$$
$$\alpha - \beta = \alpha + (-1)\beta, \qquad \alpha(\beta + \gamma) = \alpha\beta + \alpha\gamma,$$
$$\alpha + 0 = \alpha, \qquad 1\alpha = \alpha,$$

3. *für je zwei reelle Größen α, β die Ungleichungen α > 0, β > 0 die Ungleichungen α + β > 0, αβ > 0 nach sich ziehen.*

Beweis. 1. Dies folgt aus der Stetigkeit dieser beiden Funktionen über $\mathbb{R}^2$.

2. Dies folgt aus den entsprechenden Regeln für Dezimalzahlen und dem Permanenzprinzip.

3. Die Ungleichungen $\alpha > 0$, $\beta > 0$ vorausgesetzt, ist die Konstruktion zweier Dezimalzahlen a, b mit $\alpha > a > 0$ und $\beta > b > 0$ erlaubt. Aus dem Permanenzprinzip gewinnen wir die Erkenntnisse $\alpha + \beta \geq a + b$, $\alpha\beta \geq ab$, und die beiden Ungleichungen $a + b > 0$, $ab > 0$ erzwingen $\alpha + \beta > 0$, $\alpha\beta > 0$. $\square$

4.3.2 Die Stetigkeit des Absolutbetrags

Die über $\mathbb{D}$ definierte Funktion f, die jeder Dezimalzahl u ihren Absolutbetrag $f(u) = |u|$ zuweist, ist über $\mathbb{R}$ stetig.

Beweis. Es bezeichne ξ eine beliebige reelle Größe und ε eine beliebige positive reelle Größe. Die positive Dezimalzahl e sei so gewählt, dass $e < \varepsilon$ zutrifft, und wir setzen danach $\delta = e/2$. Da für beliebige Dezimalzahlen u', u'' aus den beiden Ungleichungen

$$|u' - \xi| < \frac{e}{2} \qquad |u'' - \xi| < \frac{e}{2}$$

wegen der Dreiecksungleichung $|u' - u''| \leq e$ und somit

$$||u'| - |u''|| \leq |u' - u''| \leq e < \varepsilon$$

folgt, ist die Behauptung bewiesen. $\square$

Jedem Paar reeller Größen α, β kann man eine reelle Größe $\max(\alpha, \beta)$ als dessen Maximum und eine reelle Größe $\min(\alpha, \beta)$ als dessen Minimum so zuordnen, dass

1. *diese Zuordnungen Funktionen sind, welche das Maximum und das Minimum von Paaren von Dezimalzahlen erweitern,*

2. *diese Zuordnungen für je zwei reelle Größen α, β den folgenden Gesetzen gehorchen:*

$$\alpha \leq \max(\alpha, \beta), \qquad\qquad \min(\alpha, \beta) \leq \alpha,$$
$$\max(\alpha, \beta) = \max(\beta, \alpha), \qquad\qquad \min(\alpha, \beta) = \min(\beta, \alpha),$$
$$|\alpha| = \max(\alpha, -\alpha), \qquad\qquad -|\alpha| = \min(\alpha, -\alpha),$$

3. *für je drei reelle Größen α, β, γ einerseits die Ungleichung $\alpha \leq \beta$ die Beziehungen*

$$\max(\alpha, \beta) = \beta \quad und \quad \min(\alpha, \beta) = \alpha$$

nach sich zieht, andererseits die Ungleichung $\max(\alpha, \beta) > \gamma$ nur stimmt, wenn mindestens eine der beiden Ungleichungen $\alpha > \gamma$ oder $\beta > \gamma$ zutrifft, und die Ungleichung $\min(\alpha, \beta) < \gamma$ nur stimmt, wenn mindestens eine der beiden Ungleichungen $\alpha < \gamma$ oder $\beta < \gamma$ zutrifft.

Beweis. 1. Definiert man max und min über $\mathbb{D}^2$ nach den Formeln

$$\max(x, y) = \frac{1}{2}(x + y + |x - y|), \qquad \min(x, y) = \frac{1}{2}(x + y - |x - y|),$$

stellen sich diese beiden Funktionen als stetig über $\mathbb{R}^2$ heraus.

2. Dies folgt aus den entsprechenden Regeln für Dezimalzahlen und dem Permanenzprinzip.

3. Aus $\alpha \leq \beta$ folgt $|\alpha - \beta| = \beta - \alpha$. Geht man ferner von $\max(\alpha, \beta) > \gamma$ aus, kann man eine Dezimalzahl c mit der Eigenschaft $\max(\alpha, \beta) > c > \gamma$ auffinden. Dem Dichotomielemma zufolge muss mindestens eine der beiden Ungleichungen $\alpha > \gamma$ oder $c > \alpha$ zutreffen, ebenso muss wieder nach dem Dichotomielemma mindestens eine der beiden Ungleichungen $\beta > \gamma$ oder $c > \beta$ stimmen. Wäre sowohl $c > \alpha$ als auch $c > \beta$ richtig, ergäbe sich daraus wegen $c \geq \max(\alpha, \beta)$ ein Widerspruch. Darum muss mindestens eine der beiden Beziehungen $\alpha > \gamma$ oder $\beta > \gamma$ stimmen. Geht man von $\min(\alpha, \beta) < \gamma$ aus, führt mutatis mutandis das gleiche Argument zum analogen Resultat. $\qquad\square$

Nun können wir anhand zweier Beispiele belegen, dass sowohl der Satz von Bolzano wie auch der Satz vom Supremum und vom Infimum stetiger Funktionen nur in der hier vorgelegten Version Gültigkeit besitzen. In beiden Beispielen bedienen wir uns einer Pendelreihe ϑ mit $|\vartheta| < 1$ und betrachten als Argumentwertebereich der beiden Funktionen das Intervall $X = [-2; 2]$.

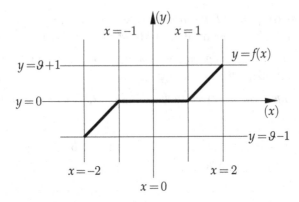

Abbildung 4.4. *Zum Satz von Bolzano*

Im ersten Beispiel ist die Funktion $f : X \to \mathbb{R}$ gemäß

$$f(x) = \begin{cases} \vartheta + 1 + x & \text{wenn } -2 \leq x \leq -1 \\ \vartheta & \text{wenn } -1 \leq x \leq 1 \\ \vartheta - 1 + x & \text{wenn } 1 \leq x \leq 2 \end{cases}$$

festgelegt. Obwohl sich 0 im Intervall $f(X) = [\vartheta - 1; \vartheta + 1]$ aufhält, würde ein Beweis, dass in X eine reelle Größe ξ mit $f(\xi) = 0$ existiert, zugleich belegen, dass man entscheiden könnte, ob $\vartheta \geq 0$ oder $\vartheta \leq 0$ stimmt – und dies ist bei einer beliebigen Pendelreihe ϑ schlicht unmöglich.

Im zweiten Beispiel ist die Funktion $f : X \to \mathbb{R}$ gemäß

$$f(x) = \begin{cases} (1 + \vartheta)(2 + x) & \text{wenn } -2 \leq x \leq -1 \\ (1 + \vartheta)(-x) & \text{wenn } -1 \leq x \leq 0 \\ (1 - \vartheta)x & \text{wenn } 0 \leq x \leq 1 \\ (1 - \vartheta)(2 - x) & \text{wenn } 1 \leq x \leq 2 \end{cases}$$

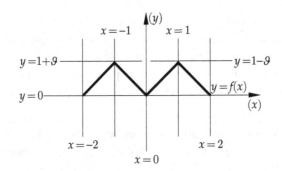

Abbildung 4.5. *Zum Satz vom Maximum*

festgelegt. Obwohl $\sup f([-2;2]) = 1 + |\vartheta|$ gilt, würde ein Beweis, dass in X eine reelle Größe ξ mit $f(\xi) = 1 + |\vartheta|$ existiert, zugleich belegen, dass man entscheiden könnte, ob $\vartheta \geq 0$ oder $\vartheta \leq 0$ stimmt - und dies ist bei einer beliebigen Pendelreihe ϑ schlicht unmöglich.

4.3.3 Stetigkeit der Division

Jeder Dezimalzahl a und jeder von 0 verschiedenen Dezimalzahl b kann man eine eindeutig bestimmte reelle Größe y mit der Eigenschaft $by = a$ zuweisen. Diese reelle Größe y wird als Bruch $y = a/b$ geschrieben.

Beweis. Die Zahl l soll die folgende Eigenschaft besitzen: Im Fall $b > 0$ sind $p = a \times 10^l$ eine ganze Zahl und $m = b \times 10^l$ eine Zahl; im Fall $b < 0$ sind $p = -a \times 10^l$ eine ganze Zahl und $m = -b \times 10^l$ eine Zahl. Es ist dann klar, dass $by = a$ das gleiche besagt wie $my = p$.

Nun gehen wir davon aus, dass man zu jeder ganzen Zahl p und zu jeder Zahl m zwei eindeutig bestimmte ganze Zahlen q und r mit den beiden Eigenschaften

$$p = mq + r \quad \text{und} \quad 0 \leq r < m$$

finden kann. Dementsprechend können wir für jede Zahl n, zwei eindeutig bestimmte ganze Zahlen q_n und r_n mit den beiden Eigenschaften

$$10^n \times p = mq_n + r_n \quad \text{und} \quad 0 \leq r_n < m$$

ausfindig machen. Wir definieren nun $[y]_n = q_n \times 10^{-n}$ und $c_n = r_n \times 10^{-n}$. Demnach gelten für je zwei Zahlen n und k die Beziehungen

$$p = [y]_n m + c_n, \qquad 0 \leq c_n < m \times 10^{-n}$$

und

$$p = [y]_{n+k} m + c_{n+k}, \qquad 0 \leq c_{n+k} < m \times 10^{-n-k}.$$

Aus ihnen folgt

$$m([y]_{n+k} - [y]_n) = c_n - c_{n+k},$$

woraus sich die Ungleichung

$$|[y]_{n+k} - [y]_n| \leq 10^{-n} + 10^{-n-k}$$

ergibt. Demgemäß ist y als reelle Größe festgelegt. Da für jede Zahl n

$$p \leq m[y]_n < p + m \times 10^{-n}$$

stimmt, folgt aus dem Permanenzprinzip $p \leq my \leq p$. Somit ist $my = p$, also $by = a$ hergeleitet.

y ist aus dem folgenden Grund eindeutig bestimmt:

Gehen wir zuerst von $b > 0$ aus: Bei einem von y verschiedenen y' folgern wir aus der Annahme $y' < y$ die Beziehung $by' < a$ und aus der Annahme $y' > y$ die Beziehung $by' > a$.

Gehen wir nun von $b < 0$ aus: Bei einem von y verschiedenen y' folgern wir aus der Annahme $y' < y$ die Beziehung $by' > a$ und aus der Annahme $y' > y$ die Beziehung $by' < a$. $\qquad\qquad\square$

Die auf der Gesamtheit $X = \mathbb{D}^*$ der von 0 verschiedenen Dezimalzahlen definierte Zuordnung f, die gemäß $f(x) = 1/x$ festgelegt ist, stellt sich an jeder von 0 verschiedenen reellen Größe als stetig heraus.

Beweis. Es bezeichne ξ eine beliebige von 0 verschiedene reelle Größe und ε eine beliebige positive reelle Größe. Die positive Dezimalzahl a sei so festgelegt, dass $2a < |\xi|$ stimmt. Dadurch erreichen wir für jede Dezimalzahl u, dass $|\xi - u| \le |\xi| - a$ die Ungleichung $|u| \ge a$ nach sich zieht. Schließlich bezeichne e eine positive Dezimalzahl mit $e < \varepsilon$. Die positive reelle Größe δ legen wir nun so fest:

$$\delta = \min\left(\frac{a^2 e}{2}, |\xi| - a\right).$$

Für beliebige Dezimalzahlen u', u'' bewirken die beiden Ungleichungen

$$|u' - \xi| < \delta \quad \text{und} \quad |u'' - \xi| < \delta$$

wegen der Dreiecksungleichung

$$|u' - u''| \le a^2 e.$$

Da wir ferner wissen, dass $\delta \le |\xi| - a$ stimmt, bewirken die beiden oben genannten Ungleichungen auch $|u'| \ge a$ und $|u''| \ge a$. Hieraus ziehen wir die Folgerung

$$\left|\frac{1}{u'} - \frac{1}{u''}\right| = \left|\frac{u'' - u'}{u'u''}\right| = \frac{1}{|u'||u''|}|u' - u''|$$

$$\le \frac{1}{a^2} \cdot a^2 e = e < \varepsilon. \qquad\qquad\square$$

Jeder reellen Größe α und jeder von 0 verschiedenen reellen Größe β kann man eine eindeutig bestimmt reelle Größe y mit der Eigenschaft $\beta y = \alpha$ zuordnen. Diese reelle Größe y wird als Bruch $y = \alpha/\beta$ geschrieben, denn y errechnet sich als $y = \alpha(1/\beta)$.

4.3.4 Umkehrfunktionen

Eine über einer Menge X des Kontinuums definierte reelle Funktion f heißt genau dann

1. *streng monoton wachsend*, wenn für jedes Paar von in X liegenden reellen Größen u', u'' die Ungleichung $u' < u''$ die Ungleichung $f(u') < f(u'')$ nach sich zieht, und *streng monoton fallend*, wenn für jedes Paar von in X liegenden reellen Größen u', u'' die Ungleichung $u' < u''$ die Ungleichung $f(u') > f(u'')$ nach sich zieht,

2. *monoton wachsend*, wenn für jedes Paar von in X liegenden reellen Größen u', u'' die Ungleichung $u' < u''$ die Ungleichung $f(u') \leq f(u'')$ nach sich zieht, und *monoton fallend*, wenn für jedes Paar von in X liegenden reellen Größen u', u'' die Ungleichung $u' < u''$ die Ungleichung $f(u') \geq f(u'')$ nach sich zieht.

Wir nennen eine Funktion kurz genau dann *streng monoton*, wenn sie streng monoton wächst oder streng monoton fällt. Dementsprechend heißt eine Funktion genau dann *monoton*, wenn sie monoton wächst oder monoton fällt.

Zwischenwertsatz für streng monotone Funktionen. *Es bezeichnen α, β zwei reelle Größen mit $\alpha < \beta$ und X das kompakte Intervall $X = [\alpha; \beta]$. Ist die über X definierte reelle Funktion f streng monoton wachsend, kann man zu jeder reellen Größe η aus dem Intervall $[f(\alpha); f(\beta)]$ in X eine eindeutig bestimmte reelle Größe ξ mit $f(\xi) = \eta$ konstruieren. Ist die über X definierte reelle Funktion f streng monoton fallend, kann man zu jeder reellen Größe η aus dem Intervall $[f(\beta); f(\alpha)]$ in X eine eindeutig bestimmte reelle Größe ξ mit $f(\xi) = \eta$ konstruieren.*

Beweis. Wir führen den Beweis für streng monoton wachsende Funktionen. Für streng monoton fallende Funktionen lautet er genauso, wenn man die entsprechenden Ungleichheitszeichen durch die jeweils entgegengesetzten ersetzt.

Wir setzen $\alpha_0 = \alpha$, $\beta_0 = \beta$ und konstruieren zwei Folgen A, B: Die Folge A soll dabei aus reellen Größen $\alpha_1, \alpha_2, \ldots, \alpha_n, \ldots$ bestehen, wobei

$$\alpha_0 \leq \alpha_1 \leq \alpha_2 \leq \ldots \leq \alpha_n \leq \ldots$$

gilt, und die Folge B soll ebenso aus reellen Größen $\beta_1, \beta_2, \ldots, \beta_n, \ldots$ bestehen, wobei

$$\beta_0 \geq \beta_1 \geq \beta_2 \geq \ldots \geq \beta_n \geq \ldots$$

gilt. Ferner sollen diese beiden Folgen weitere Eigenschaften besitzen:

1. Für jede Zahl n soll $\alpha_n < \beta_n$ stimmen.

2. Für jede Zahl n soll mindestens eine der beiden Ungleichungen

$$f(\alpha_n) \leq \eta < f(\beta_n) \quad \text{oder} \quad f(\alpha_n) < \eta \leq f(\beta_n)$$

zutreffen.

3. Für jede Zahl n soll

$$\beta_n - \alpha_n = \frac{2}{3}(\beta_{n-1} - \alpha_{n-1})$$

stimmen.

Mit Induktion zeigen wir, wie zwei derartige Folgen konstruiert werden können. Angenommen, wir haben für eine Zahl n bereits $\alpha_0, \ldots, \alpha_{n-1}$ und $\beta_0, \ldots, \beta_{n-1}$, berechnet, wobei die genannten Eigenschaften zutreffen. Dann definieren wir

$$\alpha' = \frac{2\alpha_{n-1} + \beta_{n-1}}{3}, \quad \beta' = \frac{\alpha_{n-1} + 2\beta_{n-1}}{3}.$$

Diese Festlegung ist so getroffen, dass

$$\alpha_{n-1} < \alpha' < \beta' < \beta_{n-1} \quad \text{und} \quad f(\alpha_{n-1}) < f(\alpha') < f(\beta') < f(\beta_{n-1})$$

stimmt. Dem Dichotomielemma zufolge muss mindestens eine der beiden Ungleichungen $\eta < f(\beta')$ oder $f(\alpha') < \eta$ zutreffen. Geht man von $\eta < f(\beta')$ aus, hat man jedenfalls

$$f(\alpha_{n-1}) \leq \eta < f(\beta_{n-1})$$

gesichert und kann $\alpha_n = \alpha_{n-1}$, $\beta_n = \beta'$ festlegen, was

$$\alpha_{n-1} \leq \alpha_n, \quad \beta_{n-1} \geq \beta_n, \quad \alpha_n < \beta_n, \quad f(\alpha_n) \leq \eta < f(\beta_n),$$

und

$$\beta_n - \alpha_n = \frac{2}{3}(\beta_{n-1} - \alpha_{n-1})$$

zur Folge hat. Geht man von $f(\alpha') < \eta$ aus, hat man jedenfalls

$$f(\alpha_{n-1}) < \eta \leq f(\beta_{n-1})$$

gesichert und kann $\alpha_n = \alpha'$, $\beta_n = \beta_{n-1}$ festlegen, was

$$\alpha_{n-1} \leq \alpha_n, \quad \beta_{n-1} \geq \beta_n, \quad \alpha_n < \beta_n, \quad f(\alpha_n) < \eta \leq f(\beta_n),$$

und

$$\beta_n - \alpha_n = \frac{2}{3}(\beta_{n-1} - \alpha_{n-1})$$

zur Folge hat. Jetzt zeigen wir, dass A, B und sogar die gemischte Folge $A \sqcup B$ konvergieren: Hierzu beachten wir zunächst

$$\left(\frac{2}{3}\right)^6 = \frac{64}{729} \leq 10^{-1}, \quad \text{also} \quad \left(\frac{2}{3}\right)^{6n} \leq 10^{-n},$$

wobei n irgendeine Zahl bezeichnet. Deshalb kann man zu jeder positiven reellen Größe ε eine Zahl j mit der Eigenschaft

$$\left(\frac{2}{3}\right)^j (\beta - \alpha) < \varepsilon$$

finden. Bezeichnen n und m zwei Zahlen, für die $n \geq j$ und $m \geq j$ stimmt, gehören die Folgeglieder $\alpha_n, \alpha_m, \beta_n, \beta_m$ dem Intervall $\left[\alpha_j; \beta_j\right]$ an, und es gilt einerseits

$$\max\left(|\alpha_n - \alpha_m|, |\beta_n - \beta_m|, |\alpha_n - \beta_m|\right) \leq \beta_j - \alpha_j,$$

andererseits

$$\beta_j - \alpha_j = \frac{2}{3}(\beta_{j-1} - \alpha_{j-1}) = \left(\frac{2}{3}\right)^2 (\beta_{j-2} - \alpha_{j-2}) = \ldots = \left(\frac{2}{3}\right)^j (\beta - \alpha) < \varepsilon.$$

Darum ist

$$\xi = \lim A = \lim B = \lim A \sqcup B$$

als reelle Größe wohldefiniert.

Die Funktion f ist über X stetig. Da für jede Zahl n die Ungleichung $f(\alpha_n) \leq \eta$ stimmt, muss $f(\xi) \leq \eta$ sein. Da für jede Zahl n die Ungleichung $f(\beta_n) \geq \eta$ stimmt, muss $f(\xi) \geq \eta$ sein. Folglich gilt $f(\xi) = \eta$.

Die reelle Größe ξ ist aus folgendem Grund eindeutig bestimmt: Bezeichnet ξ' eine von ξ verschiedene reelle Größe, gilt entweder $\xi' < \xi$ mit der Konsequenz $f(\xi') < \eta$, oder es gilt $\xi' > \xi$ mit der Konsequenz $f(\xi') > \eta$.   □

Es bezeichnen α, β zwei reelle Größen mit $\alpha < \beta$, es bezeichnet X das kompakte Intervall $X = [\alpha; \beta]$ und es sei $f(x)$ eine über X definierte reelle Funktion.

Ist $f(x)$ streng monoton wachsend, kann man über dem kompakten Intervall $Y = [f(\alpha); f(\beta)]$ eine eindeutig bestimmte Funktion $g(y)$ so festlegen, dass sowohl $f(g(y)) = y$ als auch $g(f(x)) = x$ stimmen. Auch diese so festgelegte Umkehrfunktion $g(y)$ der Funktion $f(x)$ ist streng monoton wachsend.

Ist $f(x)$ streng monoton fallend, kann man über dem kompakten Intervall $Y = [f(\beta); f(\alpha)]$ eine eindeutig bestimmte Funktion $g(y)$ so festlegen, dass $f(g(y)) = y$ und $g(f(x)) = x$ stimmen. Auch diese so festgelegte Umkehrfunktion $g(y)$ der Funktion $f(x)$ ist streng monoton fallend.

Beweis. Wieder genügt es, den Beweis allein für die streng monoton wachsenden Funktionen zu führen: Der Zwischenwertsatz zeigt, wie man zu jedem in Y liegenden η die in X liegende und eindeutig bestimmte reelle Größe ξ mit $f(\xi) = \eta$ findet. Eben dieses Verfahren beschreibt die Zuordnung, die wir mit der Umkehrfunktion $g(y)$ bezeichnen. Die Beziehungen

$$f(g(\eta)) = f(\xi) = \eta$$

und

$$g(f(\xi)) = g(\eta) = \xi$$

ergeben sich unmittelbar daraus, egal wie man η aus Y oder ξ aus X entnimmt. Ebenso ist klar, dass die Umkehrfunktion $g(y)$ nach Vorgabe der streng monotonen Funktion $f(x)$ eindeutig bestimmt ist. Und weil die Ungleichung $\xi' < \xi''$ dann und nur dann stimmen kann, wenn bei $f(\xi') = \eta'$, $f(\xi'') = \eta''$ die Ungleichung $\eta' < \eta''$ richtig ist, ist klar, dass die Umkehrfunktion $g(y)$ von $f(x)$ genauso wie $f(x)$ streng monoton wächst.   □

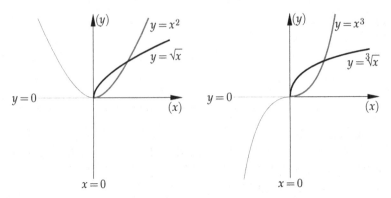

Abbildung 4.6. *Schaubilder von Potenzen und Wurzeln*

Ein seit der Antike bekanntes Beispiel haben wir somit im Griff: Es bezeichne n eine Zahl und es bezeichnen X wie auch Y die Gesamtheit $\mathbb{R}^+$ der positiven reellen Größen. Einerseits stellt, induktiv durch $x^1 = x$ und $x^{n+1} = x \cdot x^n$ definiert, die Funktion x^n die n-te *Potenzfunktion* dar, die über X streng monoton wachsend ist und X auf Y abbildet. Somit ist andererseits deren eindeutig bestimmte Umkehrfunktion als $\sqrt[n]{y}$, also als n-*te Wurzel* von y, so gegeben, dass $x = \sqrt[n]{y}$ mit $y = x^n$ gleichbedeutend ist. Im Fall $n = 2$ schreibt man natürlich statt $\sqrt[2]{y}$ einfach nur $\sqrt{y}$.

4.3.5 Allgemeine Polynome

Es bezeichnen X einen metrischen Raum und $\mathcal{F}$ eine Menge von über X definierten reellen Funktionen. Dem Buchstaben F geschuldet, erlauben wir uns, $\mathcal{F}$ zugleich eine „Familie" von Funktionen zu nennen. Liegen $n + 1$ Funktionen $f_0(x)$, $f_1(x)$, $f_2(x)$, ..., $f_n(x)$ aus der Familie $\mathcal{F}$ vor und sind $c_0, c_1, c_2, \ldots, c_n$ reelle Größen, heißt die daraus gebildete Funktion

$$f(x) = c_0 f_0(x) + c_1 f_1(x) + c_2 f_2(x) + \ldots + c_n f_n(x)$$

ein *Polynom*, genauer: ein *allgemeines Polynom* der Funktionenfamilie $\mathcal{F}$. Bei dem oben angeschriebenen allgemeinen Polynom $f(x)$ heißen die reellen Größen $c_0, c_1, c_2, \ldots, c_n$ die *Koeffizienten* dieses Polynoms.

Als erstes Beispiel betrachten wir eine diskrete Menge A reeller Größen. Die Funktionenfamilie $\mathcal{F}$ soll aus allen Funktionen der Gestalt $\mathrm{H}(x - \alpha)$ bestehen, wobei H die Heavisidefunktion darstellt und α aus A entnommen ist. Dann heißen die aus dieser Funktionenfamilie gebildeten allgemeinen Polynome *Treppenfunktionen*. Sind zum Beispiel α und β aus A entnommen und gilt $\alpha < \beta$, nennt man

$$\Upsilon_\alpha^\beta(x) = \mathrm{H}(x - \alpha) - \mathrm{H}(x - \beta)$$

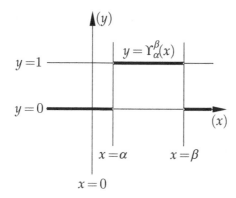

Abbildung 4.7. *Schaubild einer Indikatorfunktion*

die Indikatorfunktion oder die charakteristische Funktion der Intervalle $[\alpha; \beta]$ oder $]\alpha; \beta[$. Denn für reelle Größen y' mit $y' < \alpha$ sowie für reelle Größen y'' mit $y'' > \beta$ gilt $\Upsilon_\alpha^\beta(y') = \Upsilon_\alpha^\beta(y'') = 0$, während für reelle Größen y mit $\alpha < y < \beta$ die Beziehung $\Upsilon_\alpha^\beta(y) = 1$ zutrifft.

Wir stellen ferner fest: Sind α und β aus A entnommen, gilt

$$H(x - \alpha) \cdot H(x - \beta) = H(x - \max(\alpha, \beta)).$$

Dies führt unmittelbar zur Erkenntnis, dass zwei Treppenfunktionen miteinander multipliziert wieder eine Treppenfunktion ergeben. Allgemein nennt man eine Familie reeller Funktionen eine *Algebra* von Funktionen, wenn mit jeder Funktion aus der Familie auch das mit einer reellen Größe multiplizierte Vielfache dieser Funktion der Familie angehört, und wenn mit je zwei Funktionen aus der Familie auch deren Summe und deren Produkt der Familie angehören. Demnach bilden die Treppenfunktionen eine Algebra.

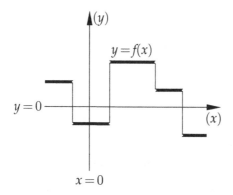

Abbildung 4.8. *Schaubild einer Treppenfunktion*

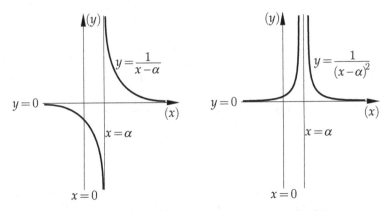

Abbildung 4.9. *Schaubilder zweier rein rationaler Funktionen*

Als zweites Beispiel betrachten wir die Funktionenfamilie aller Potenzen $1, x, x^2, \ldots, x^j, x^{j+1}, \ldots$ Die daraus gebildeten Polynome

$$p(x) = c_0 + c_1 x + c_2 x^2 + \ldots + c_n x^n$$

sind die Polynome der klassischen Algebra. Ist bei dem hier angeschriebenen Polynom $p(x)$ der Koeffizient c_n von Null verschieden, heißt $p(x)$ ein Polynom vom *Grad n*. Es ist klar, dass auch bei den Polynomen der klassischen Algebra eine Algebra von Funktionen vorliegt – dieses Beispiel erklärt zugleich die Namensgebung „Algebra" bei Funktionenfamilien.

Als drittes Beispiel betrachten wir, wie beim ersten Beispiel, eine diskrete Menge A reeller Größen. Die Funktionenfamilie $\mathcal{F}$ soll aus den Funktionen der Gestalt $1/(x - \alpha)^n$ bestehen, worin die reelle Größe α aus A entnommen ist und n eine Zahl bezeichnet.

Die hieraus gebildeten (allgemeinen) Polynome nennt man *rein rationale Funktionen*. Bei voneinander verschiedenen reellen Größen α, β aus A belegt ein Induktionsbeweis aufgrund der beiden Rechnungen

$$\frac{1}{(x - \alpha)(x - \beta)} = \frac{1}{\alpha - \beta}\left(\frac{1}{x - \alpha} - \frac{1}{x - \beta}\right)$$

und

$$\frac{1}{(x - \alpha)^{n+1}(x - \beta)} = \frac{1}{\alpha - \beta}\left(\frac{1}{(x - \alpha)^{n+1}} - \frac{1}{(x - \alpha)^n(x - \beta)}\right),$$

dass für jede Zahl n die Funktion

$$\frac{1}{(x - \alpha)^n(x - \beta)}$$

als Summe von Funktionen der Form $c_1/(x - \alpha), c_2/(x - \alpha)^2, \ldots, c_n/(x - \alpha)^n$ und $c_0/(x - \beta)$ geschrieben werden kann. Gehen wir nun bei der oben genannten Zahl

n und einer Zahl m von der Darstellung

$$\frac{1}{(x - \alpha)^n (x - \beta)^m} = \frac{c_1'}{x - \alpha} + \frac{c_2'}{(x - \alpha)^2} + \ldots + \frac{c_n'}{(x - \alpha)^n}$$
$$+ \frac{c_1''}{x - \beta} + \frac{c_2''}{(x - \beta)^2} + \ldots + \frac{c_m''}{(x - \beta)^m}$$

aus, zeigt die obige Überlegung zusammen mit der Rechnung

$$\frac{1}{(x - \alpha)^n (x - \beta)^{m+1}}$$
$$= \frac{c_1'}{(x - \alpha)(x - \beta)} + \frac{c_2'}{(x - \alpha)^2 (x - \beta)} + \ldots + \frac{c_n'}{(x - \alpha)^n (x - \beta)}$$
$$+ \frac{c_1''}{(x - \beta)^2} + \frac{c_2''}{(x - \beta)^3} + \ldots + \frac{c_m''}{(x - \beta)^{m+1}},$$

dass sich auch der hier angeschriebene Ausdruck in der Form

$$\frac{1}{(x - \alpha)^n (x - \beta)^{m+1}} = \frac{c_1^*}{x - \alpha} + \frac{c_2^*}{(x - \alpha)^2} + \ldots + \frac{c_n^*}{(x - \alpha)^n}$$
$$+ \frac{c_1^{**}}{x - \beta} + \frac{c_2^{**}}{(x - \beta)^2} + \ldots + \frac{c_{m+1}^{**}}{(x - \beta)^{m+1}}$$

schreiben lässt. Darum ist das Produkt zweier rein rationaler Funktionen ebenfalls eine rein rationale Funktion. Die Familie der rein rationalen Funktionen bildet somit eine Algebra von Funktionen.

Allgemein versteht man unter einer *rationalen Funktion* die Summe eines Polynoms der klassischen Algebra und einer rein rationalen Funktion. Auch die Familie der rationalen Funktionen, die sowohl die Polynome der klassischen Algebra wie auch die rein rationalen Funktionen umfasst, bildet eine Algebra von Funktionen. Es ist klar, dass eine rationale Funktion von der Gestalt

$$\frac{c_0 + c_1 x + c_2 x^2 + \ldots + c_n x^n}{(x - \alpha_1)^{n_1} \cdot (x - \alpha_2)^{n_2} \cdot \ldots \cdot (x - \alpha_m)^{n_m}}$$

ist, wobei $c_0, c_1, c_2, \ldots, c_n$ reelle Größen, die im Nenner aufscheinenden Nullstellen $\alpha_1, \alpha_2, \ldots, \alpha_m$ reelle Größen aus A und $n_1, n_2, \ldots, n_m$ Zahlen sind. Es ergibt sich aus der hier erfolgten Definition, dass man Funktionen obiger Gestalt als Summe eines Polynoms und von Summanden der Gestalt $y/(x - \alpha_k)^j$ (mit Zahlen k und j, für die $k \leq m$, $j \leq n_k$ zutrifft), sogenannter *Partialbrüche*, schreiben kann. Man nennt dies die *Partialbruchzerlegung* einer rationalen Funktion.

4.4   Folgen und Mengen stetiger Funktionen

4.4.1   Punktweise und gleichmäßige Konvergenz

In diesem Kapitel bezeichnen S und T zwei metrische Räume und

$$F = (f_1, f_2, \ldots, f_n, \ldots)$$

bezeichnet diesmal eine Folge von Funktionen $f_n : S \to T$.

Diese Folge F heißt genau dann *punktweise konvergent*, wenn man eine Funktion $f : S \to T$ mit der folgenden Eigenschaft findet: Zu jeder positiven reellen Größe ε und für jeden in S liegenden Punkt u lässt sich eine Zahl j so bestimmen, dass für jede Zahl n, die mindestens so groß wie j ist, die Ungleichung $\|f_n(u) - f(u)\| < \varepsilon$ zutrifft.

Diese Folge F heißt genau dann *gleichmäßig konvergent*, wenn man eine Funktion $f : S \to T$ mit der folgenden Eigenschaft findet: Zu jeder positiven reellen Größe ε lässt sich eine Zahl j so bestimmen, dass für jede Zahl n, die mindestens so groß wie j ist, und für jeden in S liegenden Punkt u die Ungleichung $\|f_n(u) - f(u)\| < \varepsilon$ zutrifft.

Beide Definitionen klingen fast identisch, allein in der Wortstellung der Passage „und für jeden in S liegenden Punkt u" unterschieden sie sich. Dieser fast unerheblich anmutende Unterschied ist jedoch bedeutsam. Es ist offensichtlich, dass die gleichmäßige Konvergenz der Folge F deren punktweise Konvergenz nach sich zieht. Überdies gilt die folgende Aussage:

Angenommen, die oben angeschriebene Folge F ist punktweise konvergent. Dann ist die oben mit f bezeichnete Funktion eindeutig bestimmt. Sie heißt Grenzfunktion oder (punktweiser) Grenzwert von F und wird als $f = \lim F$ geschrieben.

Beweis. Da für jedes in S liegende u die Folge

$$F(u) = (f_1(u), f_2(u), \ldots, f_n(u), \ldots)$$

in T konvergiert, ist ihr Grenzwert $f(u) = \lim F(u)$ eindeutig bestimmt.   □

Cauchysches Kriterium der punktweisen bzw. der gleichmäßigen Konvergenz.
Es bezeichnen S einen metrischen Raum und T einen vollständigen metrischen Raum sowie

$$F = (f_1, f_2, \ldots, f_n, \ldots)$$

eine Folge bestehend aus Funktionen $f_n : S \to T$.

1. *Diese Folge F ist genau dann punktweise konvergent, wenn man zu jeder positiven reellen Größe ε und für jeden in S liegenden Punkt u eine Zahl k so bestimmen kann, dass für je zwei Zahlen m, n, die mindestens so groß wie k sind, die Ungleichung $\|f_m(u) - f_n(u)\| < \varepsilon$ zutrifft.*

2. *Diese Folge F ist genau dann gleichmäßig konvergent, wenn man zu jeder positiven reellen Größe ε eine Zahl k so bestimmen kann, dass für je zwei Zahlen m, n, die mindestens so groß wie k sind, und für jeden in S liegenden Punkt u die Ungleichung $\|f_m(u) - f_n(u)\| < ε$ zutrifft.*

Beweis. 1. Angenommen, man kann zu jeder positiven reellen Größe ε und für jeden in S liegenden Punkt u eine Zahl k mit der Eigenschaft finden, dass für je zwei Zahlen m, n, die mindestens so groß wie k sind, die Ungleichung $\|f_n(u) - f_m(u)\| < ε$ zutrifft. Dann gehorcht für jeden in S liegenden Punkt u die Folge

$$F(u) = (f_1(u), f_2(u), \ldots, f_n(u), \ldots)$$

von Punkten des vollständigen metrischen Raumes T dem Cauchyschen Kriterium. Demnach gibt es im Raum T den Grenzwert $f(u) = \lim F(u)$. Somit ist eine Funktion $f : S \to T$ definiert. Bezeichnen wie zuvor ε eine beliebige positive reelle Größe und u einen beliebigen in S liegenden Punkt, legen wir zuerst e als positive Dezimalzahl mit $e < ε$ fest. Danach können wir eine Zahl j mit der Eigenschaft finden, dass für jedes Paar von Zahlen m, n, die mindestens so groß wie j sind, die Ungleichung

$$\|f_n(u) - f_m(u)\| < e$$

stimmt. Die Abschätzung des Grenzwertes führt demnach für jede Zahl n mit $n \geq j$ zu

$$\|f_n(u) - f(u)\| \leq e < ε,$$

und das beweist $f = \lim F$.

Jetzt gehen wir umgekehrt davon aus, dass F punktweise konvergiert und $f = \lim F$ als Grenzfunktion besitzt. Wie üblich bezeichnen ε eine beliebige positive reelle Größe und u irgendeinen in S liegenden Punkt. Definitionsgemäß lässt sich eine Zahl k mit der Eigenschaft finden, dass für jede Zahl n, die mindestens so groß wie k ist, die Ungleichung

$$\|f_n(u) - f(u)\| < \frac{ε}{2}$$

stimmt. Genauso stimmt für jede Zahl m, die mindestens so groß wie k ist, die Ungleichung

$$\|f_m(u) - f(u)\| < \frac{ε}{2}.$$

Die Dreiecksungleichung zeigt daher, dass für jedes Paar von Zahlen m, n, die mindestens so groß wie k sind, $\|f_n(u) - f_m(u)\| < ε$ zutrifft.

2. Angenommen, man kann zu jeder positiven reellen Größe ε eine Zahl k mit der Eigenschaft finden, dass für je zwei Zahlen m, n, die mindestens so groß wie k

sind, und für jeden in S liegenden Punkt u die Ungleichung $\|f_n(u) - f_m(u)\| < \varepsilon$ zutrifft. Dann gehorcht für jeden in S liegenden Punkt u die Folge

$$F(u) = (f_1(u), f_2(u), \ldots, f_n(u), \ldots)$$

von Punkten des vollständigen metrischen Raumes T dem Cauchyschen Kriterium. Demnach gibt es im Raum T den Grenzwert $f(u) = \lim F(u)$. Somit ist eine Funktion $f : S \to T$ definiert. Bezeichnen wie zuvor ε eine beliebige positive reelle Größe, legen wir e als positive Dezimalzahl mit $e < \varepsilon$ fest. Danach können wir eine Zahl j mit der Eigenschaft finden, dass für jedes Paar von Zahlen m, n, die mindestens so groß wie j sind, und für jeden in S liegenden Punkt u die Ungleichung

$$\|f_n(u) - f_m(u)\| < e$$

stimmt. Die Abschätzung des Grenzwertes führt demnach für jede Zahl n mit $n \geq j$ und für jeden in S liegenden Punkt u zu

$$\|f_n(u) - f(u)\| \leq e < \varepsilon,$$

und das beweist die gleichmäßige Konvergenz von F gegen $f = \lim F$.

Jetzt gehen wir umgekehrt davon aus, dass F gleichmäßig konvergiert und $f = \lim F$ als Grenzfunktion besitzt. Wie üblich bezeichnen ε eine beliebige positive reelle Größe. Definitionsgemäß lässt sich eine Zahl k mit der Eigenschaft finden, dass für jede Zahl n, die mindestens so groß wie k ist, und für jeden in S liegenden Punkt u die Ungleichung

$$\|f_n(u) - f(u)\| < \frac{\varepsilon}{2}$$

stimmt. Genauso stimmt für jede Zahl m, die mindestens so groß wie k ist, und für jeden in S liegenden Punkt u die Ungleichung

$$\|f_m(u) - f(u)\| < \frac{\varepsilon}{2}.$$

Die Dreiecksungleichung zeigt daher, dass für jedes Paar von Zahlen m, n, die mindestens so groß wie k sind, und für jeden in S liegenden Punkt u die Ungleichung $\|f_n(u) - f_m(u)\| < \varepsilon$ zutrifft. $\qquad\square$

Es bezeichnen S einen metrischen Raum und T einen vollständigen metrischen Raum sowie

$$F = (f_1, f_2, \ldots, f_n, \ldots)$$

eine Folge bestehend aus Funktionen $f_n : S \to T$. Die Folge F konvergiert sicher dann gleichmäßig, wenn sich eine Folge A reeller Größen $\alpha_1, \alpha_2, \ldots, \alpha_n, \ldots$ mit den beiden folgenden Eigenschaften finden lässt:

1. A ist konvergent mit dem Grenzwert $\lim A = 0$ und

2. *für jede Zahl n, für jede Zahl m mit $m \geq n$ und für jeden in S liegenden Punkt u gilt $\|f_n(u) - f_m(u)\| \leq \alpha_n$.*

Beweis. Es bezeichne ε eine beliebige positive reelle Größe. Aus $\lim A = 0$ folgt die Existenz einer Zahl k mit der Eigenschaft, dass für jede Zahl n, die mindestens so groß wie k ist, $\alpha_n < \varepsilon$ stimmt. Demgemäß trifft für je zwei Zahlen m, n, die mindestens so groß wie k sind, und für jeden in S liegenden Punkt u die Ungleichung

$$\|f_n(x) - f_m(x)\| \leq \max(\alpha_n, \alpha_m) < \varepsilon$$

zu. $\qquad\qquad\qquad\qquad\qquad\qquad\qquad\qquad\qquad\qquad\qquad\qquad\qquad\qquad\square$

Es bezeichnen S und T zwei vollständige metrische Räume und X einen Teilraum von S. Mit ξ wird ein Punkt bezeichnet, der dem Abschluss von X angehört. Ferner sei $F = (f_1, f_2, \ldots, f_n, \ldots)$ eine gleichmäßig konvergente Folge von über X definierten Funktionen $f_n : X \to T$. Es sei vorausgesetzt, dass für jede Zahl n die Funktion f_n an der Stelle ξ stetig ist. Dann ist auch die Grenzfunktion $f = \lim F$ an der Stelle ξ stetig.

Beweis. Es bezeichne ε eine beliebige positive reelle Größe. Die positive Dezimalzahl e besitze die Eigenschaft $e < \varepsilon$. Laut Voraussetzung gibt es eine Zahl k so, dass für jedes Paar von Zahlen m, n, die mindestens so groß wie k sind, und für jeden in X liegenden Punkt u die Ungleichung $\|f_n(u) - f_m(u)\| < e$ stimmt. Aus der Stetigkeit der Funktionen f_n und f_m an der Stelle ξ folgt

$$\|f_n(\xi) - f_m(\xi)\| \leq e < \varepsilon,$$

was jedenfalls die Konvergenz der Folge

$$F(\xi) = (f_1(\xi), f_2(\xi), \ldots, f_n(\xi), \ldots)$$

belegt. Jetzt verwenden wir die Ungleichung

$$\|f(u) - \lim F(\xi)\| \leq \|f(u) - f_n(u)\| + \|f_n(u) - f_n(\xi)\| + \|f_n(\xi) - \lim F(\xi)\|,$$

die für jede Zahl n und jeden in X liegenden Punkt u zutrifft: Wir können nämlich eine Zahl j_1 so finden, dass

$$\|f_n(\xi) - \lim F(\xi)\| < \frac{\varepsilon}{3}$$

stimmt, sobald die Zahl n mindestens so groß wie j_1 ist. Und wir können eine Zahl j_2 so finden, dass

$$\|f(u) - f_n(u)\| < \frac{\varepsilon}{3}$$

stimmt, sobald die Zahl n mindestens so groß wie j_2 ist, unabhängig davon, wie man den Punkt u aus X entnimmt. Jetzt setzen wir $n = \max(j_1, j_2)$. Die Stetigkeit von f_n an der Stelle ξ erlaubt eine positive reelle Größe δ mit der Eigenschaft zu finden, dass für jeden in X liegenden Punkt u die Ungleichung $\|u - \xi\| < \delta$ die Ungleichung

$$\|f_n(u) - f_n(\xi)\| < \frac{\varepsilon}{3}$$

nach sich zieht. Darum stimmt

$$\|f(u) - \lim F(\xi)\| < \varepsilon,$$

sobald der aus X entnommene Punkt u der Ungleichung $\|u - \xi\| < \delta$ gehorcht. $\square$

4.4.2 Folgen von Funktionen über kompakten Räumen

Wir betrachten als Beispiel die Funktionenfolge $(x, x^2, \ldots, x^n, \ldots)$, wobei die Variable x das kompakte Intervall $X = [0; 1]$ durchläuft:

1. Wir gehen zuerst von einer reellen Größe ξ mit $0 \le \xi < 1$ aus: Hier zeigt sich, dass

$$(\xi, \xi^2, \ldots, \xi^n, \ldots)$$

nach Null konvergiert. Ein gängiger Beweis dafür gründet auf der *Formel der geometrischen Summe*

$$\alpha^n + \alpha^{n-1}\beta + \alpha^{n-2}\beta^2 \ldots + \alpha^2\beta^{n-2} + \alpha\beta^{n-1} + \beta^n = \frac{\alpha^{n+1} - \beta^{n+1}}{\alpha - \beta},$$

in der α, β zwei voneinander verschiedene reelle Größen bezeichnen. Man erhält diese Formel entweder mit vollständiger Induktion oder direkt nach Multiplikation beider Seiten mit $\alpha - \beta$. Jedenfalls schloss aus ihr Jakob Bernoulli im Falle $\alpha = 1$ und $\beta = \xi$ auf die Ungleichung

$$(n + 1)\xi^n \le 1 + \xi + \xi^2 + \ldots + \xi^{n-2} + \xi^{n-1} + \xi^n = \frac{1 - \xi^{n+1}}{1 - \xi} \le \frac{1}{1 - \xi}$$

und erkannte somit die nach ihm benannte Ungleichung

$$\xi^n \le \frac{1}{n+1} \frac{1}{1 - \xi}.$$

Nun bezeichne ε eine beliebige positive reelle Größe. Die Zahl j sei so groß gewählt, dass $j \ge 1/((1 - \xi)\varepsilon)$ zutrifft. Für jede Zahl n, die mindestens so groß wie j ist, folgt daher:

$$|\xi^n - 0| = \xi^n \le \frac{1}{n+1} \frac{1}{1 - \xi} < (1 - \xi)\varepsilon \frac{1}{1 - \xi} = \varepsilon,$$

also tatsächlich $\lim(\xi, \xi^2, \ldots, \xi^n, \ldots) = 0$.

2. Nun sei $\xi = 1$. In diesem Fall ist $\lim(\xi, \xi^2, \ldots, \xi^n, \ldots) = 1$ offensichtlich.

Trotzdem darf man sich nicht zu dem Schluss verleiten lassen, es konvergiere die Folge $(x, x^2, \ldots, x^n, \ldots)$ der über $X = [0; 1]$ definierten Potenzfunktionen x^n punktweise gegen eine Funktion $f(x)$, wobei man im Falle $0 \le \xi < 1$ den Funktionswert $f(\xi) = 0$ und im Falle $\xi = 1$ den Funktionswert $f(1) = 1$ bekommt. Der Grund dafür, dass dies ein Trugschluss ist, beruht auf der Einsicht, dass man in $X = [0; 1]$ reelle Größen ξ ausfindig machen kann, für die sich nicht entscheiden lässt, ob $\xi < 1$ oder aber $\xi = 1$ zutrifft. Die Größe $\xi = 1 - |\wp_2|$ lässt sich dafür als Beispiel heranziehen. Wohl aber ist der folgende Schluss zulässig:

Für jede reelle Größe y aus $]0; 1[$ konvergiert die Folge $(x, x^2, \ldots, x^n, \ldots)$ der über dem kompakten Intervall $X = [0; y]$ definierten Potenzfunktionen x^n punktweise gegen Null. Diese Folge konvergiert nicht nur punktweise gegen Null, sondern sogar gleichmäßig gegen Null. Der Nachweis dafür ist schnell erbracht: Gilt doch einerseits

$$\lim(y, y^2, \ldots, y^n, \ldots) = 0$$

und andererseits für jede Zahl n, für jede Zahl m mit $m \ge n$ und für jede in X liegende reelle Größe ξ wegen $0 \le \xi \le y$

$$|\xi^n - \xi^m| \le \xi^n \le y^n.$$

Tatsächlich besteht allgemein eine enge Verbindung zwischen punktweiser und gleichmäßiger Konvergenz bei Folgen von Funktionen, die über kompakten Räumen definiert sind:

Satz von Dini und Brouwer. *Es bezeichne S einen kompakten metrischen Raum, es bezeichne T einen vollständigen metrischen Raum und es bezeichne $F = (f_1, f_2, \ldots, f_n, \ldots)$ eine punktweise konvergente Folge von über S definierten Funktionen f_n mit Werten in T. Dann ist F bereits gleichmäßig konvergent.*

Beweis. Wir bezeichnen mit $f = \lim F$ die Grenzfunktion der Folge F. Dies bedeutet bei einer beliebig genannten positiven reellen Größe ε und einem beliebigen in S liegenden Punkt u, dass man eine Zahl j mit folgender Eigenschaft finden kann: Für jede Zahl n, die mindestens so groß wie j ist, stimmt $\|f_n(u) - f(u)\| < \varepsilon$. Der Satz von Heine und Borel versichert uns, dass man eine positive Zahl k mit folgender Eigenschaft finden kann: Für jeden in S liegenden Punkt u und für jede Zahl n, die mindestens so groß wie k ist, stimmt $\|f_n(u) - f(u)\| < \varepsilon$. Dies belegt die gleichmäßige Konvergenz der Folge F. □

In der ursprünglichen Version seines Satzes verlangte Ulisse Dini Zusatzvoraussetzungen, nämlich eine Monotoniebedingung der Folge F, die Stetigkeit aller Funktionen f_n und überdies die Stetigkeit der Grenzfunktion $f = \lim F$. Erst mit Brouwers intuitionistischer Mathematik stellen sich diese zusätzlichen Bedingungen als völlig überflüssig heraus.

4.4.3 Räume von Funktionen über kompakten Räumen

Es bezeichnen X einen kompakten metrischen Raum und Y einen vollständigen metrischen Raum. Die Menge $C(X, Y)$ beinhaltet die Funktionen $f : X \to Y$. Mit der Festlegung

$$\|f - g\|_\infty = \sup \|f - g\|(X)$$

erhält man einen Abstand zweier Funktionen $f(x)$ und $g(x)$. Es liegt dabei auf der Hand, dass dabei

$$\|f - g\|(x) = \|f(x) - g(x)\|$$

sein soll. Der dadurch gebildete metrische Raum $C(X, Y)$ ist vollständig.

Beweis. Offenkundig gilt $\|f - g\|_\infty \geq 0$. Gehen wir von $\|f - g\|_\infty = 0$ aus, stimmt für jeden Punkt u aus X sicher $\|f(u) - g(u)\| = 0$, und daher gilt $f = g$. Die Existenz eines in X liegenden Punktes v mit $f(v) \neq g(v)$ besagt das Gleiche wie $\|f - g\|_\infty > 0$. Daher ist die *Verschiedenheit* zweier in $C(X, Y)$ liegender Funktionen f, g mit der Feststellung gegeben, dass man einen in X liegenden Punkt v mit $f(v) \neq g(v)$ findet. Nun gehen wir von drei Funktionen f, g, h aus $C(X, Y)$ aus. Weil für jedes in X liegende u aus der in T gültigen Dreiecksungleichung

$$\|f(u) - h(u)\| - \|g(u) - h(u)\| \leq \|f(u) - g(u)\|$$

folgt, ergibt sich für jedes in X liegende u

$$\|f(u) - h(u)\| - \|g - h\|_\infty \leq \|f(u) - g(u)\|,$$

und hieraus folgt

$$\|f - h\|_\infty - \|g - h\|_\infty \leq \|f - g\|_\infty.$$

Nun betrachten wir eine Fundamentalfolge $F = (f_1, f_2, \ldots, f_n, \ldots)$ im metrischen Raum $C(X, Y)$. Liegt eine beliebige positive reelle Größe ε vor, kann man eine Zahl j so angeben, dass für jedes Paar von Zahlen m, n mit $m \geq j$ und $n \geq j$ die Ungleichung $\|f_n - f_m\|_\infty < \varepsilon$ zutrifft. Für jeden in X liegenden Punkt u stimmt daher $\|f_n(u) - f_m(u)\| < \varepsilon$, was die gleichmäßige Konvergenz der Folge F begründet. Das Cauchysche Kriterium der gleichmäßigen Konvergenz sichert uns die Existenz einer in $C(X, Y)$ liegenden Funktion f mit $\lim F = f$. Nun bezeichne ε eine beliebige positive reelle Größe. Die positive Dezimalzahl e erfülle $e < \varepsilon$, und für sie lässt sich eine Zahl k mit der Eigenschaft auffinden, dass für jede Zahl n mit $n \geq k$ und für jeden Punkt u aus X die Ungleichung $\|f_n(u) - f(u)\| < e$ zutrifft. Darum stimmt für jede Zahl n mit $n \geq k$ sicher $\|f_n - f\|_\infty \leq e < \varepsilon$. Folglich ist die gleichmäßige Konvergenz zur Konvergenz im metrischen Raum $C(X, Y)$ gleichbedeutend. Das Cauchysche Kriterium der gleichmäßigen Konvergenz belegt, dass $C(X, Y)$ einen vollständigen metrischen Raum bildet. $\qquad\square$

Sollte es sich bei Y um das Kontinuum $\mathbb{R}$ handeln, schreiben wir statt $C(X, \mathbb{R})$ einfach nur $C(X)$.

Nun betrachten wir eine Funktionenfamilie $\mathcal{F}$ von $C(X)$ und n in X liegende Punkte $u_1, u_2, \ldots, u_n$. Unter $\mathcal{F}(u_1, \ldots, u_n)$ verstehen wir die Gesamtheit der in $\mathbb{R}^n$ liegenden Punkte $(v_1, \ldots, v_n)$ mit folgender Eigenschaft: Es lässt sich eine in der Familie $\mathcal{F}$ liegende Funktion f so finden, dass

$$f(u_1) = v_1, \quad f(u_2) = v_2, \quad \ldots, \quad f(u_n) = v_n$$

stimmt. Wir nennen die Familie $\mathcal{F}$ genau dann *gleichgradig stetig*, wenn man für jede positive reelle Größe ε eine positive reelle Größe δ so finden kann, dass für je zwei in X liegende Punkte u', u'' und für jede in der Familie $\mathcal{F}$ liegende Funktion f die Beziehung $\|u' - u''\| < \delta$ die Ungleichung $|f(u') - f(u'')| < \varepsilon$ nach sich zieht.

Satz von Arzelà und Ascoli. *Es sei $\mathcal{F}$ eine gleichgradig stetige Familie von Funktionen aus $C(X)$ mit der folgenden zusätzlichen Eigenschaft: Zu jeder positiven reellen Größe ε lässt sich in X ein endliches ε-Netz $(u_1, u_2, \ldots, u_n)$ so finden, dass $\mathcal{F}(u_1, \ldots, u_n)$ totalbeschränkt ist. Dann ist die Funktionenfamilie $\mathcal{F}$ selbst totalbeschränkt.*

Beweis. Mit ε bezeichnen wir eine beliebige positive reelle Größe. Der Definition der gleichgradigen Stetigkeit zufolge gibt es eine positive reelle Größe δ, die für je zwei in X liegende Punkte u', u'' und für jede in $\mathcal{F}$ liegende Funktion f aus der Beziehung $\|u' - u''\| < \delta$ die Ungleichung $|f(u') - f(u'')| < \varepsilon/3$ erzwingt. Überdies lässt sich in X ein endliches δ-Netz $(u_1, u_2, \ldots, u_n)$ so finden, dass $\mathcal{F}(u_1, \ldots, u_n)$ totalbeschränkt ist. Demnach können wir aus $\mathcal{F}$ endlich viele Funktionen $f_1, f_2, \ldots, f_m$ so gewinnen, dass die Punkte

$$\left(f_1(u_1), \ldots, f_1(u_n)\right), \left(f_2(u_1), \ldots, f_2(u_n)\right), \ldots, \left(f_m(u_1), \ldots, f_m(u_n)\right)$$

ein $\varepsilon/4$-Netz von $\mathcal{F}(u_1, \ldots, u_n)$ bilden. Dies bedeutet, dass man für jede in der Familie $\mathcal{F}$ liegende Funktion f eine Zahl j mit $j \leq m$ so finden kann, dass

$$\max\left(|f_j(u_1) - f(u_1)|, \ldots, |f_j(u_n) - f(u_n)|\right) < \frac{\varepsilon}{4}$$

zutrifft. Außerdem kann man zu jedem in X liegenden Punkt u eine Zahl k mit $k \leq n$ so finden, dass $\|u - u_k\| < \delta$ stimmt. Damit ist

$$|f_j(u) - f(u)| \leq |f_j(u) - f_j(u_k)| + |f_j(u_k) - f(u_k)| + |f(u_k) - f(u)|$$
$$\leq \frac{\varepsilon}{3} + \frac{\varepsilon}{4} + \frac{\varepsilon}{3} = \frac{11\varepsilon}{12}$$

gesichert. Weil der Punkt u beliebig aus X entnommen werden kann, folgt hieraus $\|f_j - f\|_\infty < \varepsilon$. Deshalb bilden die Funktionen $f_1, f_2, \ldots, f_m$ in der Familie $\mathcal{F}$ ein endliches ε-Netz. $\qquad\square$

4.4.4 Kompakte Räume von Funktionen

Der Satz von Arzelà und Ascoli erlaubt, ein wichtiges Beispiel einer kompakten Familie $\mathcal{F}$ von Funktionen aus $C(X)$ zu nennen, wenn X selbst ein kompakter metrischer Raum ist. Zu diesem Zweck nennen wir eine streng monoton wachsende Funktion $h : \mathbb{R}_0^+ \to \mathbb{R}_0^+$ genau dann eine Hölder-*Funktion*, wenn einerseits $h(0) = 0$ gilt und andererseits für jedes Paar reeller Größen α, β die Beziehung $h(\alpha + \beta) \leq h(\alpha) + h(\beta)$ zutrifft.

Es bezeichnen X einen kompakten metrischen Raum, h eine Hölder-Funktion und $\mathcal{F}$ eine beschränkte Familie innerhalb $C(X)$ mit der Eigenschaft, dass für jede in der Familie $\mathcal{F}$ liegende Funktion f und für jedes Paar von in X liegenden Punkten u, v

$$|f(u) - f(v)| \leq h(\|u - v\|)$$

zutrifft. Dann handelt es sich bei $\mathcal{F}$ um eine kompakte Familie von Funktionen.

Beweis. Dass $\mathcal{F}$ beschränkt ist, bedeutet, dass es eine reelle Größe μ gibt, die $\|f\|_\infty \leq \mu$ garantiert, egal welche Funktion f der Familie $\mathcal{F}$ entnommen ist. (Dabei kürzt in dieser Formel $\|f\|_\infty$ eigentlich $\|f - 0\|_\infty$ ab.)

Es sei nun mit F eine konvergente Folge von in $\mathcal{F}$ liegenden Funktionen f_1, f_2, ..., f_n, ... bezeichnet und f stehe für deren Grenzwert $f = \lim F$. Da für jede Zahl n die Ungleichung $\|f_n\|_\infty \leq \mu$ zutrifft, gilt auch $\|f\|_\infty \leq \mu$. Im Übrigen belegen die für jede Zahl n und für je zwei Punkte u, v aus S bestehenden Ungleichungen

$$|f_n(u) - f_n(v)| \leq h(\|u - v\|),$$

dass für all diese Objekte auch

$$|f(u) - f(v)| \leq h(\|u - v\|)$$

gilt. Somit ist die Familie $\mathcal{F}$ eine abgeschlossene Teilmenge von $C(X)$. Es genügt folglich zu zeigen, dass $\mathcal{F}$ totalbeschränkt ist.

Zu diesem Zweck gehen wir von einer beliebigen positiven reellen Größe ε aus. Die strenge Monotonie der Hölder-Funktion h versichert uns der Existenz einer positiven reellen Größe δ, die sich aus der Gleichung $h(\delta) = \varepsilon$ errechnet. Und weil für jede Funktion f aus der Familie $\mathcal{F}$ und für je zwei Punkte u, v aus X die Ungleichung $\|u - v\| < \delta$ die Formel

$$|f(u) - f(v)| \leq h(\|u - v\|) < h(\delta) = \varepsilon$$

nach sich zieht, handelt es sich bei $\mathcal{F}$ um eine gleichgradig stetige Teilmenge von $C(X)$.

Folglich kommt es nach dem Satz von Arzelà und Ascoli einzig darauf an, zu jeder positiven reellen Größe ε ein endliches ε-Netz von Punkten u_1, u_2, ..., u_n

aus X zu konstruieren, für das $\mathcal{F}(u_1, \ldots, u_n)$ totalbeschränkt ist. Dieser Nachweis kostet etwas Mühe:

Zuerst zeigen wir: Zu jeder positiven reellen Größe ε gibt es ein endliches ε-Netz von Punkten $u_1, u_2, \ldots, u_n$ aus X, das *total diskret* ist. Damit meinen wir, dass für jedes Paar von Zahlen j, k zwischen 1 und n die Verschiedenheit $j \neq k$ die Verschiedenheit $u_j \neq u_k$ nach sich zieht. Wir konstruieren zu diesem Zweck eine positive Dezimalzahl e mit $e < \varepsilon$ und ein endliches e-Netz von Punkten $v_1, v_2, \ldots, v_m$ aus X. Das Dichotomielemma garantiert für jedes Paar von Zahlen j, k mit $j < k \leq m$ das Bestehen von mindestens einer der beiden Ungleichungen

$$\|v_j - v_k\| < \frac{\varepsilon - e}{m - 1} \qquad \text{oder} \qquad \|v_j - v_k\| > \frac{\varepsilon - e}{m}.$$

Liegt ein Paar (j, k) von Zahlen j, k mit $j < k \leq m$ vor, werfen wir im Falle

$$\|v_j - v_k\| < \frac{\varepsilon - e}{m - 1}$$

den Punkte v_k aus dem e-Netz $(v_1, v_2, \ldots, v_m)$ weg. Diese systematische Auslese führt schließlich zu einer Teilfolge $(u_1, u_2, \ldots, u_n)$, der Folge $(v_1, v_2, \ldots, v_m)$, die auf Grund ihrer Konstruktion tatsächlich total diskret ist. Jetzt betrachten wir einen beliebigen Punkt u aus X. Es gibt einen Punkt v_k, für den $\|u - v_k\| < e$ stimmt. Sollte v_k von der Auslese nicht betroffen sein, gibt es einen Index l mit $v_k = u_l$, und wir erhalten

$$\|u - u_l\| < \varepsilon.$$

Sollte hingegen v_k einer der weggeworfenen Punkte sein, gibt es einen Punkt v_j mit $j < k$ und

$$\|v_j - v_k\| < \frac{\varepsilon - e}{m - 1}.$$

Sollte jetzt dieser Punkt v_j von der Auslese nicht betroffen sein, gibt es einen Index l mit $v_j = u_l$, und wir erhalten

$$\|u - u_l\| \leq \|u - v_k\| + \|v_j - v_k\| < e + \frac{\varepsilon - e}{m - 1} \leq \varepsilon.$$

Sollte hingegen auch v_j einer der weggeworfenen Punkte sein, wiederholen wir das Argument von vorhin - aber dieses Argument kann höchstens $(m - 1)$-mal zum Tragen kommen. Auf jeden Fall gelangen wir daher zu einem Punkt v_r, für den es einen Index l mit $v_r = u_l$ gibt, und wir erhalten

$$\|u - u_l\| \leq \|u - v_k\| + \ldots + \|v_r - v_s\| < e + (m - 1) \frac{\varepsilon - e}{m - 1} \leq \varepsilon.$$

Im nächsten Schritt definieren wir für je zwei Zahlen j, k zwischen 1 und n die n^2 Größen

$$\rho_{jk} = \begin{cases} h(\|u_j - u_k\|) & \text{im Falle } j \neq k, \\ 1 & \text{im Falle } j = k. \end{cases}$$

In diesem Schritt werden wir zeigen, dass $\mathcal{F}(u_1,\ldots,u_n)$ mit jener Teilmenge Y des n-dimensionalen Kontinuums $\mathbb{R}^n$ übereinstimmt, die aus den Punkten $\eta = (\beta_1,\ldots,\beta_n)$ besteht, die den Formeln

$$|\beta_j| \le \mu \qquad \text{und} \qquad |\beta_j - \beta_k| \le \rho_{jk}$$

gehorchen. Darin bezeichnen j und k Zahlen mit $j < k \le n$. Es ist der Konstruktion zufolge klar, dass $\mathcal{F}(u_1,\ldots,u_n) \subseteq Y$ stimmt. Folglich gilt es, $Y \subseteq \mathcal{F}(u_1,\ldots,u_n)$ zu beweisen. Weil X totalbeschränkt ist, lässt sich einerseits die endliche Folge $(u_1,\ldots,u_n)$ zu einer unendlichen Folge $(u_1,u_2,\ldots,u_m,\ldots)$ von Punkten aus X erweitern, die in X dicht liegt. Andererseits können wir auch bei einem beliebig gegebenen Punkt $\eta = (\beta_1,\ldots,\beta_n)$ aus Y die endliche Folge $(\beta_1,\ldots,\beta_n)$ zu einer unendlichen Folge $(\beta_1,\beta_2,\ldots,\beta_m,\ldots)$ so erweitern, dass für jedes Paar von Zahlen j,k

$$|\beta_j| \le \mu \qquad \text{und} \qquad |\beta_j - \beta_k| \le h(\|u_j - u_k\|)$$

stimmt. Wir führen dies nämlich mit Induktion durch. Sicher ist Obiges bereits dann gegeben, wenn j, k Zahlen mit $j \le n$ und $k \le n$ sind. Gehen wir also davon aus, wir kennen bereits $\beta_1, \beta_2, \ldots, \beta_m$ und die oben angeschriebenen Formeln treffen für diese m reellen Größen zu. Weil es sich bei h um eine Hölder-Funktion handelt, gilt für je zwei Zahlen j, k zwischen 1 und m

$$|\beta_j - \beta_k| \le h(\|u_j - u_k\|) \le h(\|u_j - u_{m+1}\| + \|u_{m+1} - u_k\|)$$
$$\le h(\|u_j - u_{m+1}\|) + h(\|u_{m+1} - u_k\|),$$

und somit

$$\beta_j - h(\|u_j - u_{m+1}\|) \le \beta_k + h(\|u_{m+1} - u_k\|).$$

Für die beiden reellen Größen

$$\phi = \max\left(\beta_1 - h(\|u_1 - u_{m+1}\|), \ldots, \beta_m - h(\|u_m - u_{m+1}\|)\right)$$

und

$$\psi = \min\left(\beta_1 + h(\|u_1 - u_{m+1}\|), \ldots, \beta_m + h(\|u_m - u_{m+1}\|)\right)$$

trifft folglich $\phi \le \psi$ zu. Wir setzen nun

$$\beta_{m+1} = \frac{\phi + \psi}{2}.$$

Damit haben wir $\phi \le \beta_{m+1} \le \psi$ und somit für jede Zahl j zwischen 1 und $m+1$

$$|\beta_j - \beta_{m+1}| \le h(\|u_j - u_{m+1}\|)$$

erreicht. Dies zeigt, wie man die Folge $(\beta_1,\beta_2,\ldots,\beta_n,\ldots)$ induktiv herstellt. Jetzt legen wir die Zuordnung f so fest, dass $f(u_j) = \beta_j$ sein soll, wenn j eine beliebige Zahl bezeichnet. Diese Zuordnung f erweist sich an jeder Stelle ξ von X als stetig:

Denn bei einer beliebig vorgelegten positiven reellen Größe ε sei die positive reelle Größe δ nun aus der Gleichung $h(2\delta) = \varepsilon$ errechnet. Die beiden Ungleichungen

$$\|u_j - \xi\| < \delta \qquad \text{und} \qquad \|u_k - \xi\| < \delta$$

ziehen

$$|f(u_j) - f(u_k)| = |\beta_j - \beta_k| \le h(\|u_j - u_k\|)$$
$$\le h(\|u_j - \xi\| + \|u_k - \xi\|) < h(2\delta) = \varepsilon$$

nach sich. Folglich gehört die Funktion f der Familie $\mathcal{F}$ an.

Da $\eta = (f(u_1), \ldots, f(u_n))$ zutrifft, liegt η in $\mathcal{F}(u_1, \ldots, u_n)$.

Im letzten Schritt betrachten wir diese Menge $Y = \mathcal{F}(u_1, \ldots, u_n)$, die aus den Punkten $\eta = (\beta_1, \ldots, \beta_n)$ des n-dimensionalen Kontinuums $\mathbb{R}^n$ besteht, die den Formeln

$$|\beta_j| \le \mu \qquad \text{und} \qquad |\beta_j - \beta_k| \le \rho_{jk}$$

gehorchen, worin j und k Zahlen mit $j < k \le n$ sind. Mit den Festlegungen

$$\xi = (-\mu, \ldots, -\mu) \qquad \text{und} \qquad \zeta = (\mu, \ldots, \mu)$$

erhalten wir im n-dimensionalen Kontinuum die kompakte Zelle $[\xi; \zeta]$, über der die Funktion

$$g : [\xi; \zeta] \to [\xi; \zeta]$$

mit $g(\alpha_1, \ldots, \alpha_n) = (\beta_1, \ldots, \beta_n)$ so festgelegt ist, dass für jede Zahl l zwischen 1 und n

$$\beta_l = \frac{\alpha_l}{\max\left(1, \dfrac{|\alpha_1 - \alpha_2|}{\rho_{12}}, \dfrac{|\alpha_1 - \alpha_3|}{\rho_{13}}, \ldots, \dfrac{|\alpha_j - \alpha_k|}{\rho_{jk}}, \ldots, \dfrac{|\alpha_{n-1} - \alpha_n|}{\rho_{n-1,n}}\right)}$$

stimmt. Es gilt sogar

$$g : [\xi; \zeta] \to Y.$$

Da für jeden in Y liegenden Punkt $\eta = (\beta_1, \ldots, \beta_n)$ die Beziehung $g(\eta) = \eta$ zutrifft, handelt es sich bei

$$\mathcal{F}(u_1, \ldots, u_n) = Y = g([\xi; \zeta :])$$

um eine totalbeschränkte Menge. $\qquad\qquad\qquad\qquad\qquad\qquad\qquad\qquad\qquad\quad$ $\square$

Für eine positive reelle Größe λ handelt es sich bei $h(x) = \lambda x$ offenkundig um eine Hölder-Funktion. Diese Einsicht führt unmittelbar zur folgenden Aussage:

Es bezeichnen X einen kompakten metrischen Raum und λ, μ zwei positive reelle Größen. Die Familie $\mathcal{F}$ der in $C(X)$ liegenden Funktionen f, für die einerseits $\|f\|_\infty \le \mu$ und andererseits für je zwei in X liegende Punkte u, v die sogenannte Lipschitz-Bedingung

$$|f(u) - f(v)| \le \lambda \|u - v\|$$

zutrifft, ist eine kompakte Funktionenfamilie.

5 Das Integral

5.1 Definition des Integrals

5.1.1 Zerlegungen von Intervallen

Im ganzen folgenden Kapitel bezeichnen I ein offenes Intervall des Kontinuums und X eine diskrete und im Intervall I dichte Menge reeller Größen. Ziel dieses Abschnittes ist, den Begriff des Integrals so zu fassen, wie ihn Bernhard Riemann und Thomas Jean Stieltjes geprägt haben. Zu diesem Zweck ist es nötig, zuerst die Begriffe der Zerlegung und des Zwischenpunktes einzuführen:

Es bezeichnen a, b zwei in X liegende reelle Größen mit $a < b$. Unter einer *Zerlegung* Z des kompakten Intervalls $[a; b]$ versteht man eine endliche Folge aus der Menge X entnommener reeller Größen $\xi_0, \xi_1, \ldots, \xi_j$, für die

$$a = \xi_0 \le \xi_1 \le \ldots \le \xi_j = b$$

zutrifft. Diese Definition schließt auch „uneigentliche" Zerlegungen mit ein, bei denen zuweilen zwei aufeinanderfolgende Zerlegungspunkte ξ_{n-1} und ξ_n überein-stimmen dürfen. Es wird sich zeigen, dass man eine solche uneigentliche Zerlegung ohne weiteres durch jene „eigentliche" Zerlegung ersetzen kann, bei der Mehrfach-nennungen nicht vorkommen, weil man jeden mehrfach genannten Zerlegungs-punkt in der zugeordneten eigentlichen Zerlegung einfach nur einmal auflistet. So gesehen ist die oben genannte Zerlegung Z genau dann eine „eigentliche" Zerlegung, wenn

$$a = \xi_0 < \xi_1 < \ldots < \xi_j = b$$

zutrifft.

Eine Zerlegung Z' heißt eine *Verfeinerung* der Zerlegung Z, wenn $Z \sqsubseteq Z'$ stimmt, wenn also jeder Zerlegungspunkt der „gröberen" Zerlegung Z auch in der „feineren" - genauer: der „mindestens so feinen" - Zerlegung Z' als Zerlegungspunkt vorkommt. Es ist der vorausgesetzten Diskretheit der Menge X geschuldet, dass man für je zwei Zerlegungen Z_1 und Z_2 eine *gemeinsame Verfeinerung* $Z_1 \vee Z_2$ bilden kann: Sie besteht aus den in Z_1 sowie aus den in Z_2 genannten Zerlegungspunkten, die man nun aber ihrer Größe nach von a bis b aufzuzählen hat. Einerseits gilt $Z_1 \sqsubseteq Z_1 \vee Z_2$ und $Z_2 \sqsubseteq Z_1 \vee Z_2$, andererseits trifft für jede Zerlegung Z, die sowohl mindestens so fein wie Z_1 als auch mindestens so fein wie Z_2 ist, sicher $Z_1 \vee Z_2 \sqsubseteq Z$ zu - sofern man sich alle uneigentlichen Zerlegungen durch die ihnen entsprechenden eigentlichen Zerlegungen ersetzt denkt.

© Springer Fachmedien Wiesbaden GmbH, ein Teil von Springer Nature 2018
R. Taschner, *Vom Kontinuum zum Integral*, https://doi.org/10.1007/978-3-658-23380-8_5

5.1.2 Zwischenpunkte und Integral

Liegt eine Zerlegung $Z = (\xi_0, \xi_1, \ldots, \xi_j)$ des kompakten Intervalls $[a; b]$ vor, heißt eine endliche Folge $Z^* = (\xi_1^*, \ldots, \xi_j^*)$ eine zugehörige Folge aus der Menge X entnommener *Zwischenpunkte* ξ_1^*, ..., ξ_j^*, wenn für jede Zahl n mit $n \leq j$ die Ungleichung $\xi_{n-1} \leq \xi_n^* \leq \xi_n$ zutrifft. Man kann das mit der Bezeichnung $Z^* \dashv Z$ symbolisieren.

Nun seien überdies zwei über X definierte Funktionen $f(x)$ und $g(x)$ vorgelegt. Man nennt die aus Z, aus Z^*, aus $f(x)$ und aus $g(x)$ gebildete Summe

$$s(f, g; Z, Z^*) = f(\xi_1^*)(g(\xi_1) - g(\xi_0)) + \ldots + f(\xi_j^*)(g(\xi_j) - g(\xi_{j-1}))$$

eine Riemann-Stieltjes-Summe. Die Funktion $f(x)$ bildet in dieser Summe den sogenannten *Integranden* und die Funktion $g(x)$ heißt der *Integrator* dieser Summe. Man sagt dass der Integrand $f(x)$ bezüglich des Integrators $g(x)$ über dem Intervall $[a; b]$ *integrierbar* ist, wenn es eine mit

$$\int_a^b f \, dg \,,$$

ausführlicher mit

$$\int_a^b f(x) \, dg(x) \,,$$

noch ausführlicher mit

$$\int_{x=a}^{x=b} f(x) \, dg(x)$$

bezeichnete reelle Größe gibt, welche die folgende Eigenschaft besitzt: Zu jeder beliebigen positiven reellen Größe ε kann man eine Zerlegung Z_0 des Intervalls $[a; b]$ so finden, dass für jede Zerlegung Z, die mindestens so fein wie Z_0 ist, und für jede zu Z zugehörige Folge Z^* von Zwischenpunkten die Ungleichung

$$\left| s(f, g; Z, Z^*) - \int_a^b f \, dg \right| < \varepsilon$$

zutrifft. Allgemein nennen wir den Integranden $f(x)$ bezüglich des Integrators $g(x)$ *integrierbar*, wenn deren Integrierbarkeit über jedem Intervall $[a; b]$ gewährleistet ist, wobei a, b aus X entnommen sind und $a < b$ gilt. Die Symbolik stammt von Gottfried Wilhelm Leibniz: Das Zeichen $\int$ erinnert an einen stilisierten Buchstaben S, denn Leibniz sprach selbst noch von einer „Summe". Und der den Integranden und den Integrator trennende Buchstabe d erinnert daran, dass in den Riemann-Stieltjes-Summen beim Integrator Differenzen von Funktionswerten gebildet werden.

Es zeigt sich, dass diese reelle Größe, die im Spezialfall $g(x) = x$ schon Jakob Bernoulli das *Integral* von $f(x)$ bezüglich $g(x)$ nannte, eindeutig bestimmt ist. Denn gäbe es zwei voneinander verschiedene Integrale

$$\int_a^{'b} f \, dg \qquad \text{und} \qquad \int_a^{''b} f \, dg \,,$$

deren Abstand

$$\left| \int_a^{'b} f \, \mathrm{d}g - \int_a^{''b} f \, \mathrm{d}g \right| = \varepsilon$$

positiv wäre, könnte man für das erstgenannte Integral eine Zerlegung Z_0' des Intervalls $[a; b]$ so finden, dass für jede Zerlegung Z, die mindestens so fein wie Z_0' ist, und für jede zu Z zugehörige Folge Z^* von Zwischenpunkten die Ungleichung

$$\left| s(f, g; Z, Z^*) - \int_a^{'b} f \, \mathrm{d}g \right| < \frac{\varepsilon}{2}$$

zutrifft. Ebenso könnte man für das zweitgenannte Integral eine Zerlegung Z_0'' des Intervalls $[a; b]$ so finden, dass für jede Zerlegung Z, die mindestens so fein wie Z_0'' ist, und für jede zu Z zugehörige Folge Z^* von Zwischenpunkten die Ungleichung

$$\left| s(f, g; Z, Z^*) - \int_a^{''b} f \, \mathrm{d}g \right| < \frac{\varepsilon}{2}$$

zutrifft. Die gemeinsame Verfeinerung $Z = Z_0' \vee Z_0''$ wäre sowohl mindestens so fein wie Z_0' als auch mindestens so fein wie Z_0'', woraus sich aus der oben genannten Annahme der Existenz zweier voneinander verschiedener Integrale der Widerspruch

$$\begin{aligned}
\varepsilon &= \left| \int_a^{'b} f \, \mathrm{d}g - \int_a^{''b} f \, \mathrm{d}g \right| \\
&\leq \left| \int_a^{'b} f \, \mathrm{d}g - s(f, g; Z, Z^*) \right| + \left| s(f, g; Z, Z^*) - \int_a^{''b} f \, \mathrm{d}g \right| \\
&< \frac{\varepsilon}{2} + \frac{\varepsilon}{2} = \varepsilon
\end{aligned}$$

ergäbe.

Die folgenden zwei Aussagen folgen unmittelbar aus der Definition dieses Begriffs:

Ist die Funktion $f(x)$ bezüglich der Funktion $g(x)$ über $[a; b]$ integrierbar und bezeichnet λ eine beliebige reelle Größe, ist $f(x)$ auch bezüglich $\lambda + g(x)$ über $[a; b]$ integrierbar und es gilt

$$\int_a^b f \, \mathrm{d}(\lambda + g) = \int_a^b f \, \mathrm{d}g \, .$$

Ist die Funktion $f(x)$ bezüglich der Funktion $g(x)$ über $[a; b]$ integrierbar und bezeichnet λ eine beliebige reelle Größe, ist $f(x)$ auch bezüglich $\lambda g(x)$ über $[a; b]$ integrierbar und es gilt

$$\int_a^b f \, \mathrm{d}(\lambda g) = \lambda \int_a^b f \, \mathrm{d}g \, .$$

5.1.3　Die Linearität des Integrals

Sind $f_1(x)$ und $f_2(x)$ zwei bezüglich $g(x)$ über $[a; b]$ integrierbare Funktionen, ist auch deren Summe $f_1(x) + f_2(x)$ bezüglich $g(x)$ über $[a; b]$ integrierbar, und es gilt:

$$\int_a^b (f_1 + f_2)\,\mathrm{d}g = \int_a^b f_1\,\mathrm{d}g + \int_a^b f_2\,\mathrm{d}g.$$

Beweis. Zu jeder beliebigen positiven reellen Größe ε kann man eine Zerlegung Z_1 des Intervalls $[a; b]$ so finden, dass für jede Zerlegung Z, die mindestens so fein wie Z_1 ist, und für jede zu Z zugehörige Folge Z^* von Zwischenpunkten die Ungleichung

$$\left| s(f_1, g; Z, Z^*) - \int_a^b f_1\,\mathrm{d}g \right| < \frac{\varepsilon}{2}$$

zutrifft. Ebenso kann man eine Zerlegung Z_2 des Intervalls $[a; b]$ so finden, dass für jede Zerlegung Z, die mindestens so fein wie Z_2 ist, und für jede zu Z zugehörige Folge Z^* von Zwischenpunkten die Ungleichung

$$\left| s(f_2, g; Z, Z^*) - \int_a^b f_2\,\mathrm{d}g \right| < \frac{\varepsilon}{2}$$

zutrifft. Es ist klar, dass für die Riemann-Stieltjes-Summen bei $f_1(x) + f_2(x)$

$$s(f_1 + f_2, g; Z, Z^*) = s(f_1, g; Z, Z^*) + s(f_2, g; Z, Z^*)$$

stimmt. Darum trifft für jede Zerlegung Z, die mindestens so fein wie die gemeinsame Verfeinerung von Z_1 und Z_2 ist, und für jede zu Z zugehörige Folge Z^* von Zwischenpunkten die Ungleichung

$$\left| s(f_1 + f_2, g; Z, Z^*) - \left(\int_a^b f_1\,\mathrm{d}g + \int_a^b f_2\,\mathrm{d}g \right) \right|$$

$$= \left| s(f_1, g; Z, Z^*) - \int_a^b f_1\,\mathrm{d}g + s(f_2, g; Z, Z^*) - \int_a^b f_2\,\mathrm{d}g \right|$$

$$\le \left| s(f_1, g; Z, Z^*) - \int_a^b f_1\,\mathrm{d}g \right| + \left| s(f_2, g; Z, Z^*) - \int_a^b f_2\,\mathrm{d}g \right| < \varepsilon$$

zu. □

Ist $f(x)$ eine bezüglich $g(x)$ über $[a; b]$ integrierbare Funktion und bezeichnet c eine reelle Größe, ist auch das Vielfache $cf(x)$ bezüglich $g(x)$ über $[a; b]$ integrierbar, und es gilt:

$$\int_a^b cf\,\mathrm{d}g = c \int_a^b f\,\mathrm{d}g.$$

Beweis. Es bezeichne γ eine positive reelle Größe mit $|c| \le \gamma$. Zu jeder beliebigen positiven reellen Größe ε kann man eine Zerlegung Z_0 des Intervalls $[a; b]$ so finden, dass für jede Zerlegung Z, die mindestens so fein wie Z_0 ist, und für jede zu Z zugehörige Folge Z^* von Zwischenpunkten die Ungleichung

$$\left| s(f,g;Z,Z^*) - \int_a^b f\,\mathrm{d}g \right| < \frac{\varepsilon}{\gamma}$$

zutrifft. Es ist offenkundig, dass für die Riemann-Stieltjes-Summen bei $cf(x)$

$$s(cf,g;Z,Z^*) = cs(f,g;Z,Z^*)$$

stimmt. Darum trifft für jede Zerlegung Z, die mindestens so fein wie Z_0 ist, und für jede zu Z zugehörige Folge Z^* von Zwischenpunkten die Ungleichung

$$\left| s(cf,g;Z,Z^*) - c\int_a^b f\,\mathrm{d}g \right| = \left| c\left(s(f,g;Z,Z^*) - \int_a^b f\,\mathrm{d}g \right) \right|$$

$$\leq \gamma |s(f,g;Z,Z^*) - \int_a^b f\,\mathrm{d}g| < \varepsilon$$

zu. $\qquad\qquad\qquad\qquad\qquad\qquad\qquad\qquad\qquad\qquad\qquad\square$

5.1.4 Die Additivität des Integrals

Es seien a, b, c reelle Größen aus X mit $a < c < b$. Ist $f(x)$ eine bezüglich $g(x)$ über $[a;c]$ und über $[c;b]$ integrierbare Funktion, dann ist $f(x)$ bezüglich $g(x)$ über $[a;b]$ integrierbar, und es gilt:

$$\int_a^b f\,\mathrm{d}g = \int_a^c f\,\mathrm{d}g + \int_c^b f\,\mathrm{d}g\,.$$

Beweis. Entsprechend der Voraussetzung kann man zu jeder beliebigen positiven reellen Größe ε eine Zerlegung Z_0' des Intervalls $[a;c]$ so finden, dass für jede Zerlegung Z', die mindestens so fein wie Z_0' ist, und für jede zu Z' zugehörige Folge Z'^* von Zwischenpunkten die Ungleichung

$$\left| s(f,g;Z',Z'^*) - \int_a^c f\,\mathrm{d}g \right| < \frac{\varepsilon}{2}$$

zutrifft. Ebenso kann man eine Zerlegung Z_0'' des Intervalls $[c;b]$ so finden, dass für jede Zerlegung Z'', die mindestens so fein wie Z_0'' ist, und für jede zu Z'' zugehörige Folge Z''^* von Zwischenpunkten die Ungleichung

$$\left| s(f,g;Z'',Z''^*) - \int_c^b f\,\mathrm{d}g \right| < \frac{\varepsilon}{2}$$

zutrifft. Legt man bei

$$Z_0' = (\xi_0',\xi_1',\ldots,\xi_k')\,, \qquad Z_0'' = (\xi_0'',\xi_1'',\ldots,\xi_l'')$$

mit $\xi_0' = a$, $\xi_k' = \xi_0'' = c$, $\xi_l'' = b$ die Zerlegung Z_0 als

$$Z_0 = (\xi_0', \xi_1', \dots, \xi_k', \xi_1'', \dots, \xi_l'')$$

fest, kann man jede Zerlegung Z, die mindestens so fein wie Z_0 ist, offenkundig in analoger Weise in zwei Zerlegungen Z' des Intervalls $[a; c]$ und Z'' des Intervalls $[c; b]$ aufteilen. Es ist ferner klar, dass

$$s(f, g; Z, Z^*) = s(f, g; Z', Z'^*) + s(f, g; Z'', Z''^*)$$

gilt und dass sowohl Z' mindestens so fein wie Z_0' als auch Z'' mindestens so fein wie Z_0'' sind. Hieraus ergibt sich

$$\left| s(f, g; Z, Z^*) - \left(\int_a^c f \, \mathrm{d}g + \int_c^b f \, \mathrm{d}g \right) \right|$$
$$\leq \left| s(f, g; Z', Z'^*) - \int_a^c f \, \mathrm{d}g \right| + \left| s(f, g; Z'', Z''^*) - \int_c^b f \, \mathrm{d}g \right| < \varepsilon,$$

womit die Behauptung bewiesen ist. $\qquad\qquad\qquad\qquad\qquad\qquad\qquad\qquad\square$

Aus der Formel für die Additivität des Integrals folgern wir für Funktionen $f(x)$, die bezüglich Funktionen $g(x)$ integrierbar sind,

$$\int_a^c f \, \mathrm{d}g = \int_a^b f \, \mathrm{d}g - \int_c^b f \, \mathrm{d}g,$$

wenn a, b, c beliebig aus X entnommen sind und $a < c < b$ zutrifft. Wir halten an dieser Formel auch dann fest, wenn nicht mehr $a < c$, sondern nur $a < b$ und $c < b$ vorausgesetzt werden. In diesem Fall sind die beiden auf der rechten Seite der Formel angeschriebenen Integrale wohldefiniert, und diese Formel erweitert die Definition des Integrals

$$\int_a^c f \, \mathrm{d}g,$$

unabhängig davon, wie a und c aus X entnommen sind. (Dass es immer ein in X liegendes b mit $a < b$ und $c < b$ gibt, folgt aus der Dichtheit von X im offenen Intervall I.) Jedenfalls ziehen wir hieraus die beiden Folgerungen

$$\int_a^c f \, \mathrm{d}g = - \int_c^a f \, \mathrm{d}g \qquad \text{und} \qquad \int_a^a f \, \mathrm{d}g = 0.$$

5.1.5 Eine Reziprozitätsformel

Den folgenden wichtigen Satz kann man in seinem Kern auf eine Erkenntnis Niels Henrik Abels zurückführen:

Satz von Abel. Ist $f(x)$ *eine bezüglich* $g(x)$ *über* $[a; b]$ *integrierbare Funktion, dann ist auch* $g(x)$ *eine bezüglich* $f(x)$ *über* $[a; b]$ *integrierbare Funktion, und es gilt die folgende Abelsche Formel (oder Formel der partiellen Integration, oder Formel der Produktintegration):*

$$\int_a^b g\,\mathrm{d}f = f(b)g(b) - f(a)g(a) - \int_a^b f\,\mathrm{d}g\,.$$

Beweis. Entsprechend der Voraussetzung kann man zu jeder beliebigen positiven reellen Größe ε eine Zerlegung Z_0 von $[a; b]$ so finden, dass für jede mindestens so feine Zerlegung

$$Z = (\xi_0, \xi_1, \ldots, \xi_j)$$

und für jede zu Z gehörige Folge

$$Z^* = (\xi_1^*, \ldots, \xi_j^*)$$

von Zwischenpunkten $\xi_1^*, \ldots, \xi_j^*$ die Beziehung

$$\left| s(f, g; Z, Z^*) - \int_a^b f\,\mathrm{d}g \right| < \varepsilon$$

zutrifft. Nun folgert man aus

$$f(b)g(b) - f(a)g(a) = f(\xi_1)g(\xi_1) + \ldots + f(\xi_j)g(\xi_j)$$
$$- (f(\xi_0)g(\xi_0) + \ldots + f(\xi_{j-1})g(\xi_{j-1}))$$

und aus

$$s(g, f; Z, Z^*) = g(\xi_1^*)(f(\xi_1) - f(\xi_0)) + \ldots + g(\xi_j^*)(f(\xi_j) - f(\xi_{j-1}))$$

die Formel

$$f(b)g(b) - f(a)g(a) - s(g, f; Z, Z^*)$$
$$= f(\xi_1)(g(\xi_1) - g(\xi_1^*)) + \ldots + f(\xi_j)(g(\xi_j) - g(\xi_j^*))$$
$$+ f(\xi_0)(g(\xi_1^*) - g(\xi_0)) + \ldots + f(\xi_{j-1})(g(\xi_j^*) - g(\xi_{j-1}))\,.$$

Hierbei handelt es sich offenkundig um eine Riemann-Stieltjes-Summe mit der Funktion $f(x)$ als Integrand und der Funktion $g(x)$ als Integrator bezogen auf die Zerlegung

$$\overline{Z} = (\xi_0, \xi_1^*, \xi_1, \ldots, \xi_{j-1}, \xi_j^*, \xi_j)\,,$$

wobei

$$\overline{Z}^* = (\xi_0, \xi_1, \xi_1, \xi_2, \xi_2 \ldots, \xi_{j-1}, \xi_{j-1}, \xi_j)$$

die Folge der zugehörigen Zwischenpunkte bezeichnet. Da $\overline{Z}$ sicher mindestens so fein wie Z_0 ist, ergibt sich hieraus

$$\left| s(g,f;Z,Z^*) - (f(b)g(b) - f(a)g(a) - \int_a^b f\mathrm{d}g) \right|$$
$$= \left| \int_a^b f\mathrm{d}g - s(f,g;\overline{Z},\overline{Z}^*) \right| < \varepsilon.$$

Dies beweist bereits den Satz von Abel.   □

Wenn zum Beispiel die Funktion $f(x)$ bezüglich sich selber über $[a;b]$ integrierbar ist, folgt aus dem Satz von Abel die schöne Formel

$$\int_a^b f(x)\mathrm{d}f(x) = \frac{f(b)^2 - f(a)^2}{2}.$$

Ein anderes, noch einfacheres Beispiel betrifft den Fall, dass der Integrator eine Konstante ist, $g(x) = c$. Dann stimmt selbstverständlich für je zwei Größen u, v aus X die Differenz $g(u) - g(v) = c - c$ mit Null überein, folglich auch jede Riemann-Stieltjes-Summe $s(f,c;Z,Z^*)$. Darum ist jede Funktion $f(x)$ bezüglich einer Konstante c integrierbar, es gilt

$$\int_a^b f\mathrm{d}c = 0,$$

und der Satz von Abel belegt zugleich, dass eine Konstante c bezüglich jeder Funktion $f(x)$ integrierbar ist, wobei

$$\int_a^b c\mathrm{d}f = c(f(b) - f(a))$$

zutrifft.

Wir sprechen bei der Formel des Satzes von Abel von einer „Reziprozitätsformel", weil in ihr auf der einen Seite der Integrand und der Integrator jene Rolle einnehmen, die auf der anderen Seite der Integrator und der Integrand besitzen. Darum lassen sich die für einen Integranden festgestellten Eigenschaften ohne weiteres auf den Integrator übertragen. So zum Beispiel die Eigenschaften der Linearität (deren zweite wir ja bereits kennen):

Ist $f(x)$ eine bezüglich $g_1(x)$ und bezüglich $g_2(x)$ über $[a;b]$ integrierbare Funktion, ist $f(x)$ auch bezüglich deren Summe $g_1(x) + g_2(x)$ über $[a;b]$ integrierbar, und es gilt:

$$\int_a^b f\mathrm{d}(g_1 + g_2) = \int_a^b f\mathrm{d}g_1 + \int_a^b f\mathrm{d}g_2.$$

Ist $f(x)$ eine bezüglich $g(x)$ über $[a;b]$ integrierbare Funktion und bezeichnet c eine reelle Größe, ist $f(x)$ auch bezüglich $cg(x)$ über $[a;b]$ integrierbar, und es gilt:

$$\int_a^b f\mathrm{d}(cg) = c\int_a^b f\mathrm{d}g.$$

5.1.6 Summen als Integrale

Integrale mit Treppenfunktionen als Integratoren lassen sich sehr leicht berechnen:

Es bezeichne c eine in I liegende und von jedem Punkt aus X verschiedene reelle Größe. Dann ist jede an der Stelle c stetige Funktion $f(x)$ bezüglich des Integrators $H(x-c)$ integrierbar und für aus X entnommene reelle Größen a, b mit $a < b$ gilt:

$$\int_a^b f(x) dH(x-c) = f(c)H(c-a)H(b-c).$$

Beweis. Es ist klar, dass in den Fällen $a < b < c$ beziehungsweise $c < a < b$, bei denen $H(c-a)H(b-c) = 0$ ist,

$$\int_a^b f(x) dH(x-c) = 0$$

stimmt. So bleibt allein der Fall $a < c < b$ übrig, bei dem $H(c-a)H(b-c) = 1$ ist: Es bezeichne ε eine beliebig kleine positive reelle Größe. Wegen der Stetigkeit von f an der Stelle c existiert die reelle Größe $f(c)$, und man kann eine positive reelle Größe δ so festlegen, dass für jedes u aus X die Beziehung $|u-c| < \delta$ die Ungleichung $|f(u) - f(c)| < \varepsilon$ nach sich zieht. Die Zerlegung $Z_0 = (a, u, v, b)$ bestehe neben a und b aus zwei weiteren Punkten u, v aus X mit $a < u < c < v < b$ und $v - u < \delta$. Es bezeichnen

$$Z = (\xi_0, \xi_1, \ldots, \xi_j)$$

eine mindestens so feine Zerlegung wie Z_0 und

$$Z^* = (\xi_1^*, \ldots, \xi_j^*)$$

eine zu Z gehörige Folge von Zwischenpunkten $\xi_1^*, \ldots, \xi_j^*$. Mit k bezeichnen wir jene natürliche Zahl, für die $\xi_{k-1} < c < \xi_k$ zutrifft. Sicher gilt dann $u \le \xi_{k-1}$ sowie $\xi_k \le v$, und deshalb ist $|\xi_k^* - c| < \delta$ gesichert. Weil die Riemann-Stieltjes-Summe $s(f(x), H(x-c); Z, Z^*) = f(\xi_k^*)$ lautet und weil $|f(\xi_k^*) - f(c)| < \varepsilon$ stimmt, ist im Fall $a < c < b$

$$\int_a^b f(x) dH(x-c) = f(c)$$

bewiesen. □

Aus dem obigen Satz lässt sich unmittelbar der folgende Schluss ziehen:

Es bezeichnen $c_1, c_2, \ldots, c_m$ in I liegende und von jedem Punkt aus X verschiedene reelle Größen mit $c_1 < c_2 < \ldots < c_m$. Es bezeichnen ferner $y_1, y_2, \ldots, y_m$ die Koeffizienten der Treppenfunktion

$$g(x) = y_1 H(x-c_1) + y_2 H(x-c_2) + \ldots + y_m H(x-c_m)$$

Dann ist jede an den Stellen c_1, c_2, ..., c_m stetige Funktion $f(x)$ bezüglich des Integrators $g(x)$ integrierbar. Bezeichnen a, b zwei aus X entnommene reelle Größen mit $a < c_1$ und $c_m < b$, errechnet sich das entsprechende Integral als

$$\int_a^b f(x)\mathrm{d}g(x) = f(c_1)y_1 + f(c_2)y_2 + \ldots + f(c_m)y_m \,.$$

Dass Summen als spezielle Riemann-Stieltjes-Integrale verstanden werden können, bringt die auf Leonhard Euler zurückgehende Symbolik

$$\sum_{n=1}^m f(c_n)y_n = f(c_1)y_1 + f(c_2)y_2 + \ldots + f(c_m)y_m$$

für den Wert dieses Integrals prägnant zum Ausdruck.

5.2   Monotone Integratoren

5.2.1   Positivität und Beschränktheit des Integrals

Wir wollen in diesem Abschnitt davon ausgehen, es handle sich bei allen betrachteten Integratoren $g(x)$ um *monoton wachsende* Funktionen. Für beliebige u und v aus X soll also aus $u < v$ die Beziehung $g(u) \leq g(v)$ folgen. Unter dieser Generalvoraussetzung kann man weitere Eigenschaften des Integrals beweisen:

Positivität des Integrals. Sind $f_1(x)$ und $f_2(x)$ zwei bezüglich des monoton wachsenden $g(x)$ über $[a;b]$ integrierbare Funktionen, für die $f_1(x) \leq f_2(x)$ zutrifft, dann gilt:

$$\int_a^b f_1 \mathrm{d}g \leq \int_a^b f_2 \mathrm{d}g \,.$$

Beweis. Liegt eine Zerlegung $Z = (\xi_0, \xi_1, \ldots, \xi_j)$ des kompakten Intervalls $[a;b]$ mit $Z^* = (\xi_1^*, \ldots, \xi_j^*)$ als zugehöriger Folge von Zwischenpunkten vor, stimmen aufgrund der vorausgesetzten Monotonie des Integrators die Formeln $g(\xi_1) - g(\xi_0) \geq 0, \ldots, g(\xi_j) - g(\xi_{j-1}) \geq 0$ und somit die Formel

$$\begin{aligned}
s(f_1, g; Z, Z^*) &= f_1(\xi_1^*)(g(\xi_1) - g(\xi_0)) + \ldots + f_1(\xi_j^*)(g(\xi_j) - g(\xi_{j-1})) \\
&\leq f_2(\xi_1^*)(g(\xi_1) - g(\xi_0)) + \ldots + f_2(\xi_j^*)(g(\xi_j) - g(\xi_{j-1})) \\
&= s(f_2, g; Z, Z^*) \,.
\end{aligned}$$

Das Permanenzprinzip bestätigt somit die Positivität des Integrals.   □

Beschränktheit des Integrals. *Ist $f(x)$ eine bezüglich des monoton wachsenden $g(x)$ über $[a;b]$ integrierbare Funktion und bezeichnen λ, μ zwei reelle Größen, für die $\lambda \leq f(x) \leq \mu$ zutrifft, dann gilt:*

$$\lambda(g(b) - g(a)) \leq \int_a^b f \mathrm{d}g \leq \mu(g(b) - g(a)).$$

Beweis. Dies folgt einerseits aus den beiden Formeln

$$\int_a^b \lambda \mathrm{d}g = \lambda(g(b) - g(a)), \quad \int_a^b \mu \mathrm{d}g = \mu(g(b) - g(a))$$

und andererseits aus der Positivität des Integrals. $\qquad\qquad\Box$

Abschätzung des Integrals. *Ist $f(x)$ eine bezüglich des monoton wachsenden $g(x)$ integrierbare Funktion, trifft für die reelle Größe μ die Formel $|f(x)| \leq \mu$ zu und sind a, b zwei aus X entnommene reelle Größen, dann gilt:*

$$\left| \int_a^b f \mathrm{d}g \right| \leq \mu |g(b) - g(a)|.$$

Beweis. Dies ist bei $a < b$ sicher deshalb der Fall, weil $-\mu \leq f(x) \leq \mu$ und auch $-\mu \leq -f(x) \leq \mu$ zutrifft. Man kann bei $a < b$ sogar auf

$$\left| \int_a^b f \mathrm{d}g \right| \leq \mu(g(b) - g(a))$$

schließen. Den Fall $a = b$ kann man ohnehin außer Acht lassen, und bei $a > b$ zeigt sich, dass wegen

$$\left| \int_a^b f \mathrm{d}g \right| = \left| \int_b^a f \mathrm{d}g \right| \leq \mu(g(a) - g(b)) = \mu |g(b) - g(a)|$$

die Behauptung ebenfalls richtig ist. $\qquad\qquad\Box$

5.2.2 Stetigkeit des Integrals an den Grenzen

Es sei $f(x)$ eine beschränkte und bezüglich des monoton wachsenden $g(x)$ integrierbare Funktion. Es bezeichnen ferner c eine reelle Größe aus X und ξ eine reelle Größe aus I, an der $g(x)$ stetig ist. Dann stellt die für jede aus X entnommene reelle Größe u durch

$$F(u) = \int_c^u f \mathrm{d}g$$

definierte Zuordnung $F(x)$ eine an der Stelle ξ stetige Funktion dar.

Beweis. Es bezeichnen ε eine beliebige positive reelle Größe und μ eine positive reelle Größe, für die $|f(x)| \le \mu$ zutrifft. Der Stetigkeit von $g(x)$ an der Stelle ξ zufolge existiert eine positive reelle Größe δ mit folgender Eigenschaft: Bezeichnen u und v zwei aus X entnommene reelle Größen, bewirken die Ungleichungen

$$|u - \xi| < \delta \quad \text{und} \quad |v - \xi| < \delta,$$

dass

$$|g(v) - g(u)| < \frac{\varepsilon}{\mu}$$

gilt. Demzufolge ist

$$|F(v) - F(u)| = |\int_c^v f\mathrm{d}g - \int_c^u f\mathrm{d}g| = |\int_u^v f\mathrm{d}g| \le \mu|g(v) - g(u)| < \varepsilon$$

und somit die behauptete Stetigkeit von F an der Stelle ξ bewiesen.   □

Wenn der monoton wachsende Integrator $g(x)$ auf dem Intervall I stetig ist und man die Bezeichnungen Y und Z für I einführt, also $I = Y = Z$ gilt, sodass y und z als Variablen I durchlaufen, erhält man für jede bezüglich $g(x)$ integrierbare und beschränkte Funktion $f(x)$ gemäß

$$\int_y^z f\mathrm{d}g = \int_c^z f\mathrm{d}g - \int_c^y f\mathrm{d}g$$

eine in den beiden Variablen y und z stetige Funktion. Insbesondere kann man für jedes Paar reeller Größen η, ζ, die aus I entnommen sind, das Integral

$$\int_\eta^\zeta f\mathrm{d}g$$

mit diesen Größen als Grenzen ermitteln.

5.2.3 Integrierbarkeit stetiger Funktionen

Es sei $f(x)$ eine stetige Funktion. Dann ist $f(x)$ bezüglich jedes monoton wachsenden Integrators $g(x)$ integrierbar.

Beweis. Wir betrachten zwei reelle Größen a, b aus X mit $a < b$. Die Funktion $f(x)$ ist über dem kompakten Intervall $[a; b]$ gleichmäßig stetig. Demnach kann man zu jeder Zahl p eine positive reelle Größe δ_p mit der folgenden Eigenschaft finden: Sind ξ' und ξ'' beliebige aus $X \cap [a; b]$ entnommene reelle Größen, zieht die Ungleichung $|\xi' - \xi''| < \delta_p$

$$|f(\xi') - f(\xi'')| < \frac{10^{-p}}{g(b) - g(a) + 1}$$

nach sich.

Wir betrachten nun eine Zerlegung $Z_p = (\xi_0^{(p)}, \xi_1^{(p)}, \ldots, \xi_h^{(p)})$ des Intervalls $[a; b]$ mit der Eigenschaft, dass für jede Zahl n mit $n \le h$ die Beziehung $\xi_n^{(p)} - \xi_{n-1}^{(p)} < \delta_p$ zutrifft. Für jede dieser Zahlen n definieren wir

$$\rho_n^{(p)} = \inf f\left(\left[\xi_{n-1}^{(p)}; \xi_n^{(p)}\right]\right) \quad \text{und} \quad \sigma_n^{(p)} = \sup f\left(\left[\xi_{n-1}^{(p)}; \xi_n^{(p)}\right]\right).$$

Ohne Beschränkung der Allgemeinheit können wir davon ausgehen, dass für jede Zahl p die Zerlegung Z_{p+1} mindestens so fein wie die Zerlegung Z_p ist. Bezeichnen nun Z und $\widetilde{Z}$ zwei beliebige Zerlegungen, die beide mindestens so fein wie Z_p sind und stellen dementsprechend Z^* und $\widetilde{Z}^*$ zwei zugehörige Folgen von Zwischenpunkten dar, gewinnen wir aus der Beziehung

$$\rho_1^{(p)}\left(g(\xi_1^{(p)}) - g(\xi_0^{(p)})\right) + \ldots + \rho_h^{(p)}\left(g(\xi_h^{(p)}) - g(\xi_{h-1}^{(p)})\right)$$
$$\le \min\left(s(f,g;Z,Z^*), s(f,g;\widetilde{Z},\widetilde{Z}^*)\right)$$
$$\le \max\left(s(f,g;Z,Z^*), s(f,g;\widetilde{Z},\widetilde{Z}^*)\right)$$
$$\le \sigma_1^{(p)}\left(g(\xi_1^{(p)}) - g(\xi_0^{(p)})\right) + \ldots + \sigma_h^{(p)}\left(g(\xi_h^{(p)}) - g(\xi_{h-1}^{(p)})\right)$$

die Abschätzung

$$\left| s(f,g;Z,Z^*) - s(f,g;\widetilde{Z},\widetilde{Z}^*)\right|$$
$$\le \left(\sigma_1^{(p)} - \rho_1^{(p)}\right)\left(g(\xi_1^{(p)}) - g(\xi_0^{(p)})\right) + \ldots + \left(\sigma_h^{(p)} - \rho_h^{(p)}\right)\left(g(\xi_h^{(p)}) - g(\xi_{h-1}^{(p)})\right)$$
$$\le \frac{10^{-p}}{g(b) - g(a) + 1}(g(b) - g(a)) < 10^{-p}.$$

Somit erkennt man einerseits, dass für jede der Zerlegung Z_p zugehörige Folge Z_p^* von Zwischenpunkten die aus den Riemann-Stieltjes-Summen bestehende Folge

$$S = \left(s(f,g;Z_1,Z_1^*), s(f,g;Z_2,Z_2^*), \ldots, s(f,g;Z_p,Z_p^*)\ldots\right)$$

einen Grenzwert

$$\lim S = \int_a^b f\,\mathrm{d}g$$

besitzt. Wählt man andererseits bei einer beliebig vorgelegten positiven reellen Größe ε die Zahl p so groß, dass $10^{-p} < \varepsilon$ stimmt, ist für jede Zerlegung Z, die mindestens so fein wie Z_p ist, und für jede zugehörige Folge Z^* von Zwischenpunkten

$$\left| s(f,g;Z,Z^*) - \int_a^b f\,\mathrm{d}g\right| \le \frac{10^{-p}}{g(b) - g(a) + 1}(g(b) - g(a)) < \varepsilon$$

gesichert. $\square$

Der Satz von Abel erlaubt, aus diesem Satz auf die Integrierbarkeit monotoner Funktionen zu schließen:

Es sei $f(x)$ eine monotone Funktion. Dann ist $f(x)$ bezüglich jedes monoton wachsenden und stetigen Integrators $g(x)$ integrierbar.

Beweis. Bei monoton wachsenden Funktionen $f(x)$ ergibt sich dies direkt aus der obigen Aussage und dem Satz von Abel. Bei monoton fallenden Funktionen $f(x)$ erhält man dies, weil $-f(x)$ monoton wachsend ist und das Integral die Eigenschaft der Linearität besitzt.   □

5.3   Spezielle Integrale

5.3.1   Integration von Potenzen

In diesem Kapitel werden Integrale berechnet, bei denen stets die identische Funktion $g(x) = x$ der Integrator ist. Es sind dies jene Integrale, die Bernhard Riemann vor Thomas Jean Stieltjes untersucht hatte; deshalb spricht man bei ihnen nicht von Riemann-Stieltjes-Summen, sondern bloß von Riemann-Summen.

Es seien a, b zwei reelle Größen mit $0 \le a < b$. Die Integrale

$$\int_a^b dx = b - a \,, \qquad \int_a^b x dx = \frac{b^2 - a^2}{2}$$

sind uns bereits bekannt. Bei positiven b und c ersehen wir aus

$$\int_0^b c dx = bc \qquad \text{und} \qquad \int_0^b \frac{cx}{b} dx = \frac{bc}{2} \,,$$

dass das erste der beiden genannten Integrale den Flächeninhalt des von den Geraden $x = 0$, $x = b$, $y = 0$ und $y = c$ begrenzten Rechtecks mitteilt, und dass das zweite der beiden genannten Integrale den Flächeninhalt des von den Geraden $x = b$, $y = 0$ und $y = cx/b$ begrenzten Dreiecks (mit $x = 0$, $y = 0$ als linker Ecke) mitteilt. Allgemein darf man aufgrund der Linearität und der Additivität des Integrals bei einer bezüglich x integrierbaren Funktion $f(x)$ mit $f(x) \ge 0$ das Integral

$$\int_a^b f(x) dx$$

daher als Flächeninhalt jenes ebenen Bereichs deuten, der von den Geraden $x = a$, $x = b$, $y = 0$ und dem Schaubild $y = f(x)$ der Funktion begrenzt wird (Abb. 5.1).

Nun wollen wir als allgemeineres Beispiel für eine beliebige Zahl n das Integral

$$\int_a^b x^n dx$$

ermitteln. Zu diesem Zweck beachten wir, dass im Falle $0 \le u < v$ aus

$$(n + 1)u^n \le u^n + u^{n-1}v + \ldots + uv^{n-1} + v^n \le (n + 1)v^n$$

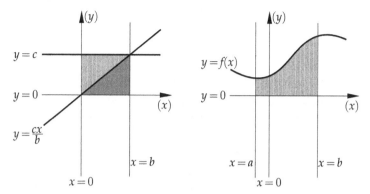

Abbildung 5.1. *Das Integral (mit der identischen Funktion als Integrator) als Flächeninhalt*

und der Formel für die geometrische Summe

$$(n + 1)u^n \leq \frac{v^{n+1} - u^{n+1}}{v - u} \leq (n + 1)v^n$$

und somit

$$u \leq \sqrt[n]{\frac{v^{n+1} - u^{n+1}}{(n + 1)(v - u)}} \leq v$$

folgt. Bezeichnen $f(x) = x^n$ die n-te Potenzfunktion und $g(x) = x$ die identische Funktion und ist mit $Z = (\xi_0, \xi_1, \ldots, \xi_j)$ eine Zerlegung von $[a; b]$ gegeben, wählen wir als Zwischenpunkte der Intervalle $[\xi_{k-1}; \xi_k]$ die reellen Größen

$$\xi_k^* = \sqrt[n]{\frac{\xi_k^{n+1} - \xi_{k-1}^{n+1}}{(n + 1)(\xi_k - \xi_{k-1})}},$$

die ja aufgrund der obigen Rechnung in der Tat in den jeweiligen Intervallen $[\xi_{k-1}; \xi_k]$ zu liegen kommen. Die Riemann-Summe errechnet sich demzufolge als

$$\begin{aligned}
s(f, g; Z, Z^*) &= f(\xi_1^*)(g(\xi_1) - g(\xi_0)) + \ldots + f(\xi_j^*)(g(\xi_j) - g(\xi_{j-1})) \\
&= \frac{\xi_1^{n+1} - \xi_0^{n+1}}{(n + 1)(\xi_1 - \xi_0)}(\xi_1 - \xi_0) + \ldots + \frac{\xi_j^{n+1} - \xi_{j-1}^{n+1}}{(n + 1)(\xi_j - \xi_{j-1})}(\xi_j - \xi_{j-1}) \\
&= \frac{1}{n + 1}(\xi_1^{n+1} - \xi_0^{n+1} + \ldots + \xi_j^{n+1} - \xi_{j-1}^{n+1}) = \frac{1}{n + 1}(\xi_j^{n+1} - \xi_0^{n+1}) \\
&= \frac{b^{n+1} - a^{n+1}}{n + 1}.
\end{aligned}$$

Weil dieser Wert, unabhängig davon, wie fein man die Zerlegung Z gewählt hat, immer der gleiche bleibt und weil wir wissen, dass $f(x) = x^n$ bezüglich $g(x) = x$ integrierbar ist, muss dieser Wert mit dem gesuchten Integral übereinstimmen. Wir haben daher

$$\int_a^b x^n \mathrm{d}x = \frac{b^{n+1} - a^{n+1}}{n + 1}$$

ermittelt.

Es ist ferner klar, dass die gleiche Überlegung auch im Falle $a < b \le 0$ mit dem gleichen Ergebnis vollzogen werden kann. Die Additivität des Integrals belegt schließlich, dass die hier erhaltene Formel auch dann stimmt, wenn a, b beliebige reelle Größen bezeichnen.

Im nächsten Beispiel wollen wir unter der Voraussetzung $0 < a < b$ für jede Zahl n das Integral

$$\int_a^b \frac{\mathrm{d}x}{x^{n+1}} = \int_a^b \frac{1}{x^{n+1}} \mathrm{d}x$$

ermitteln. Zu diesem Zweck beachten wir, dass im Falle $0 < u < v$ aus

$$nu^{n-1} \le u^{n-1} + u^{n-2}v + \dots + uv^{n-2} + v^{n-1} \le nv^{n-1}$$

einerseits

$$\frac{nu^n v^n}{u^{n-1} + u^{n-2}v + \dots + uv^{n-2} + v^{n-1}} \le \frac{nu^n v^n}{nu^{n-1}} = uv^n \le v^{n+1}$$

andererseits

$$\frac{nu^n v^n}{u^{n-1} + u^{n-2}v + \dots + uv^{n-2} + v^{n-1}} \ge \frac{nu^n v^n}{nv^{n-1}} = u^n v \ge u^{n+1}$$

folgt. Berücksichtigt man aufgrund der Formel für die geometrische Summe

$$\frac{nu^n v^n}{u^{n-1} + u^{n-2}v + \dots + uv^{n-2} + v^{n-1}} = \frac{nu^n v^n (v - u)}{v^n - u^n},$$

ersieht man hieraus

$$u \le \sqrt[n+1]{\frac{nu^n v^n (v - u)}{v^n - u^n}} \le v.$$

Bezeichnen $f(x) = x^{-n-1}$ den Kehrwert der $(n + 1)$-ten Potenzfunktion und $g(x) = x$ die identische Funktion und ist mit $Z = (\xi_0, \xi_1, \dots, \xi_j)$ eine Zerlegung von $[a; b]$ gegeben, wählen wir als Zwischenpunkte der Intervalle $[\xi_{k-1}; \xi_k]$ die reellen Größen

$$\xi_k^* = \sqrt[n+1]{\frac{n\xi_{k-1}^n \xi_k^n (\xi_k - \xi_{k-1})}{\xi_k^n - \xi_{k-1}^n}},$$

die ja aufgrund der obigen Rechnung in der Tat in den jeweiligen Intervallen $[\xi_{k-1}; \xi_k]$ zu liegen kommen. Die Riemann-Summe errechnet sich demzufolge als

$$s(f, g; Z, Z^*) = f(\xi_1^*)(g(\xi_1) - g(\xi_0)) + \dots + f(\xi_j^*)(g(\xi_j) - g(\xi_{j-1}))$$

$$= \frac{\xi_1^n - \xi_0^n}{n\xi_0^n \xi_1^n (\xi_1 - \xi_0)}(\xi_1 - \xi_0) + \dots + \frac{\xi_j^n - \xi_{j-1}^n}{n\xi_j^n \xi_{j-1}^n (\xi_1 - \xi_0)}(\xi_j - \xi_{j-1})$$

$$= \frac{1}{n}\left(\frac{1}{\xi_0^n} - \frac{1}{\xi_1^n} + \dots + \frac{1}{\xi_{j-1}^n} - \frac{1}{\xi_j^n}\right) = \frac{1}{n}\left(\frac{1}{\xi_0^n} - \frac{1}{\xi_j^n}\right) = \frac{1}{n}\left(\frac{1}{a^n} - \frac{1}{b^n}\right).$$

Weil dieser Wert, unabhängig davon, wie fein man die Zerlegung Z gewählt hat, immer der gleiche bleibt und weil wir wissen, dass $f(x) = x^{-n-1}$ bezüglich $g(x) = x$ integrierbar ist, muss dieser Wert mit dem gesuchten Integral übereinstimmen. Wir haben daher für Intervalle $[a; b]$ die in $\mathbb{R}^+$ liegen,

$$\int_a^b \frac{dx}{x^{n+1}} = \frac{1}{n}\left(\frac{1}{a^n} - \frac{1}{b^n}\right)$$

ermittelt.

Weil

$$\frac{1}{n}\left(\frac{1}{a^n} - \frac{1}{b^n}\right) = \frac{b^{-(n+1)+1} - a^{-(n+1)+1}}{-(n+1)+1}$$

gilt, ist somit für beliebige Intervalle $[a; b]$, die in $\mathbb{R}^+$ liegen, und für jede ganze Zahl p, der Fall $p = -1$ ausgenommen, die Formel

$$\int_a^b x^p dx = \frac{b^{p+1} - a^{p+1}}{p+1}$$

des Integrals der p-ten Potenz x^p bezüglich der identischen Funktion x als Integrator bewiesen.

5.3.2 Logarithmus und Exponentialfunktion

Thema dieses Abschnittes bildet das Integral

$$\int_a^b x^{-1} dx = \int_a^b \frac{1}{x} dx = \int_a^b \frac{dx}{x},$$

worin $[a; b]$ ein in $\mathbb{R}^+$ liegendes Intervall bezeichnet. Es ist dies das Integral jener Potenz, von der im vorigen Abschnitt ausdrücklich abgesehen wurde. Dennoch muss dieses Integral als reelle Größe existieren. Zwar stammt das Wort von John Napier, aber die hier vorliegende Definition des *Logarithmus* der positiven reellen Größe u als Integral

$$\log u = \int_1^u \frac{dx}{x}$$

verdanken wir dem zur gleichen Zeit lebenden Jesuiten Gregorius a Sancto Vincentio.

Wir gehen zunächst von $u > 1$ aus. Es bezeichne $Z = (\xi_0, \xi_1, \ldots, \xi_j)$ eine Zerlegung des Intervalls $[1; u]$ und es bezeichne $Z^* = (\xi_1^*, \ldots, \xi_j^*)$ eine zugehörige Folge von Zwischenpunkten. Die zugehörige Riemann-Summe von $\log u$ lautet:

$$\frac{1}{\xi_1^*}(\xi_1 - \xi_0) + \ldots + \frac{1}{\xi_j^*}(\xi_j - \xi_{j-1}).$$

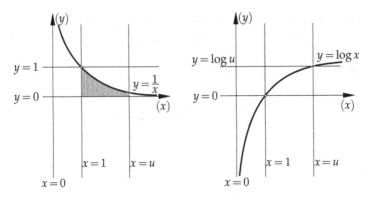

Abbildung 5.2. *Schaubild des Logarithmus als Integral von* $1/x$

Für jede positive reelle Größe v erhält man den gleichen Wert, wenn man

$$\frac{1}{v\xi_1^*}(v\xi_1 - v\xi_0) + \ldots + \frac{1}{v\xi_j^*}(v\xi_j - v\xi_{j-1})$$

berechnet. Diese Summe bezieht sich auf die Zerlegung $\tilde{Z} = (v\xi_0, v\xi_1, \ldots, v\xi_j)$ des Intervalls $[v, uv]$ mit $\tilde{Z}^* = (v\xi_1^*, \ldots, v\xi_j^*)$ als zugehöriger Folge von Zwischenpunkten. Es handelt sich bei dieser Summe offenkundig um die entsprechende Riemann-Summe von

$$\int_v^{uv} \frac{\mathrm{d}x}{x} = \int_1^{uv} \frac{\mathrm{d}x}{x} - \int_1^v \frac{\mathrm{d}x}{x} = \log(uv) - \log v \, .$$

Auf diese Weise hat Gregorius a Sancto Vincentio die Formel

$$\log(uv) = \log u + \log v$$

hergeleitet. Es ist klar, dass sie mit der gleichen Argumentation auch dann gilt, wenn es sich bei u um eine reelle Größe handelt, für die $0 < u < 1$ gilt.

Ferner folgen hieraus die beiden Formeln

$$\log(\frac{u}{v}) = \log u - \log v \qquad \text{und} \qquad \log(u^p) = p \log u \, ,$$

wobei in der zweiten p eine beliebige ganze Zahl bezeichnet. Weil der Integrand $1/x$ des Logarithmus stets positive Werte annimmt, stellt der auf $\mathbb{R}^+$ definierte Logarithmus eine streng monoton wachsende Funktion dar. Weil insbesondere $\log 2 > 0$ ist, erkennt man sofort, dass es zu jeder positiven reellen Größe ω, wie groß sie auch sei, eine positive reelle Größe u mit $\log u > \omega$ geben muss. Man braucht nämlich nur $u = 2^n$ zu setzen, wobei n eine Zahl mit $n > \omega/\log 2$ bezeichnet. Setzt man $v = 1/u$, ergibt sich für diese positive reelle Größe v unmittelbar $\log v < -\omega$. Wir fassen zusammen:

Bezeichnet $[a; b]$ ein in $\mathbb{R}^+$ liegendes Intervall, gilt

$$\int_a^b \frac{\mathrm{d}x}{x} = \log\left(\frac{b}{a}\right),$$

wobei log *den Logarithmus darstellt, der als stetige und streng monoton wachsende Funktion das positive Kontinuum $\mathbb{R}^+$ auf das Kontinuum $\mathbb{R}$ abbildet.*

Dem Zwischenwertsatz zufolge gibt es eine Umkehrfunktion des Logarithmus, die *Exponentialfunktion* exp, die das Kontinuum $\mathbb{R}$ auf das positive Kontinuum $\mathbb{R}^+$ abbildet und für die $y = \exp(x)$ mit $x = \log y$ gleichbedeutend ist. Offenkundig zieht bei $s = \log u$ und bei $t = \log v$ die Formel $\log(uv) = \log u + \log v$ die Formel

$$\exp(s + t) = \exp(s)\exp(t)$$

nach sich. Definiert man $\exp(1) = $ e als *Basis des Logarithmus*, ergibt sich hieraus zunächst für jede Zahl n

$$\exp(n) = \mathrm{e}^n,$$

sodann wegen $\exp(n)\exp(-n) = \exp(0) = 1$ für jede ganze Zahl p

$$\exp(p) = \mathrm{e}^p$$

und schließlich wegen $(\exp(p/n))^n = \exp(n(p/n)) = \exp(p) = \mathrm{e}^p$ für jede rationale Zahl a

$$\exp(a) = \mathrm{e}^a.$$

Demnach ist die Exponentialfunktion als $\exp(x) = \mathrm{e}^x$ gegeben, und es kann für beliebige positive reelle Größen a und für beliebige reelle Größen b die allgemeine Potenz a^b mit Hilfe der Formel

$$a^b = \mathrm{e}^{b\log a} = \exp(b\log a)$$

definiert werden.

5.3.3 Arcustangens und Tangens

Thema dieses Abschnittes bildet das Integral

$$\int_a^b \frac{1}{1 + x^2}\mathrm{d}x = \int_a^b \frac{\mathrm{d}x}{1 + x^2},$$

worin $[a; b]$ ein in $\mathbb{R}$ liegendes Intervall bezeichnet. Es handelt sich hierbei um ein Integral, das zwar etwas aufwendiger, aber doch in ähnlicher Weise wie das Integral des vorigen Abschnitts einer Analyse unterworfen werden kann.

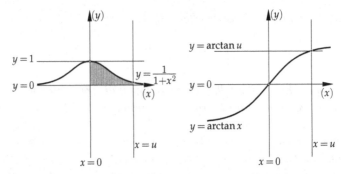

Abbildung 5.3. *Schaubild des Logarithmus als Integral von* $1/(1 + x^2)$

Wie beim Integral des vorigen Abschnitts muss auch dieses Integral als reelle Größe existieren. Man nennt bei der speziellen unteren Grenze $a = 0$ und bei der mit $b = u$ bezeichneten oberen Grenze das Integral

$$\arctan u = \int_0^u \frac{dx}{1 + x^2}$$

den *Arcustangens* von u. Wir gehen der Einfachheit halber von $u > 1$ aus. Es bezeichne $Z = (\xi_0, \xi_1, \ldots, \xi_j)$ eine Zerlegung von $[1; u]$ und $Z^* = (\xi_1^*, \ldots, \xi_j^*)$ jene zugehörige Folge von Zwischenpunkten, bei denen für jede Zahl k mit $k \le j$ der jeweilige Zwischenpunkt als

$$\xi_k^* = \sqrt{\xi_{k-1}\xi_k}$$

gegeben ist. Weil $\xi_{k-1}^2 \le \xi_{k-1}\xi_k \le \xi_k^2$ und daher $\xi_{k-1} \le \sqrt{\xi_{k-1}\xi_k} \le \xi_k$ zutrifft, handelt es sich bei ξ_k^* tatsächlich um einen in $[\xi_{k-1}; \xi_k]$ liegenden Punkt. Die zugehörige Riemann-Summe von

$$\arctan u - \arctan 1 = \int_1^u \frac{dx}{1 + x^2}$$

lautet:

$$\frac{1}{1 + \xi_0\xi_1}(\xi_1 - \xi_0) + \ldots + \frac{1}{1 + \xi_{j-1}\xi_j}(\xi_j - \xi_{j-1}).$$

Ersetzt man alle in dieser Summe vorkommenden ξ_k durch deren Kehrwert $1/\xi_k$, bekommt man

$$\frac{1}{1 + \dfrac{1}{\xi_0\xi_1}}\left(\frac{1}{\xi_1} - \frac{1}{\xi_0}\right) + \ldots + \frac{1}{1 + \dfrac{1}{\xi_{j-1}\xi_j}}\left(\frac{1}{\xi_j} - \frac{1}{\xi_{j-1}}\right)$$

$$= \frac{\xi_0\xi_1}{\xi_0\xi_1 + 1}\left(\frac{\xi_0 - \xi_1}{\xi_0\xi_1}\right) + \ldots + \frac{\xi_{j-1}\xi_j}{\xi_{j-1}\xi_j + 1}\left(\frac{\xi_{j-1} - \xi_j}{\xi_{j-1}\xi_j}\right)$$

$$= \frac{1}{\xi_0\xi_1 + 1}(\xi_0 - \xi_1) + \ldots + \frac{1}{\xi_{j-1}\xi_j + 1}(\xi_{j-1} - \xi_j).$$

Man erhält somit den *entgegengesetzten* Wert der obigen Riemann-Summe. Die eben umgeformte Summe bezieht sich, wenn man auf die erste der drei Formelzeilen blickt, auf die Zerlegung $\tilde{Z} = (1/\xi_j, 1/\xi_{j-1}, \ldots, 1/\xi_0)$ des Intervalls $[1/u, 1]$ mit $\tilde{Z}^* = (1/\xi_j^*, \ldots, 1/\xi_1^*)$ als zugehöriger Folge von Zwischenpunkten. Es handelt sich bei ihr offenkundig um den *entgegengesetzten* Wert der entsprechenden Riemann-Summe von

$$\int_{1/u}^1 \frac{dx}{1 + x^2} = \arctan 1 - \arctan \frac{1}{u}.$$

Auf diese Weise ist die Gleichheit $\arctan u - \arctan 1 = \arctan 1 - \arctan(1/u)$ und somit die Formel

$$\arctan u + \arctan \frac{1}{u} = 2 \arctan 1$$

hergeleitet. Es ist klar, dass sie auch dann gilt, wenn es sich bei u um eine reelle Größe handelt, für die $0 < u < 1$ gilt, denn man braucht nur die Rollen von u und $1/u$ zu vertauschen.

Zu beachten ist jedoch, dass die Voraussetzung eines positiven u bei der genannten Formel wichtig ist. Denn wenn $Z = (\xi_0, \xi_1, \ldots, \xi_j)$ eine Zerlegung von $[0; u]$ und $Z^* = (\xi_1^*, \ldots, \xi_j^*)$ eine zugehörige Folge von Zwischenpunkten benennt, lautet die Riemann-Summe von

$$\arctan u = \int_0^u \frac{1}{1 + x^2} dx$$

bezogen darauf:

$$\frac{1}{1 + (\xi_1^*)^2}(\xi_1 - \xi_0) + \ldots + \frac{1}{1 + (\xi_j^*)^2}(\xi_j - \xi_{j-1}).$$

Mit $\tilde{Z} = (-\xi_j, -\xi_{j-1}, \ldots, -\xi_0)$ erhält man die entsprechende Zerlegung von $[-u; 0]$ und $\tilde{Z}^* = (-\xi_j^*, \ldots, -\xi_1^*)$ ist die dementsprechend zugehörige Folge von Zwischenpunkten. Die so gewonnene Riemann-Summe lautet

$$\frac{1}{1 + (-\xi_j^*)^2}((-\xi_{j-1}) - (-\xi_j)) + \ldots + \frac{1}{1 + (-\xi_1^*)^2}((-\xi_0) - (-\xi_1))$$

$$= \frac{1}{1 + (\xi_1^*)^2}(\xi_1 - \xi_0) + \ldots + \frac{1}{1 + (\xi_j^*)^2}(\xi_j - \xi_{j-1}).$$

Dies ist die gleiche Riemann-Summe wie oben, weshalb

$$\int_{-u}^0 \frac{1}{1 + x^2} dx = \int_0^u \frac{1}{1 + x^2} dx$$

und folglich

$$\arctan(-u) = \int_0^{-u} \frac{1}{1 + x^2} dx = -\int_0^u \frac{1}{1 + x^2} dx = -\arctan u$$

zutrifft.

Die reelle Größe

$$4 \arctan 1 = 4 \int_0^1 \frac{1}{1 + x^2} \mathrm{d}x$$

wird π genannt. Demnach ergibt sich als Verallgemeinerung der oben gefundenen Formel:

$$\arctan u + \arctan \frac{1}{u} = \begin{cases} \pi/2 & \text{im Falle } u > 0, \\ -\pi/2 & \text{im Falle } u < 0. \end{cases}$$

Weil der Integrand $1/(1 + x^2)$ des Arcustangens stets positive Werte annimmt, ist es klar, dass es sich beim Arcustangens um eine streng monoton wachsende Funktion handelt. Weil man für jede positive reelle Größe ε wegen der Stetigkeit des Arcustangens und der Tatsache, dass $\arctan 0 = 0$ gilt, eine positive reelle Größe u so finden kann, dass $\arctan u < \varepsilon$ zutrifft, gilt demnach $\arctan(1/u) > (\pi/2) - \varepsilon$. Dies zeigt, dass der Arcustangens jede reelle Größe des offenen Intervalls $]-\pi/2; \pi/2[$ als Funktionswert besitzt. Wir fassen zusammen:

Bezeichnet $[a; b]$ ein in $\mathbb{R}$ liegendes Intervall, gilt

$$\int_a^b \frac{\mathrm{d}x}{1 + x^2} = \arctan b - \arctan a,$$

wobei arctan *den Arcustangens darstellt, der als stetige und streng monoton wachsende Funktion das Kontinuum $\mathbb{R}$ auf das offene Intervall $]-\pi/2; \pi/2[$ abbildet.*

Dem Zwischenwertsatz zufolge gibt es eine Umkehrfunktion des Arcustangens, den *Tangens* tan, der das offene Intervall $]-\pi/2; \pi/2[$ auf das Kontinuum $\mathbb{R}$ abbildet und für den $y = \tan x$ mit $x = \arctan y$ gleichbedeutend ist. Setzt man $t = \tan(\varphi/2)$, werden der *Sinus* $\sin \varphi$ und der *Cosinus* $\cos \varphi$, einem Vorschlag von Weierstrass gehorchend, so definiert:

$$\sin \varphi = \frac{2t}{1 + t^2}, \quad \cos \varphi = \frac{1 - t^2}{1 + t^2} \quad \text{bei } t = \tan \frac{\varphi}{2}.$$

Zunächst sind auf diese Weise Sinus und Cosinus nur über $]-\pi; \pi[$ definiert, aber die Beziehungen

$$\lim_{\varphi \to -\pi} \sin \varphi = \lim_{\varphi \to \pi} \sin \varphi = 0, \quad \lim_{\varphi \to -\pi} \cos \varphi = \lim_{\varphi \to \pi} \cos \varphi = -1$$

erlauben nicht bloß die Definition über $[-\pi; -\pi]$, sondern sogar die periodische Fortsetzung dieser beiden Funktionen, indem man für jede Zahl k

$$\sin(\varphi \pm 2k\pi) = \sin \varphi, \quad \cos(\varphi \pm 2k\pi) = \cos \varphi$$

festlegt.

Wir wollen es an dieser Stelle mit diesen skizzenhaften Anmerkungen bewenden lassen. Weitere Eigenschaften von Logarithmus, Exponentialfunktion, Arcustangens, Tangens, Sinus, Cosinus sowie ähnlicher durch Integrale definierter Funktionen findet man in der überbordenden Literatur über reelle Analysis.

5.3.4 Konvergenz und Divergenz

Mit Hilfe der im vorigen Abschnitt definierten Funktionen Arcustangens und Tangens kann eine umgekehrt eindeutige Zuordnung zwischen dem Kontinuum $\mathbb{R}$ und dem offenen Intervall $]-\pi/2;\pi/2[$ hergestellt werden. Es bezeichne X einen Teilraum von $]-\pi/2;\pi/2[$. Es bezeichne ferner T die Gesamtheit der reellen Größen v, die als $v = \tan u$ mit einem aus X entnommenen u erfasst sind. Somit kann man die in T „laufende" Variable t als $t = \tan x$, beziehungsweise die in X „laufende" Variable x als $x = \arctan t$ festlegen. Liegt eine über X definierte Funktion $\phi(x)$ vor, ist mit ihr gemäß $f(t) = \phi(\arctan t)$ zugleich eine über T definierte Funktion $f(t)$ gegeben. Ebenso kann man von jeder über T definierten Funktion $f(t)$ gemäß $\phi(x) = f(\tan x)$ auf die entsprechende über X definierte Funktion $\phi(x)$ zurückschließen.

Das offene Intervall $]-\pi/2;\pi/2[$ besitzt das kompakte Intervall $[-\pi/2;\pi/2]$ als Abschluss. Sollte $\pi/2$ beziehungsweise $-\pi/2$ Berührungspunkt von X sein und sollte sich die Funktion $\phi(x)$ an der Stelle $\pi/2$ beziehungsweise an der Stelle $-\pi/2$ als stetig erweisen, sagt man, dass die ihr nach dem obigen Schema zugeordnete Funktion $f(t) = \phi(\arctan t)$ an der Stelle ∞ beziehungsweise an der Stelle $-\infty$ stetig ist. Wenn die reellen Größen α und β die Funktionswerte $\alpha = \phi(\pi/2)$ und $\beta = \phi(-\pi/2)$ bezeichnen, schreibt man

$$\alpha = \lim_{t\to\infty} f(t) \qquad \text{beziehungsweise} \qquad \beta = \lim_{t\to-\infty} f(t).$$

Es ist klar, dass $\alpha = \lim_{t\to\infty} f(t)$ dann und nur dann zutrifft, wenn man zu jeder beliebig klein genannten positiven reellen Größe ε eine hinreichend große reelle Größe ω so finden kann, dass für jedes in T liegende u die Relation $u > \omega$ die

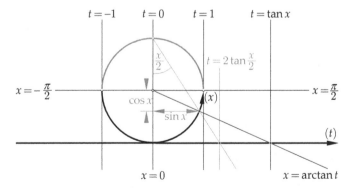

Abbildung 5.4. *Umkehrbar eindeutige Beziehung der im (als Halbkreis skizzierten) offenen Intervall $]-\pi/2;\pi/2[$ „laufenden" Variable x, die als Winkel (mit dem Kreismittelpunkt als Scheitel) verstanden wird, und der im Kontinuum „laufenden" Variable t. Grau skizziert ist der Zusammenhang von $\sin x$ und $\cos x$ mit dem halben Winkel $x/2$.*

Beziehung $|\alpha - f(u)| < \varepsilon$ nach sich zieht. Ebenso trifft $\beta = \lim_{t \to -\infty} f(t)$ dann und nur dann zu, wenn man zu jeder beliebig klein genannten positiven reellen Größe ε eine hinreichend große reelle Größe ω so finden kann, dass für jedes in T liegende u die Relation $u < -\omega$ die Beziehung $|\beta - f(u)| < \varepsilon$ nach sich zieht.

Sollte T mit der Gesamtheit aller Zahlen 1, 2, 3, ... übereinstimmen und setzt man $f(1) = \alpha_1$, $f(2) = \alpha_2$, ..., allgemein: $f(n) = \alpha_n$, liegt eine Folge $A = (\alpha_1, \alpha_2, \ldots, \alpha_n, \ldots)$ vor. Im Sinne der hier vereinbarten Bezeichnung bedeutet die Konvergenz dieser Folge, dass die reelle Größe

$$\lim A = \lim_{n \to \infty} \alpha_n$$

existiert.

Es bezeichne schließlich S einen metrischen Raum, in dem die Variable s „läuft", und es sei eine über S definierte reelle Funktion f gegeben, die S auf den Teilbereich T des Kontinuums abbildet. Die Bezeichnung $t = f(s)$ spiegelt diesen Sachverhalt wider. Gemäß $x = \arctan t = \arctan f(s)$ erhält man zugleich eine Funktion, die S auf einen Teilbereich des offenen Intervalls $]-\pi/2; \pi/2[$ abbildet, den wir wie oben mit X bezeichnen. Selbstverständlich ist X auch Teilbereich des kompakten Intervalls $[-\pi/2; \pi/2]$, und es kann der Fall eintreten, dass die Funktion $x = \arctan f(s)$ an einem Berührpunkt σ von S stetig ist und an dieser Stelle $\arctan f(\sigma) = \pi/2$ gilt. In diesem Fall sagen wir, dass $t = f(s)$ an der Stelle $s = \sigma$ *nach unendlich divergiert* und schreiben

$$\lim_{s \to \sigma} f(s) = \infty \,.$$

Es kann auch der Fall eintreten, dass die Funktion $x = \arctan f(s)$ an dem Berührpunkt σ von S stetig ist und an dieser Stelle $\arctan f(\sigma) = -\pi/2$ gilt. In diesem Fall sagen wir, dass $t = f(s)$ an der Stelle $s = \sigma$ *nach minus unendlich divergiert* und schreiben

$$\lim_{s \to \sigma} f(s) = -\infty \,.$$

Im Unterschied zur sonst üblichen mathematischen Sprechweise verwenden wir den Begriff der Divergenz nur in dem hier genannten Sinn: der Divergenz nach unendlich oder nach minus unendlich - eigentlich der ursprünglichen Bedeutung des Wortes „divergere", „auseinanderlaufen", entsprechend.

5.4 Integratoren begrenzbarer Schwankung

5.4.1 Beschränkte und begrenzbare Schwankung

Wie üblich bezeichnen I ein offenes Intervall des Kontinuums und X eine diskrete und im Intervall I dichte Menge reeller Größen. Mit g wird eine auf X definierte reelle Funktion bezeichnet und für Punkte a und b aus X mit $a < b$ symbolisiert $Z = (\xi_0, \xi_1, \ldots, \xi_j)$ eine Zerlegung des Intervalls $[a; b]$, bestehend aus Punkten $\xi_0, \xi_1, \ldots, \xi_j$ aus X mit

$$a = \xi_0 < \xi_1 < \ldots < \xi_j = b.$$

Die *Schwankung* $\sigma(g; Z)$ der Funktion g bezüglich der Zerlegung Z ist die Summe

$$\sigma(g; Z) = |g(\xi_1) - g(\xi_0)| + |g(\xi_2) - g(\xi_1)| + \ldots + |g(\xi_j) - g(\xi_{j-1})|.$$

Weil gemäß der Dreiecksungleichung für beliebige u, v, w aus X

$$|g(u) - g(v)| \le |g(u) - g(w)| + |g(w) - g(v)|$$

zutrifft, ergibt sich hieraus für jede Zerlegung $\overline{Z}$, die mindestens so fein wie die Zerlegung Z ist, $\overline{Z} \sqsupseteq Z$, die entsprechende Ungleichung $\sigma(g; \overline{Z}) \ge \sigma(g; Z)$ für die entsprechenden Schwankungen.

Wir nennen die Funktion g über $[a; b]$ von *beschränkter Schwankung*, wenn man eine reelle Größe μ mit der Eigenschaft finden kann, dass für jede Zerlegung Z von $[a; b]$ die Schwankung von g bezüglich Z den Wert μ nicht überschreitet: $\sigma(g; Z) \le \mu$. Wir nennen die Funktion g über $[a; b]$ von *begrenzbarer Schwankung*, wenn g über $[a; b]$ von beschränkter Schwankung ist und überdies für je zwei reelle Größen λ, μ mit $\lambda < \mu$ mindestens eine der beiden Aussagen stimmt:

1. Man kann eine Zerlegung Z_0 von $[a; b]$ mit $\sigma(g; Z_0) > \lambda$ ausfindig machen.

2. Für jede Zerlegung Z von $[a; b]$ trifft $\sigma(g; Z) \le \mu$ zu.

Die Funktion g ist folglich genau dann von begrenzbarer Schwankung, wenn die Gesamtheit der Schwankungen $\sigma(g; Z)$, bei denen Z eine Zerlegung von $[a; b]$ symbolisiert, eine begrenzbare Menge darstellt. Folglich besitzt diese Menge eine Supremum, das wir entweder knapp mit

$$\int_a^b |\mathrm{d}g|$$

oder ausladender mit

$$\int_a^b |\mathrm{d}g(x)| = \int_{x=a}^{x=b} |\mathrm{d}g(x)|$$

bezeichnen und die *Schwankung* oder die *Variation* von g über $[a; b]$ nennen. Die folgenden vier Aussagen ergeben sich unmittelbar aus der Definition dieses Begriffs:

Ist die Funktion $g(x)$ über $[a; b]$ von begrenzbarer Schwankung, gilt

$$\int_a^b |\mathrm{d}g| \ge |g(b) - g(a)|.$$

Wenn $g(x)$ eine monoton wachsende Funktion ist, dann ist sie von begrenzbarer Schwankung, und für sie trifft

$$\int_a^b |dg| = g(b) - g(a)$$

zu.

Ist die Funktion $g(x)$ über $[a;b]$ von begrenzbarer Schwankung und bezeichnet λ eine beliebige reelle Größe, ist auch $\lambda + g(x)$ über $[a;b]$ von begrenzbarer Schwankung und es gilt

$$\int_a^b |d(\lambda + g)| = \int_a^b |dg|.$$

Ist die Funktion $g(x)$ über $[a;b]$ von begrenzbarer Schwankung und bezeichnet λ eine beliebige reelle Größe, ist auch $\lambda g(x)$ über $[a;b]$ von begrenzbarer Schwankung und es gilt

$$\int_a^b |d(\lambda g)| = |\lambda| \int_a^b |dg|.$$

5.4.2   Die Additivität der Schwankung

Die Additivität der Schwankung, erste Version. Es seien a, b, c reelle Größen aus X mit $a < c < b$. Ist $g(x)$ über $[a;c]$ und über $[c;b]$ von begrenzbarer Schwankung, dann ist $g(x)$ über $[a;b]$ von begrenzbarer Schwankung, und es gilt:

$$\int_a^b |dg| = \int_a^c |dg| + \int_c^b |dg|.$$

Beweis. Entsprechend der Voraussetzung kann man zu jeder beliebigen positiven reellen Größe ε eine Zerlegung Z_0' des Intervalls $[a;c]$ so finden, dass für jede Zerlegung Z', die mindestens so fein wie Z_0' ist, die Ungleichung

$$\int_a^c |dg| - \sigma(g;Z') < \frac{\varepsilon}{2}$$

zutrifft. Ebenso kann man eine Zerlegung Z_0'' des Intervalls $[c;b]$ so finden, dass für jede Zerlegung Z'', die mindestens so fein wie Z_0'' ist, die Ungleichung

$$\int_c^b |dg| - \sigma(g;Z'') < \frac{\varepsilon}{2}$$

zutrifft. Legt man bei

$$Z_0' = (\xi_0', \xi_1', \ldots, \xi_k'), \qquad Z_0'' = (\xi_0'', \xi_1'', \ldots, \xi_l'')$$

mit $\xi_0' = a$, $\xi_k' = \xi_0'' = c$, $\xi_l'' = b$ die Zerlegung Z_0 als

$$Z_0 = (\xi_0', \xi_1', \ldots, \xi_k', \xi_1'', \ldots, \xi_l'')$$

fest, kann man jede Zerlegung Z, die feiner als Z_0 ist, offenkundig in analoger Weise in zwei Zerlegungen Z' des Intervalls $[a;c]$ und Z'' des Intervalls $[c;b]$ aufteilen. Es ist ferner klar, dass

$$\sigma(g; Z) = \sigma(g; Z') + \sigma(g; Z'') \leq \int_a^c |dg| + \int_c^b |dg|$$

gilt und dass sowohl Z' mindestens so fein wie Z_0' als auch Z'' mindestens so fein wie Z_0'' sind. Hieraus ergibt sich

$$\left(\int_a^c |dg| + \int_c^b |dg| \right) - \sigma(g; Z) \leq \left(\int_a^c |dg| - \sigma(g; Z') \right) + \left(\int_c^b |dg| - \sigma(g; Z'') \right) < \varepsilon,$$

also

$$\sigma(g; Z) > \int_a^c |dg| + \int_c^b |dg| - \varepsilon,$$

womit die Behauptung bewiesen ist.   □

Liegt mit $Z = (\xi_0, \xi_1, \ldots, \xi_j)$ eine Zerlegung des Intervalls $[a;b]$ vor und bezeichnet c eine in X liegende reelle Größe mit $a < c < b$, kann man die beiden folgenden Fälle unterscheiden: Entweder stimmt c mit einem der Zerlegungspunkte ξ_m von Z überein. In diesem Fall können wir die Zerlegung Z sofort in die beiden Zerlegungen

$$Z^{\langle c|} = (\xi_0, \xi_1, \ldots, \xi_{m-1}, c) \quad \text{und} \quad Z^{|c\rangle} = (c, \xi_{m+1}, \ldots, \xi_j)$$

aufspalten. Oder aber c stimmt mit keinem der Zerlegungspunkte aus Z überein. Dann bestimmen wir den Index m als jene Zahl, für die $\xi_{m-1} < c < \xi_m$ zutrifft, und wir konstruieren aus Z die beiden Zerlegungen

$$Z^{\langle c|} = (\xi_0, \xi_1, \ldots, \xi_{m-1}, c) \quad \text{und} \quad Z^{|c\rangle} = (c, \xi_m, \xi_{m+1}, \ldots, \xi_j).$$

Die daraus gebildete Zerlegung $Z^{\langle c \rangle}$, in der zuerst die Punkte aus $Z^{\langle c|}$ und dann die Punkte aus $Z^{|c\rangle}$ aufgezählt sind, stimmt daher entweder mit Z überein oder sie ist feiner als Z, weil in $Z^{\langle c \rangle}$ der Punkt c als weiterer Zerlegungspunkt zu den Punkten in Z hinzukommt. Offenkundig ist für jede Funktion $g(x)$ einerseits $\sigma(g; Z^{\langle c \rangle}) \geq \sigma(g, Z)$ und andererseits $\sigma(g; Z^{\langle c \rangle}) = \sigma(g; Z^{\langle c|}) + \sigma(g; Z^{|c\rangle})$.

Die Additivität der Schwankung, zweite Version. *Es seien a, b reelle Größen aus X mit $a < b$. Ist $g(x)$ über $[a;b]$ von begrenzbarer Schwankung, dann ist für jede reelle Größe c aus X mit $a < c < b$ die Funktion $g(x)$ auch über $[a;c]$ und über $[c;b]$ von begrenzbarer Schwankung, und es gilt:*

$$\int_a^b |dg| = \int_a^c |dg| + \int_c^b |dg|.$$

Beweis. Dass die Funktion $g(x)$ über $[a;b]$ von begrenzbarer Schwankung ist, bedeutet: Es gibt eine mit

$$\int_a^b |dg|$$

bezeichnete reelle Größe, bei der man zu jeder beliebig klein vorgegebenen positiven reellen Größe ε eine Zerlegung Z_0 von $[a;b]$ so finden kann, dass für jede Zerlegung Z, die mindestens so fein wie Z_0 ist, die Beziehung

$$\int_a^b |dg| - \varepsilon < \sigma(g;Z) \le \int_a^b |dg|$$

zutrifft. Symbolisieren λ und μ zwei reelle Größen mit $\lambda < \mu$ und setzt man $\varepsilon = (\mu-\lambda)/2$, trifft für die eben gefundene Zerlegung Z_0 wegen $\lambda+\varepsilon < \mu$ mindestens eine der beiden folgenden Aussagen zu:

Die eine Aussage lautet, dass

$$\int_a^b |dg| - \sigma(g;Z_0^{|c\rangle}) < \mu$$

ist. Aus ihr ergibt sich, dass für jede Zerlegung Z, die mindestens so fein wie $Z_0^{\langle c|}$ ist, auch

$$(\sigma(g;Z) + \sigma(g;Z_0^{|c\rangle})) - \sigma(g;Z_0^{|c\rangle}) < \mu$$

und daher $\sigma(g;Z) < \mu$ stimmt.

Die andere Aussage lautet, dass

$$\int_a^b |dg| - \sigma(g;Z_0^{|c\rangle}) > \lambda + \varepsilon$$

und daher

$$\int_a^b |dg| - \varepsilon - \sigma(g;Z_0^{|c\rangle}) > \lambda$$

ist. Für jede Zerlegung Z, die mindestens so fein wie $Z_0^{\langle c|}$ ist, ergibt sich wegen

$$\int_a^b |dg| - \varepsilon < \sigma(g;Z) + \sigma(g;Z_0^{|c\rangle}) \, ,$$

dass $\sigma(g;Z) > \lambda$ stimmt. Insbesondere stimmt dies für die Zerlegung $Z = Z_0^{\langle c|}$.

Somit ist bewiesen, dass $g(x)$ über $[a;c]$ von begrenzbarer Schwankung ist und die reelle Größe

$$\int_a^c |dg|$$

existiert.

Genauso begründet man, dass $g(x)$ über $[c;b]$ von begrenzbarer Schwankung ist und die reelle Größe

$$\int_c^b |dg|$$

existiert. Zusammen mit der obigen ersten Version der Additivität der Schwankung ergibt sich die zweite Version der Additivität der Schwankung: □

Ferner behaupten wir:

Bezeichnen $g(x)$ eine Funktion, die über $[a; b]$ von begrenzbarer Schwankung ist, ε eine beliebig vorgegebene positive reelle Größe und Z_0 eine Zerlegung von $[a; b]$, die mindestens so fein ist, dass

$$\int_a^b |dg| - \varepsilon < \sigma(g; Z_0) \le \int_a^b |dg|$$

stimmt, dann gilt für jede aus X entnommene reelle Größe c mit $a < c < b$:

$$\sigma(g; Z_0^{\langle c|}) > \int_a^c |dg| - \varepsilon \quad und \quad \sigma(g; Z_0^{|c\rangle}) > \int_c^b |dg| - \varepsilon.$$

Beweis. Jedenfalls folgt aus

$$\int_a^b |dg| - \varepsilon < \sigma(g; Z_0) \le \int_a^b |dg|$$

die Ungleichung

$$\sigma(g; Z_0^{\langle c|}) + \sigma(g; Z_0^{|c\rangle}) > \int_a^c |dg| + \int_c^b |dg| - \varepsilon.$$

Setzt man

$$\sigma(g; Z_0^{\langle c|}) \le \int_a^c |dg|$$

in die Beziehung

$$\sigma(g; Z_0^{|c\rangle}) > \int_a^c |dg| - \sigma(g; Z_0^{\langle c|}) + \int_c^b |dg| - \varepsilon$$

ein, verbleibt

$$\sigma(g; Z_0^{|c\rangle}) > \int_c^b |dg| - \varepsilon.$$

Und setzt man

$$\sigma(g; Z_0^{|c\rangle}) \le \int_c^b |dg|$$

in die Beziehung

$$\sigma(g; Z_0^{\langle c|}) > \int_a^c |dg| + \int_c^b |dg| - \sigma(g; Z_0^{|c\rangle}) - \varepsilon$$

ein, verbleibt

$$\sigma(g; Z_0^{\langle c|}) > \int_a^c |dg| - \varepsilon. \qquad \qquad \square$$

Für Funktionen $g(x)$ von begrenzbarer Schwankung folgern wir aus der Additivität der Schwankung die Formel

$$\int_a^c |\mathrm{d}g| = \int_a^b |\mathrm{d}g| - \int_c^b |\mathrm{d}g|,$$

wenn a, b, c beliebig aus X entnommen sind und $a < c < b$ zutrifft. Wir halten an dieser Formel auch dann fest, wenn nicht mehr $a < c$, sondern nur $a < b$ und $c < b$ vorausgesetzt werden. In diesem Fall sind die beiden auf der rechten Seite der Formel angeschriebenen Integrale wohldefiniert, und diese Formel erweitert die Definition der Schwankung

$$\int_a^c |\mathrm{d}g|,$$

unabhängig davon, wie a und c aus X entnommen werden. (Dass es immer ein in X liegendes b mit $a < b$ und $c < b$ gibt, folgt aus der Dichtheit von X im offenen Intervall I.) Jedenfalls ziehen wir hieraus die beiden Folgerungen

$$\int_a^c |\mathrm{d}g| = - \int_c^a |\mathrm{d}g| \qquad \text{und} \qquad \int_a^a |\mathrm{d}g| = 0.$$

5.4.3 Die Stetigkeit der Schwankung an den Grenzen

Es sei $g(x)$ eine Funktion begrenzbarer Schwankung. Es bezeichnen ferner c eine reelle Größe aus X und ξ eine reelle Größe aus I, an der $g(x)$ stetig ist. Dann stellt die für jede aus X entnommene reelle Größe u durch

$$\Phi(u) = \int_c^u |\mathrm{d}g|$$

definierte Zuordnung $\Phi(x)$ eine an der Stelle ξ stetige Funktion dar.

Beweis. Es bezeichnen ε eine beliebig gewählte positive reelle Größe. Wir beachten, dass für ein aus X entnommenes a mit $a < \xi$

$$\Phi(u) = \int_c^u |\mathrm{d}g| = \int_a^u |\mathrm{d}g| + \int_c^a |\mathrm{d}g|$$

gilt und der zweite Summand der rechten Seite eine von u unabhängige, konstante reelle Größe darstellt. Wir wählen ferner b aus X so, dass $\xi < b$ zutrifft, und legen die Zerlegung $Z_0 = (\xi_0, \xi_1, \ldots, \xi_j)$ von $[a;b]$ so fein fest, dass für jede aus X entnommene reelle Größe u mit $a < u < b$

$$\int_a^u |\mathrm{d}g| - \frac{\varepsilon}{3} < \sigma(g; Z_0^{\langle u| \rangle}) \le \int_a^u |\mathrm{d}g|$$

stimmt. Dass $g(x)$ an der Stelle ξ stetig ist, besagt, dass man eine positive reelle Größe δ so finden kann, dass für beliebige aus X entnommene u und v die beiden Ungleichungen $|u - \xi| < \delta$ und $|v - \xi| < \delta$ die Ungleichung

$$|g(u) - g(v)| < \frac{\varepsilon}{3}$$

nach sich ziehen. Wir vereinbaren, dass δ jedenfalls so klein sein soll, dass sowohl die beiden Ungleichungen $\delta < \xi - a$ und $\delta < b - \xi$ zutreffen, als auch für jede Zahl n mit $n \leq j$ sicher $\delta < (\xi_n - \xi_{n-1})/2$ stimmt. Die beiden Ungleichungen $\delta < \xi - a$ und $\delta < b - \xi$ bewirken, dass die beiden oben genannten Größen u, v in $]a; b[$ liegen. Dass für jede Zahl n mit $n \leq j$ sicher $\delta < (\xi_n - \xi_{n-1})/2$ stimmt, bewirkt, dass höchstens einer der Punkte ξ_m aus der Zerlegung Z_0 zwischen den beiden oben genannten Größen u, v zu liegen kommen kann.

Wenn es tatsächlich der Fall sein sollte, dass der Punkt $w = \xi_m$ als einziger zwischen u und v zu liegen kommt, wobei wir die Bezeichnung so wählen, dass $u < w < v$ zutrifft, folgern wir aus

$$\int_a^u |dg| - \frac{\varepsilon}{3} < \sigma(g; Z_0^{\langle u|}) \leq \int_a^u |dg|$$

und

$$\int_a^v |dg| - \frac{\varepsilon}{3} < \sigma(g; Z_0^{\langle v|}) \leq \int_a^v |dg|$$

die Beziehung

$$\int_a^v |dg| - \int_a^u |dg| < \sigma(g; Z_0^{\langle v|}) + \frac{\varepsilon}{3} - \sigma(g; Z_0^{\langle u|})$$
$$= |g(v) - g(w)| + |g(w) - g(u)| + \frac{\varepsilon}{3} < 2\frac{\varepsilon}{3} + \frac{\varepsilon}{3} = \varepsilon.$$

Sollte es hingegen der Fall sein, dass kein Punkt aus der Zerlegung Z_0 zwischen u und v zu liegen kommt, folglich bei $u < v$ für jeden Punkt ξ_n aus Z_0 entweder $\xi_n \leq u$ oder aber $\xi_n \geq v$ stimmt, folgern wir aus

$$\int_a^u |dg| - \frac{\varepsilon}{3} < \sigma(g; Z_0^{\langle u|}) \leq \int_a^u |dg|$$

und

$$\int_a^v |dg| - \frac{\varepsilon}{3} < \sigma(g; Z_0^{\langle v|}) \leq \int_a^v |dg|$$

die Beziehung

$$\int_a^v |dg| - \int_a^u |dg| < \sigma(g; Z_0^{\langle v|}) + \frac{\varepsilon}{3} - \sigma(g; Z_0^{\langle u|})$$
$$= |g(v) - g(u)| + \frac{\varepsilon}{3} < \frac{\varepsilon}{3} + \frac{\varepsilon}{3} < \varepsilon.$$

In jedem Fall haben wir somit erreicht, dass für alle aus X entnommene u und v die beiden Ungleichungen $|u - \xi| < \delta$ und $|v - \xi| < \delta$ die Ungleichung

$$|\Phi(v) - \Phi(u)| = \left| \int_a^v |dg| - \int_a^u |dg| \right| < \varepsilon$$

nach sich ziehen.   □

Wenn die Funktion $g(x)$ auf dem Intervall I stetig und von begrenzbarer Schwankung ist und man die Bezeichnungen Y und Z für I einführt, also $I = Y = Z$ gilt, sodass y und z als Variablen I durchlaufen, stellt

$$\int_y^z |dg| = \int_a^z |dg| - \int_a^y |dg|$$

eine in den beiden Variablen y und z stetige Funktion dar. Insbesondere kann man für jedes Paar reeller Größen η, ζ, die aus I entnommen sind, die Schwankung oder die Variation

$$\int_\eta^\zeta |dg|$$

von $g(x)$ mit diesen Größen als Grenzen ermitteln.

5.4.4 Die monotonen Summanden

Bezeichnen c eine aus X entnommene reelle Größe und $g(x)$ eine Funktion begrenzbarer Schwankung, heißen die beiden Funktionen

$$g_c^\sharp(x) = \frac{1}{2}\left(\int_c^x |dg| + g(x) - g(c) \right)$$

und

$$g_c^\flat(x) = \frac{1}{2}\left(\int_c^x |dg| - g(x) + g(c) \right)$$

die von c ausgehenden *monotonen Summanden* der Funktion $g(x)$. In der Tat handelt es sich um zwei monoton wachsende Funktionen, denn für zwei beliebige aus X entnommene u, v folgt aus $u < v$

$$g_c^\sharp(v) - g_c^\sharp(u) = \frac{1}{2}\left(\int_u^v |dg| + g(v) - g(u) \right) \geq \frac{1}{2}\left(\int_u^v |dg| - |g(v) - g(u)| \right) \geq 0$$

und

$$g_c^\flat(v) - g_c^\flat(u) = \frac{1}{2}\left(\int_u^v |dg| - g(v) + g(u) \right) \geq \frac{1}{2}\left(\int_u^v |dg| - |g(v) - g(u)| \right) \geq 0.$$

Ferner stellt man sofort fest, dass

$$g_c^\sharp(c) = g_c^\flat(c) = 0,$$

dass

$$g_c^\sharp(x) - g_c^\flat(x) = g(x) - g(c)$$

und dass

$$g_c^\sharp(x) + g_c^\flat(x) = \int_c^x |\mathrm{d}g|$$

gilt. Aus den beiden zuletzt genannten Formeln ersehen wir ferner, dass $g(x)$ an einer Stelle ξ genau dann stetig ist, wenn seine beiden monotonen Summanden an der Stelle ξ stetig sind.

Eine Funktion $f(x)$ ist bezüglich einer Funktion $g(x)$ von begrenzbarer Schwankung genau dann über $[a; b]$ integrierbar, wenn sie bezüglich der monotonen Summanden von $g(x)$ integrierbar ist. Das Riemann-Stieltjes-Integral errechnet sich als

$$\int_a^b f\,\mathrm{d}g = \int_a^b f\,\mathrm{d}g_c^\sharp - \int_a^b f\,\mathrm{d}g_c^\flat .$$

Wir nennen ferner

$$\int_a^b f\,|\mathrm{d}g| = \int_a^b f\,\mathrm{d}g_c^\sharp + \int_a^b f\,\mathrm{d}g_c^\flat$$

das *dominierende* Riemann-Stieltjes-Integral mit $f(x)$ als Integranden und $g(x)$ als Integrator. Diese Bezeichnung ist sinnvoll, weil sie im Falle $f(x) = 1$ wegen

$$\int_a^b \mathrm{d}g_c^\sharp + \int_a^b \mathrm{d}g_c^\flat = (g_c^\sharp(b) + g_c^\flat(b)) - (g_c^\sharp(a) + g_c^\flat(a)) = \int_c^b |\mathrm{d}g| - \int_c^a |\mathrm{d}g| = \int_a^b |\mathrm{d}g|$$

tatsächlich die Schwankung von $g(x)$ über $[a; b]$ mitteilt.

Die für Riemann-Stieltjes-Integrale bei monoton wachsenden Integratoren formulierten Sätze können nun unmittelbar für Integratoren begrenzbarer Schwankung übernommen beziehungsweise auf naheliegende Art abgewandelt werden. Wir listen die wichtigsten unter ihnen auf:

Vergleich von Integral und dominierendem Integral. *Sind $f_1(x)$ und $f_2(x)$ zwei bezüglich $g(x)$ über $[a; b]$ integrierbare Funktionen, für die einerseits $|f_1(x)| \le f_2(x)$ zutrifft und andererseits $g(x)$ von begrenzbarer Schwankung ist, dann gilt:*

$$\left| \int_a^b f_1\,\mathrm{d}g \right| \le \int_a^b f_2\,|\mathrm{d}g| .$$

Beweis. Wir wissen, dass wegen $f_1(x) \le f_2(x)$ und wegen $-f_1(x) \le f_2(x)$

$$\int_a^b f_1\,\mathrm{d}g_c^\sharp \le \int_a^b f_2\,\mathrm{d}g_c^\sharp \quad \text{und} \quad - \int_a^b f_1\,\mathrm{d}g_c^\sharp \le \int_a^b f_2\,\mathrm{d}g_c^\sharp$$

sowie

$$\int_a^b f_1\,\mathrm{d}g_c^\flat \le \int_a^b f_2\,\mathrm{d}g_c^\flat \quad \text{und} \quad - \int_a^b f_1\,\mathrm{d}g_c^\flat \le \int_a^b f_2\,\mathrm{d}g_c^\flat$$

gilt. Demnach ist

$$\left| \int_a^b f_1 \mathrm{d}g \right| = \left| \int_a^b f_1 \mathrm{d}g_c^\sharp - \int_a^b f_1 \mathrm{d}g_c^\flat \right| \le \left| \int_a^b f_1 \mathrm{d}g_c^\sharp \right| + \left| \int_a^b f_1 \mathrm{d}g_c^\flat \right|$$

$$\le \int_a^b f_2 \mathrm{d}g_c^\sharp + \int_a^b f_2 \mathrm{d}g_c^\flat = \int_a^b f_2 |\mathrm{d}g| . \qquad \Box$$

Abschätzung des Integrals. *Ist $f(x)$ eine bezüglich $g(x)$ integrierbare Funktion, ist $g(x)$ von begrenzbarer Schwankung, trifft für die reelle Größe μ die Formel $|f(x)| \le \mu$ zu und sind a, b zwei aus X entnommene reelle Größen mit $a < b$, dann gilt:*

$$\left| \int_a^b f \mathrm{d}g \right| \le \mu \int_a^b |\mathrm{d}g| .$$

Es sei $f(x)$ eine beschränkte und bezüglich $g(x)$ integrierbare Funktion und es sei $g(x)$ von begrenzbarer Schwankung. Es bezeichnen ferner c eine reelle Größe aus X und ξ eine reelle Größe aus I, an der $g(x)$ stetig ist. Dann stellt die für jede aus X entnommene reelle Größe u durch

$$F(u) = \int_c^u f \mathrm{d}g$$

definierte Zuordnung $F(x)$ eine an der Stelle ξ stetige Funktion dar.

Beweis. Es bezeichnen ε eine beliebige positive reelle Größe und μ eine positive reelle Größe, für die $|f(x)| \le \mu$ zutrifft. Der Stetigkeit von $g(x)$ an der Stelle ξ zieht die Stetigkeit von

$$\Phi(x) = \int_c^x |\mathrm{d}g|$$

an der Stelle ξ nach sich. Deshalb existiert eine positive reelle Größe δ mit folgender Eigenschaft: Bezeichnen u und v zwei aus X entnommene reelle Größen, wobei wir ohne Einschränkung der Allgemeinheit von $u \le v$ ausgehen, bewirken die Ungleichungen

$$|u - \xi| < \delta \quad \text{und} \quad |v - \xi| < \delta ,$$

dass

$$|\Phi(v) - \Phi(u)| = \int_u^v |\mathrm{d}g| < \frac{\varepsilon}{\mu}$$

gilt. Demzufolge ist

$$|F(v) - F(u)| = \left| \int_c^v f \mathrm{d}g - \int_c^u f \mathrm{d}g \right| = \left| \int_u^v f \mathrm{d}g \right| \le \mu \int_u^v |\mathrm{d}g| < \varepsilon$$

und somit die behauptete Stetigkeit von F an der Stelle ξ bewiesen. $\Box$

Wenn $g(x)$ eine Funktion begrenzbarer Schwankung sowie auf dem Intervall I stetig ist und man die Bezeichnungen Y und Z für I einführt, also $I = Y = Z$ gilt, sodass y und z als Variablen I durchlaufen, erhält man für jede bezüglich $g(x)$ integrierbare und beschränkte Funktion $f(x)$ gemäß

$$\int_y^z f \mathrm{d}g = \int_a^z f \mathrm{d}g - \int_a^y f \mathrm{d}g$$

eine in den beiden Variablen y und z stetige Funktion. Insbesondere kann man für jedes Paar reeller Größen η, ζ, die aus I entnommen sind, das Integral

$$\int_\eta^\zeta f \mathrm{d}g$$

mit diesen Größen als Grenzen ermitteln.

Es sei $f(x)$ eine stetige Funktion. Dann ist $f(x)$ bezüglich jedes Integrators $g(x)$ von begrenzbarer Schwankung integrierbar.

Beweis. Denn $f(x)$ ist bezüglich der beiden monotonen Summanden $g_c^\sharp(x)$ und $g_c^\flat(x)$ integrierbar. □

Der Satz von Abel erlaubt, aus diesem Satz auf die Integrierbarkeit von Funktionen begrenzbarer Schwankung zu schließen:

Es sei $f(x)$ eine Funktion begrenzbarer Schwankung. Dann ist $f(x)$ bezüglich jedes stetigen Integrators $g(x)$ integrierbar.

5.5 Grenzwertsätze

5.5.1 Ein paradigmatisches Beispiel

Wir gehen davon aus, dass $X = \mathbb{D}$ mit der Gesamtheit aller Dezimalzahlen übereinstimmt und betrachten für eine positive reelle Größe λ die auf X definierte Funktion $f_\lambda(x) = \Theta(x)^\lambda$, wobei $\Theta(x)$ die Skalierungsfunktion symbolisiert. Wir zeigen, dass $f_\lambda(x)$ über $[0;1]$ bezüglich der identischen Funktion $g(x) = x$ integrierbar ist:

Liegt nämlich eine beliebig klein genannte positive reelle Größe ε vor, legen wir die Zahl m so groß fest, dass $1/10^{\lambda m} < \varepsilon/2$ zutrifft. Wir beachten, dass zum Beispiel bei $m = 4$ im Intervall $[0;1]$ neben 0 und 1 allein die Dezimalzahlen

    0.1,   0.2,   …,   0.9

    0.01,   0.02,   …,   0.09,   0.11,   0.12,   …,   0.99

    0.001,   0.002,   … ,0.009,   0.011,   0.012,   …,   0.999

also genau

$$2 + 9 + 9^2 + 9^3 = 1 + \frac{9^4 - 1}{9 - 1} = \frac{9^4 + 7}{8}$$

Dezimalzahlen weniger als $m = 4$ Nachkommastellen besitzen. Allgemein besitzen genau $(9^m + 7)/8$ Dezimalzahlen in $[0; 1]$ weniger als m Nachkommastellen. Wir legen $\delta_\lambda = 4\varepsilon/(9^m + 7)$ fest und verlangen von der Zerlegung Z_0 des Intervalls $[0; 1]$ so fein zu sein, dass alle Abstände benachbarter Zerlegungspunkte kleiner als δ_λ sind. Ist die Zerlegung $Z = (\xi_0, \xi_1, \ldots, \xi_j)$ mindestens so fein wie Z_0 und bezeichnet $Z^* = (\xi_1^*, \ldots, \xi_j^*)$ eine zugehörige Folge von Zwischenpunkten, können höchstens $(9^m + 7)/8$ dieser Zwischenpunkte Dezimalzahlen sein, die weniger als m Nachkommastellen besitzen. Für jeden anderen Zwischenpunkt ξ_k^* gilt $f_\lambda(\xi_k^*) = \Theta(\xi_k^*)^\lambda \le (10^{-m})^\lambda = 1/10^{\lambda m} < \varepsilon/2$. Demzufolge erhält man

$$0 \le s(f_\lambda(x), x; Z, Z^*) < \frac{9^m + 7}{8} \cdot 1 \cdot \delta_\lambda + \frac{\varepsilon}{2} \cdot 1 \le \varepsilon.$$

Dies bestätigt in der Tat die Integrierbarkeit von $f_\lambda(x)$ bezüglich x über $[0; 1]$, wobei das entsprechende Integral mit Null übereinstimmt.

Der entscheidende Punkt in diesem Beispiel ist, dass die Funktionen $f_\lambda(x)$ punktweise gegen eine Funktion $f_0(x)$ konvergieren,

$$f_0(x) = \lim_{\lambda \to 0} f_\lambda(x),$$

ja sogar monoton wachsend gegen $f_0(x)$ konvergieren. Dabei ist die auf $X = \mathbb{D}$ definierte Funktion $f_0(x)$ dergestalt, dass sie für jede Dezimalzahl a den Wert $f_0(a) = 1$ besitzt. Offenkundig ist $f_0(x)$ bezüglich x über $[0; 1]$ integrierbar, wobei das entsprechende Integral mit Eins übereinstimmt. Die Rechnung

$$\lim_{\lambda \to 0} \int_0^1 f_\lambda(x)\mathrm{d}x = 0 \ne 1 = \int_0^1 \lim_{\lambda \to 0} f_\lambda(x)\mathrm{d}x$$

lehrt, dass eine Vertauschung von Grenzübergang und Integration nicht ohne Zusatzvoraussetzung erlaubt ist. Weder die monotone Konvergenz noch die punktweise Konvergenz reichen dafür als hinreichende Bedingungen aus. Wie sich zeigen wird, stellt die sogenannte „gleichgradige Integrierbarkeit" die entscheidende Voraussetzung dafür dar, dass man Integral und Limes vertauschen darf.

5.5.2 Gleichgradige Integrierbarkeit: Erster Teil

Mit $\mathcal{F}$ und mit $\mathcal{G}$ bezeichnen wir zwei Familien von reellen Funktionen, die auf der diskreten und im offenen Intervall I dichten Menge X definiert sind. Wir nennen das aus den beiden Funktionenfamilien bestehende Paar $(\mathcal{F}, \mathcal{G})$ genau dann ein *gleichgradiges System von Integranden*, wenn Folgendes zutrifft: Für je zwei aus X

entnommene reelle Größen a, b mit $a < b$, für jede aus G entnommene Funktion $g(x)$ und für jede positive reelle Größe ε kann man eine Zerlegung Z_0 von $[a;b]$ so konstruieren, dass für jede Zerlegung Z, die mindestens so fein wie Z_0 ist, für jede zu Z gehörende Folge Z^* von Zwischenpunkten und für jede aus $\mathcal{F}$ entnommene Funktion $f(x)$ diese Funktion $f(x)$ bezüglich $g(x)$ über $[a;b]$ integrierbar ist und die Ungleichung

$$\left| s(f,g;Z,Z^*) - \int_a^b f\,\mathrm{d}g \right| < \varepsilon$$

zutrifft. Entscheidend bei dieser Definition ist, dass man Z_0 bereits konstruieren muss, *bevor* man weiß, welche der Funktionen $f(x)$ aus der Familie $\mathcal{F}$ entnommen wird. Genau diese Bedingung hilft beim Beweis des folgenden Satzes:

Erster Vertauschungssatz von Limes und Integral. *Ist aus der Familie $\mathcal{F}$ des gleichgradigen Systems $(\mathcal{F},G)$ von Integranden eine Folge punktweise konvergierender Integranden $f_1(x)$, $f_2(x)$, ..., $f_n(x)$, ... entnommen, dann ist bezüglich jedes aus G entnommenen Integrators $g(x)$ der punktweise Grenzwert $f(x) = \lim_{n\to\infty} f_n(x)$ auch bezüglich $g(x)$ integrierbar, und für je zwei aus X entnommene reelle Größen a, b mit $a < b$ gilt:*

$$\int_a^b \lim_{n\to\infty} f_n\,\mathrm{d}g = \lim_{n\to\infty} \int_a^b f_n\,\mathrm{d}g.$$

Beweis. Wir gehen von zwei aus X entnommenen reellen Größen a, b mit $a < b$ und von einer beliebig kleinen, positiven reellen Größe ε aus. Da es sich bei $(f_1, f_2, \ldots, f_n, \ldots)$ um eine punktweise konvergente Folge handelt, ist es bei einer beliebig vorgelegten Zerlegung $Z = (\xi_0, \xi_1, \ldots, \xi_k)$ von $[a;b]$ und bei einer beliebigen, zu Z gehörenden Folge $Z^* = (\xi_1^*, \ldots, \xi_k^*)$ von Zwischenpunkten möglich, jeder Zahl j mit $j \le k$ eine Zahl m_j so zuzuweisen, dass für jedes Paar von Zahlen n und m mit $n \ge m_j$ und $m \ge m_j$

$$|f_n(\xi_j^*) - f_m(\xi_j^*)| < \frac{\varepsilon}{3k \cdot (|g(\xi_j) - g(\xi_{j-1})| + 1)}$$

stimmt. Dadurch gewinnt man, wenn man $m_0 = \max(m_1, \ldots, m_k)$ setzt, für beliebige Zahlen j, n, m, bei denen $j \le k$ sowie $n \ge m_0$ und $m \ge m_0$ zutrifft, die Beziehung

$$|f_n(\xi_j^*)(g(\xi_j) - g(\xi_{j-1})) - f_m(\xi_j^*)(g(\xi_j) - g(\xi_{j-1}))| < \frac{\varepsilon}{3k}.$$

Hieraus folgern wir für jedes Paar von Zahlen n und m mit $n \ge m_0$ und $m \ge m_0$

$$|s(f_n,g;Z,Z^*) - s(f_m,g;Z,Z^*)| < \frac{\varepsilon}{3}.$$

Die vorausgesetzte gleichgradige Integrierbarkeit erlaubt, eine Zerlegung Z_0 von $[a;b]$ so zu konstruieren, dass für jede Zerlegung Z, die mindestens so fein wie Z_0

ist, für jede zu Z gehörende Folge Z^* von Zwischenpunkten bei beliebigen Zahlen n und m

$$\left| s(f_n, g; Z, Z^*) - \int_a^b f_n \mathrm{d}g \right| < \frac{\varepsilon}{3} \quad \text{und} \quad \left| s(f_m, g; Z, Z^*) - \int_a^b f_m \mathrm{d}g \right| < \frac{\varepsilon}{3}$$

richtig ist. Gehen wir davon aus, dass sich die oben konstruierte Zahl m_0 auf die Zerlegung $Z = Z_0$ bezieht, erhalten wir somit für jedes Paar von Zahlen n und m mit $n \geq m_0$ und $m \geq m_0$

$$\left| \int_a^b f_n \mathrm{d}g - \int_a^b f_m \mathrm{d}g \right| \leq \left| \int_a^b f_n \mathrm{d}g - s(f_n, g; Z_0, Z_0^*) \right|$$
$$+ \left| s(f_n, g; Z_0, Z_0^*) - s(f_m, g; Z_0, Z_0^*) \right|$$
$$+ \left| s(f_m, g; Z_0, Z_0^*) - \int_a^b f_m \mathrm{d}g \right|$$
$$< \frac{\varepsilon}{3} + \frac{\varepsilon}{3} + \frac{\varepsilon}{3} = \varepsilon.$$

Deshalb ist die aus den Integralen

$$\int_a^b f_1 \mathrm{d}g , \quad \int_a^b f_2 \mathrm{d}g , \quad \dots, \quad \int_a^b f_n \mathrm{d}g , \quad \dots$$

bestehende Folge konvergent.

Im nächsten Schritt zeigen wir, dass es zu jeder beliebig vorgelegten positiven reellen Größe ε eine Zerlegung Z_0 von $[a; b]$ mit der Eigenschaft gibt, dass man für jede Zerlegung Z, die mindestens so fein wie Z_0 ist, und für jede zu Z gehörende Folge Z^* von Zwischenpunkten eine Zahl n_0 so konstruieren kann, die für jede Zahl n mit $n \geq n_0$ die Ungleichung

$$\left| s(f, g; Z, Z^*) - \int_a^b f_n \mathrm{d}g \right| < \frac{2\varepsilon}{3}$$

sichert.

Die oben, zu Beginn des Beweises, durchgeführte Überlegung zeigt nämlich, wie man bei einer beliebig vorgelegten Zerlegung Z von $[a; b]$ und bei einer beliebigen, zu Z gehörenden Folge Z^* von Zwischenpunkten eine Zahl n_0 mit der Eigenschaft finden kann, dass für jedes Paar von Zahlen n und m mit $n \geq n_0$ und $m \geq n_0$

$$\left| s(f_m, g; Z, Z^*) - s(f_n, g; Z, Z^*) \right| < \frac{\varepsilon}{3}$$

stimmt. Dem Permanenzprinzip zufolge erhalten wir so für jede Zahl n mit $n \geq n_0$ die Beziehung

$$\left| s(f, g; Z, Z^*) - s(f_n, g; Z, Z^*) \right| \leq \frac{\varepsilon}{3}.$$

Wir gehen jetzt davon aus, dass die Zerlegung Z mindestens so fein wie die bereits oben erhaltene Zerlegung Z_0 ist, und bekommen somit zusätzlich für jede Zahl n

die Beziehung

$$\left| s(f_n, g; Z, Z^*) - \int_a^b f_n \mathrm{d}g \right| < \frac{\varepsilon}{3}.$$

Darum ist in der Tat für jede Zahl n mit $n \geq n_0$ die Ungleichung

$$\left| s(f, g; Z, Z^*) - \int_a^b f_n \mathrm{d}g \right| < \frac{2\varepsilon}{3}$$

gesichert. Und hieraus schließen wir, dass es zu jeder positiven reellen Größe ε eine Zerlegung Z_0 von $[a; b]$ so gibt, dass für jede Zerlegung Z, die mindestens so fein wie Z_0 ist, und für jede zu Z gehörende Folge Z^* von Zwischenpunkten

$$\left| s(f, g; Z, Z^*) - \lim_{n \to \infty} \int_a^b f_n \mathrm{d}g \right| \leq \frac{2\varepsilon}{3} < \varepsilon$$

stimmt. □

5.5.3 Gleichgradigkeit und gleichmäßige Konvergenz

Die Funktionenfamilie $\mathcal{F}$ bestehe aus einer unendlichen Folge von Funktionen $f_1(x), f_2(x), \ldots, f_n(x), \ldots$, von denen jede bezüglich des monoton wachsenden Integrators $g(x)$ integrierbar ist. Es sei vorausgesetzt, dass die in $\mathcal{F}$ befindliche Funktionenfolge für je zwei aus X entnommene reelle Größen a, b mit $a < b$ in der Menge $[a; b] \cap X$ gleichmäßig konvergiert. Dann bildet $\mathcal{F}$ zusammen mit dem nur aus $g(x)$ bestehenden G ein gleichgradiges System von Integranden.

Beweis. Es bezeichne ε eine positive reelle Größe. Die vorausgesetzte gleichmäßige Konvergenz von $\mathcal{F}$ erlaubt die Konstruktion einer Zahl j, die für jedes Paar von Zahlen n und m mit $n \geq j$ und $m \geq j$ für jede aus $X \cap [a; b]$ entnommene reelle Größe ξ

$$|f_n(\xi) - f_m(\xi)| < \frac{\varepsilon}{3(g(b) - g(a) + 1)}$$

sichert. Da $f_j(x)$ bezüglich $g(x)$ integrierbar ist, kann man eine Zerlegung Z_j von $[a; b]$ finden, bei der für jede Zerlegung Z, die mindestens so fein wie Z_j ist, und für jede zu Z gehörende Folge Z^* von Zwischenpunkten

$$\left| s(f_j, g; Z, Z^*) - \int_a^b f_j \mathrm{d}g \right| < \frac{\varepsilon}{3}$$

zutrifft. Für jede Zahl n mit $n \geq j$ für jede Zerlegung Z, die mindestens so fein wie Z_j ist, und für jede zu Z gehörende Folge Z^* von Zwischenpunkten dürfen wir daher von den folgenden drei Ungleichungen ausgehen:

$$|s(f_n, g; Z, Z^*) - s(f_j, g; Z, Z^*)| = |s(f_n - f_j, g; Z, Z^*)|$$

$$\leq \frac{\varepsilon \cdot (g(b) - g(a))}{3(g(b) - g(a) + 1)} < \frac{\varepsilon}{3},$$

$$\left| s(f_j, g; Z, Z^*) - \int_a^b f_j dg \right| < \frac{\varepsilon}{3},$$

$$\left| \int_a^b f_j dg - \int_a^b f_n dg \right| = \left| \int_a^b (f_j - f_n) dg \right| \leq \frac{\varepsilon \cdot (g(b) - g(a))}{3(g(b) - g(a) + 1)} < \frac{\varepsilon}{3}.$$

Ihnen zufolge trifft für jede Zerlegung Z, die mindestens so fein wie Z_j ist, für jede zu Z gehörende Folge Z^* von Zwischenpunkten und für jede Zahl n mit $n \geq j$

$$\left| s(f_n, g; Z, Z^*) - \int_a^b f_n dg \right| < \varepsilon$$

zu. Schließlich beachten wir, dass wir zu jeder Zahl n mit $n < j$ eine Zerlegung Z_n mit der Eigenschaft konstruieren können, dass für jede Zerlegung Z, die mindestens so fein wie Z_n ist, und für jede zu Z gehörende Folge Z^* von Zwischenpunkten

$$\left| s(f_n, g; Z, Z^*) - \int_a^b f_n dg \right| < \varepsilon$$

stimmt. Mit Z_0 bezeichnen wir nun die gemeinsame Verfeinerung der so erhaltenen Zerlegungen $Z_1, Z_2, \ldots, Z_{j-1}$ und Z_j und haben mit diesem Z_0 eine Zerlegung von $[a; b]$ gefunden, die für jede Zerlegung Z, die mindestens so fein wie Z_0 ist, und für jede zu Z gehörende Folge Z^* von Zwischenpunkten und für jede beliebige Zahl n

$$\left| s(f_n, g; Z, Z^*) - \int_a^b f_n dg \right| < \varepsilon$$

erzwingt.   □

Berücksichtigt man die Sätze von Weyl und Brouwer sowie von Dini und Brouwer zusammen mit der Darstellung jeder Funktion begrenzbarer Schwankung als Differenz ihrer monotoner Summanden, erhält man die folgende bemerkenswerte Folgerung:

Die Funktionenfamilie $\mathcal{F}$ bestehe aus einer unendlichen Folge von über dem Intervall I definierten und punktweise konvergenten Funktionen, und die Familie $\mathcal{G}$ bestehe aus Funktionen begrenzbarer Schwankung. Dann bildet das Paar $(\mathcal{F}, \mathcal{G})$ ein gleichgradiges System von Integranden.

5.5.4 Gleichgradige Integrierbarkeit: Zweiter Teil

Wie zuvor bezeichnen wir mit $\mathcal{F}$ und $\mathcal{G}$ zwei Familien von reellen Funktionen, die auf der diskreten und im offenen Intervall I dichten Menge X definiert sind. Wir nennen das aus den beiden Funktionenfamilien bestehende Paar $(\mathcal{F}, \mathcal{G})$ genau dann ein *gleichgradiges System von Integratoren*, wenn Folgendes zutrifft: Für je zwei aus X entnommene reelle Größen a, b mit $a < b$, für jede aus $\mathcal{F}$ entnommene Funktion $f(x)$ und für jede positive reelle Größe ε kann man eine Zerlegung Z_0 von $[a;b]$ so konstruieren, dass für jede Zerlegung Z, die mindestens so fein wie Z_0 ist, für jede zu Z gehörende Folge Z^* von Zwischenpunkten und für jede aus $\mathcal{G}$ entnommene Funktion $g(x)$ die Funktion $f(x)$ bezüglich $g(x)$ über $[a;b]$ integrierbar ist und die Ungleichung

$$\left| s(f, g; Z, Z^*) - \int_a^b f \, \mathrm{d}g \right| < \varepsilon$$

zutrifft. Ähnlich wie zuvor ist bei dieser Definition entscheidend, dass man Z_0 bereits konstruieren muss, *bevor* man weiß, welche der Funktionen $g(x)$ aus der Familie $\mathcal{G}$ entnommen wird. Dem Satz von Abel zufolge sind bei zwei beliebig vorgegebenen Funktionen $f(x)$ und $g(x)$ die beiden folgenden Aussagen gleichbedeutend:

1. Zu jeder positiven reellen Größe ε gibt es eine Zerlegung Z_0 von $[a;b]$, die für jede Zerlegung Z, die mindestens so fein wie Z_0 ist, und für jede zu Z gehörende Folge Z^* von Zwischenpunkten

$$\left| s(f, g; Z, Z^*) - \int_a^b f \, \mathrm{d}g \right| < \varepsilon$$

   erzwingt.

2. Zu jeder positiven reellen Größe ε gibt es eine Zerlegung Z_0 von $[a;b]$, die für jede Zerlegung Z, die mindestens so fein wie Z_0 ist, und für jede zu Z gehörende Folge Z^* von Zwischenpunkten

$$\left| s(g, f; Z, Z^*) - \int_a^b g \, \mathrm{d}f \right| < \varepsilon$$

   erzwingt.

Diese Einsicht hilft beim Beweis des folgenden Satzes:

Zweiter Vertauschungssatz von Limes und Integral. *Ist aus der Familie $\mathcal{G}$ des gleichgradigen Systems $(\mathcal{F}, \mathcal{G})$ von Integratoren eine Folge punktweise konvergierender Integratoren $g_1(x)$, $g_2(x)$, ..., $g_n(x)$, ... entnommen, dann ist jeder aus $\mathcal{F}$ entnommene Integrand $f(x)$ bezüglich des punktweisen Grenzwertes $g(x) = \lim_{n \to \infty} g_n(x)$ integrierbar, und für je zwei aus X entnommene reelle Größen a, b mit $a < b$ gilt:*

$$\int_a^b f \, \mathrm{d} \lim_{n \to \infty} g_n = \lim_{n \to \infty} \int_a^b f \, \mathrm{d}g_n .$$

Beweis. Aus der Abelschen Formel folgt nämlich:

$$\int_a^b f\,\mathrm{d}\lim_{n\to\infty} g_n = \int_a^b f\,\mathrm{d}g = g(b)f(b) - g(a)f(a) - \int_a^b g\,\mathrm{d}f$$

$$= g(b)f(b) - g(a)f(a) - \int_a^b \lim_{n\to\infty} g_n\,\mathrm{d}f$$

$$= g(b)f(b) - g(a)f(a) - \lim_{n\to\infty}\int_a^b g_n\,\mathrm{d}f$$

$$= \lim_{n\to\infty}\left(g(b)f(b) - g(a)f(a) - \int_a^b g_n\,\mathrm{d}f\right) = \lim_{n\to\infty}\int_a^b f\,\mathrm{d}g_n\,. \qquad \square$$

Literatur

M. van Atten, D. van Dalen, R. Tieszen: Brouwer and Weyl: The Phenomenology and Mathematics of the Intuitive Continuum. *Philosophia Mathematica* 10, 203-226 (2002).

M. van Atten: *On Brouwer.* Wadsworth/Thomson Learning, Belmont, 2004.

P. Benacerraf, H. Putnam (editors): *Philosophy of Mathematics. Selected Readings.* Cambridge University Press, Cambridge, 1983.

O. Becker: *Größe und Grenze der mathematischen Denkweise.* K. Alber, Freiburg, 1959.

M. Beeson: *Foundations of Constructive Mathematics.* Springer, Berlin, Heidelberg, New York, 1985.

J. E. Bell: *A Primer of Infinitesimal Analysis.* Cambridge University Press, Cambridge, 1998.

J. E. Bell: Hermann Weyl on Intuition and the Continuum. *Philosophia Mathematica* (3), 8, 2000.

J. E. Bell: The Continuum in Smooth Infinitesimal Analysis. In: U. Berger, H. Osswald, P. Schuster (editors): *Reuniting the Antipodes. Constructive and Nonstandard Views of the Continuum.* Kluwer, Dordrecht, 2001.

J. Berger, H. Ishihara: Brouwer's fan theorem and unique existence in constructive analysis. *Mathematical Logic Quarterly* 51(4), 360-364 (2005).

J. Berger, P.M. Schuster: Classifying Dini's theorem. *Notre Dame Journal of Formal Logic* 47, 253-262 (2006).

J. Berger: The logical strength of the uniform continuity theorem. In: A. Beckmann, U. Berger, B. Löwe, J. V. Tucker (editors.): *Logical Approaches to Computational Barriers.* Springer, Berlin, Heidelberg, New York, 2006.

J. Berger, D. S. Bridges: A fan-theoretic equivalent of the antithesis of Specker's theorem. *Proceedings of Royal Dutch Mathematical Society (Indagationes Mathematicae)* 18(2), 195-202 (2007).

J. Berger, D. S. Bridges: The fan theorem and positive-valued uniformly continuous functions on compact intervals. *New Zealand Journal of Mathematics* 38, 129-135 (2009).

E. W. Beth: *Mathematical Thought. An Introduction to the Philosophy of Mathematics.* D. Reidel, Dordrecht, 1965.

E. Bishop: *Foundations of Constructive Analysis.* McGraw-Hill, New York, 1967.

E. Bishop: *Aspects of Constructivism.* Las Cruces. New Mexico State University, 1972.

E. Bishop: The Crisis in Contemporary Mathematics. *Historia Mathematica* 2, 507-517 (1975).

E. Bishop, D. S. Bridges: *Constructive Analysis.* Springer, Berlin, Heidelberg, New York, 1985.

B. Bolzano: *Paradoxien des Unendlichen.* Reclam, Leipzig, 1851.

É. Borel: *L'imaginaire et le réel en mathematiques et en physique.* Alvin Michel, Paris, 1952.

© Springer Fachmedien Wiesbaden GmbH, ein Teil von Springer Nature 2018
R. Taschner, *Vom Kontinuum zum Integral*, https://doi.org/10.1007/978-3-658-23380-8

D. S. Bridges: Some Notes on Continuity in Constructive Analysis. *Bulletin of the London Mathematical Society* 8, 179-182 (1976).

D. S. Bridges: A Criterion for Compactness in Metric Spaces. *Zeitschrift für mathematische Logik und Grundlagen der Mathematik* 25, 97-98 (1979).

D. S. Bridges, R. Mines: What is Constructive Mathematics? *The Mathematical Intelligencer* 6(4), 32-38 (1985).

D. S. Bridges, R. Richman: *Varieties of Constructive Mathematics.* Cambridge University Press, Cambridge, 1987.

D. S. Bridges: A General Constructive Intermediate Value Theorem. *Zeitschrift für mathematische Logik und Grundlagen der Mathematik* 35, 433-435 (1989).

D. S. Bridges: *Foundations of Real and Abstract Analysis.* Springer, Berlin, Heidelberg, New York, 1998.

D. S. Bridges: Sequential, Pointwise, and Uniform Continuity: A Constructive Note. *Mathematical Logic Quarterly* 39, 55-61 (1993).

D. S. Bridges: A Constructive Look at the Real Number Line. In: P. Ehrlich (editor): *Synthèse: Real Numbers, Generalizations of the Reals and Theories of Continua.* Kluwer Academic Publishers, Amsterdam, 1994.

D. S. Bridges, H. Ishihara, P. Schuster: Sequential Compactness in Constructive Analysis. *Sitzungsberichte der Österreichischen Akademie der Wissenschaften* II 208, 159-163 (1999).

D. S. Bridges, P. Schuster, Luminiţa Vîţă: Strong versus Uniform Continuity, a Constructive Round. *Quaestiones Mathematicae* 26, 171-190 (2003).

D.S. Bridges, H. Ishihara, P.M. Schuster, L. Vîţă: Strong continuity implies uniform sequential continuity. *Archive for Mathematical Logic* 44(7), 887-895 (2005).

D.S. Bridges, L. Vîţă: *Techniques of Constructive Analysis.* Springer, Berlin, Heidelberg, New York, 2006.

D. S. Bridges: A reverse look at Brouwer's fan theorem. In: M. van Atten, P. Boldini, M. Bourdeau, G. Heinzmann (editors): *One Hundred Years of Intuitionism (1907-2007).* Birkhäuser Verlag, Basel, 2008.

D. S. Bridges: Constructive notions of equicontinuity. *Archive for Mathematical Logic* 48, 437-448 (2009).

D. S. Bridges: The anti-Specker property, uniform sequential continuity, and a countable compactness property. *Logic Journal of the Interest Group in Pure and Applied Logics* 19(1), 174-182 (2011).

D. S. Bridges, L. Vîţă: *Apartness and Uniformity - A Constructive Development.* Springer, Berlin, Heidelberg, New York, 2011.

L. E. J. Brouwer: Intuitionism and Formalism. *Bulletin of the American Mathematical Society* 20, 81-96 (1912).

L. E. J. Brouwer: Besitzt jede reelle Zahl eine Dezimalbruchentwicklung? *Mathematische Annalen* 83, 201-210 (1922).

L. E. J. Brouwer: Beweis, dass jede volle Funktion gleichmäßig stetig ist. *Proceedings of the Koninklijke Akademie van Wetenschappen* 27, 189-193 (1924).

L. E. J. Brouwer: Zur Begründung der intuitionistischen Mathematik I. *Mathematische Annalen* 93, 244-257 (1925).

L. E. J. Brouwer: Zur Begründung der intuitionistischen Mathematik II. *Mathematische Annalen* 95, 453-472 (1926).

L. E. J. Brouwer: Zur Begründung der intuitionistischen Mathematik III. *Mathematische Annalen* 96, 451-488 (1927).

L. E. J. Brouwer: Über Definitionsbereiche von Funktionen. *Mathematische Annalen* 97, 60-75 (1927).

L. E. J. Brouwer: Intuitionistische Betrachtungen über den Formalismus, *Sitzungsberichte der Preußischen Akademie der Wissenschaften* 48-52 (1928)

L. E. J. Brouwer: Mathematik, Wissenschaft und Sprache. *Monatshefte für Mathematik und Physik* 36, 153-164 (1929).

L. E. J. Brouwer: *The Cambridge Lectures;* edited by D. van Dalen. Cambridge University Press, Cambridge, 1981.

L. E. J. Brouwer: *Intuitionismus;* herausgegeben von D. van Dalen. B.I. Wissenschaftsverlag, Mannheim, 1992.

J. R. Brown: *Philosophy of Mathematics. An Introduction to the World of Proofs and Pictures.* Routledge, London, 1999.

T. Coquand, B. Spitters: Integrals and Valuations. *Journal of Logic and Analysis* 1(3), 1-22 (2009).

R. Courant, H. Robbins: *What Is Mathematics?* Oxford University Press, Oxford, 1980

D. van Dalen, A. S. Troelstra: *Constructivism in Mathematics I, II.* North Holland Publishing Company, Amsterdam, 1988.

D. van Dalen: Brouwer: The Genesis of His Intuitionism. *Dialectica* 32, 291-303 (1978).

D. van Dalen: Braucht die konstruktive Mathematik Grundlagen? *Jahresberichte der Deutschen Mathematikervereinigung* 84, 57-78 (1982).

D. van Dalen: Infinitesimals and the Continuity of All Functions. *Nieuw Archiv for Wiskunde* 6, 191-202 (1987).

D. van Dalen: The War of the Frogs and the Mice, or the Crisis of the Mathematische Annalen. *The Mathematical Intelligencer* 12, 17-31 (1990).

D. van Dalen: Hermann Weyl's Intuitionistic Mathematics. *Bulletin of Symbolic Logic* 1, 145-169 (1995).

D. van Dalen: Why Constructive Mathematics? In: F. Stadler, W. DePauli-Schimanovich, E. Köhler (editors): *The Foundational Debate. Complexity and Constructivity in Mathematics and Physics,* Kluwer, Dordrecht, 1995, pages 141-158.

D. van Dalen: How Connected is the Intuitionistic Continuum? *Journal of Symbolic Logic* 62, 1174-1150 (1997).

D. van Dalen: *Mystic, Geometer, and Intuitionist: The Life of L.E.J. Brouwer. Volume I. The Dawning Revolution.* Oxford University Press, Oxford, 1999.

D. van Dalen: *Mystic, Geometer, and Intuitionist: The Life of L.E.J. Brouwer. Volume II. Hope and Disillusion.* Oxford University Press, Oxford, 2005.

P. Davis, R. Hersh: *The Mathematical Experience.* Birkhäuser, Boston, 1981.

R, Dedekind: *Was sind und was sollen die Zahlen?* Vieweg, Braunschweig, 1888.

H. Diener, I. Loeb: Sequences of Real Functions on [0, 1] in Constructive Reverse Mathematics. *Annals of Pure and Applied Logic* 157(1), 50–61 (2009).

H. Diener, R. Lubarsky: Separating the fan theorem and its weakenings. In: S. Artemov, A. Nerode (editors): *Logical Foundations of Computer Science (Lecture Notes in Computer Science, 7734).* Springer, Berlin, Heidelberg, New York, 2013.

M. Dummet: *Elements of Intuitionism.* Clarendon Press, Oxford, 1977.

M. Dummett: The Philosophy of Mathematics. In: A.C. Grayling (editor): *Philosophy 2. Further Through the Subject.* Oxford University Press, Oxford, 1995, pages 122–196.

G. H. Hardy, E. M. Wright: *An Introduction to the Theory of Numbers.* Oxford University Press, Oxford, 1938.

A. Heyting: *Intuitionism. An Introduction.* North Holland Publishing Company, Amsterdam, 1987.

D. Hilbert: Über das Unendliche. *Mathematische Annalen* 95, 161–190 (1926).

D. Klaua: *Konstruktive Analysis.* Deutscher Verlag der Wissenschaften, Berlin, 1961.

S. C. Kleene, R. E. Vesley: *The Foundations of Intuitionistic Mathematics.* North Holland Publishing Company, Amsterdam 1965.

M. Kline: *Mathematics. The Loss of Certainty.* Oxford University Press, Oxford, 1980.

G. Kreisel: Lawless Sequences of Natural Numbers. *Compositio Mathematica* 20, 222–248 (1968).

G. Kreisel, A. S. Troelstra: Formal Systems for Some Branches of Intuitionistic Analysis. *Annals of Mathematical Logic* 1, 229-387 (1970).

I. Lakatos: *Proofs and Refutations. The Logic of Mathematical Discovery.* Cambridge University Press, Cambridge, 1976.

P. Lorenzen: Das Aktual-Unendliche in der Mathematik. *Philosophia naturalis* 4: 3–11 (1957).

P. Lorenzen: *Differential und Integral.* Akademische Verlagsgesellschaft, Frankfurt am Main, 1965.

P. Lorenzen: *Metamathematik.* B.I. Wissenschaftsverlag, Mannheim, 1962.

P. Maddy: *Realism in Mathematics,* Clarendon Press, Oxford, 1990.

P. Mancoso: *From Brouwer to Hilbert: The Debate on the Foundations of Mathematics in the 1920s.* Clarendon Press, Oxford, 1998.

P. Martin-Löf: *Notes on Constructive Mathematics.* Almqvist & Wiksell, Stockholm, 1970.

P. Martin-Löf: 100 years of Zermelo's axiom of choice: what was the problem with it? *The Computer Journal* 49(3), 345–350 (2006).

R. Mines, F. Richman, W. Ruitenberg: *A Course in Constructive Algebra.* Springer, Berlin, Heidelberg, New York, 1988.

S. Naimpally: *Proximity Approach to Problems in Topology and Analysis.* Oldenbourg, München, 2009.

J. von Neumann: The Mathematician. In: R. B. Heywood (editor): *The Works of the Mind.* Chicago, 1947, pages 180-196.

I. Niven, H. S. Zuckerman: *An Introduction to the Theory of Numbers.* John Wiley, New York, 1960.

E. Palmgren: A constructive and functorial embedding of locally compact metric spaces into locales. *Topology and its Applications* 154, 1854-1880 (2007).

E. Palmgren: Resolution of the uniform lower bound problem in constructive analysis. *Mathematical Logic Quarterly* 54, 65-69 (2008).

E. Palmgren: From intuitionistic to formal topology: some remarks on the foundations of homotopy theory. In: S. Lindström, E. Palmgren, K. Segerberg, V. Stoltenberg-Hansen (editors): *Logicism, Intuitionism and Formalism - what has become of them?* Springer, Berlin, Heidelberg, New York, 2009.

A. Rényi: *Dialoge über Mathematik.* Birkhäuser, Basel, 1967.

F. Richman: Meaning and Information in Constructive Mathematics. *The American Mathematical Monthly* 89, 385-388 (1982).

F. Richman (editor): *Constructive Mathematics. Lecture Notes in Mathematics 873.* Springer, Berlin, Heidelberg, New York, 1981.

R. Rucker: *Infinity and the Mind. The Science and Philosophy of the Infinite.* Birkhäuser, Boston, 1982.

P. M. Schuster: A Constructive Look at Generalized Cauchy Reals. *Mathematical Logic Quarterly* 46, 125-134 (2002).

P. M. Schuster: Real Numbers as Black Boxes. *New Zealand Journal of Mathematics* 31, 189-202 (2002)

P. M. Schuster: What is continuity, constructively? *Journal of Universal Computer Science* 11, 2076-2085 (2005).

P. M. Schuster: Formal Zariski topology: positivity and points. *Annals of Pure and Applied Logic* 137, 317-359 (2006).

S. Shapiro: *Thinking About Mathematics. The Philosophy of Mathematics.* Oxford University Press, Oxford, 2000.

G. Stolzenberg: Review of "Foundations of Constructive Analysis". *Bulletin of the American Mathematical Society* 76, 301-323 (1970).

G. Stolzenberg: Kann die Untersuchung der Grundlagen der Mathematik uns etwas über das Denken verraten? In: P. Watzlawick (Herausgeber): *Die erfundene Wirklichkeit.* Piper, München, 1984.

R. Taschner: Constructive Mathematics for Beginners. In: *Proceedings of the International Conference on the Teaching of Mathematics.* Wiley, New York, 1998.

R. Taschner: Mathematik, Logik, Wirklichkeit. Mit Kritik von: G. Asser, J. Cigler, D. van Dalen, H.-D. Ebbinghaus, U. Felgner, C. Fermüller, L. E. Fleischhacker, Y. Gauthier, D. Gernert, K. Gloede, M. Goldstern, B. J. Gut, H. Hrachovec, M. Junker, W. Kolaczia, P. H. Krauss, D. Laugwitz, A. Locker, B. Löwe, J. Maaß, H. Mehrtens, G. H. Moore, T. Mormann, F. Mühlhölzer, W. Pohlers, K. Radbruch, S. Rahman, H. Rückert, D. D. Spalt, C. Thiel, R. A. Treumann, G. Vollmer, P. Zahn. In: *EuS* 9, 425-499 (1998).

R. Taschner: Real Numbers and Functions Exhibited in Dialogues. In: U. Berger, H. Osswald, P. Schuster (editors): *Reuniting the Antipodes. Constructive and Nonstandard Views of the Continuum.* Kluwer, Dordrecht, 2001.

R. Taschner: Hermeneutik der Mathematik. Über das Verstehen von Zahlen und Funktionen. *Facta Philosophica* 3, 31–57 (2001).

R. Taschner: The Continuum. A Constructive Approach to Basic Concepts of Real Analysis. Vieweg und Teubner Verlag, Wiesbaden, 2005.

R. Taschner: The swap of integral and limit in constructive mathematics. Mathematical Logic Quaterly 56 (5) 533–540 (2010).

R. Taschner: Anwendungsorientierte Mathematik für ingenieurwissenschaftliche Fachrichtungen. Band 1: Grundbegriffe. Hanser Verlag, München, 2014.

R. Taschner: Anwendungsorientierte Mathematik für ingenieurwissenschaftliche Fachrichtungen. Band 2: Gleichungen und Differentialgleichungen. Hanser Verlag, München, 2014.

R. Taschner: Anwendungsorientierte Mathematik für ingenieurwissenschaftliche Fachrichtungen. Band 3: Geometrie und Räume von Funktionen. Hanser Verlag, München, 2014.

C. Thiel (Herausgeber): *Erkenntnistheoretische Grundlagen der Mathematik.* Gerstenberg, Hildesheim, 1982.

A. S. Troelstra: *Principles of Intuitionism. Lecture Notes in Mathematics 95.* Springer, Berlin, Heidelberg, New York, 1969.

S. Vickers: Localic completion of generalized metric spaces I. *Theory and Applications of Categories* 14(15), 328–356 (2005).

H. Wang: *From Mathematics to Philosophy.* Routledge and Kegan, London, 1974.

H. Weyl: *Das Kontinuum.* Veit & Co., Leipzig, 1918.

H. Weyl: Der circulus vitiosus in der heutigen Begründung der Analysis. *Jahresbericht der Deutschen Mathematikervereinigung* 28, 85–92 (1919).

H. Weyl: Über die neue Grundlagenkrise der Mathematik. *Mathematische Zeitschrift* 10, 39–79 (1921).

H. Weyl: Die heutige Erkentnislage in der Mathematik. *Symposion* 1, 1–32 (1925).

H. Weyl: *Philosophie der Mathematik und Naturwissenschaft.* R. Oldenbourg, München, 1926.

H. Weyl: Diskussionsbemerkungen zu dem zweiten Hilbertschen Vortrag über die Grundlagen der Mathematik. *Abhandlungen aus dem mathematischen Seminar der Hamburgischen Universität* 6, 86–88 (1928).

H. Weyl: Consistency in Mathematics. *The Rice Institute Pamphlet* 16, 245–265 (1929).

H. Weyl: *Die Stufen des Unendlichen.* G. Fischer, Jena, 1931.

H. Weyl: *The Open World.* H. Milford, London, 1932.

H. Weyl: *Mind and Nature.* University of Pennsylvania Press, Philadelphia; Oxford University Press, London, 1934.

H. Weyl: *Philosophy of Mathematics and Natural Science.* Princeton University Press, 1949.

L. Wittgenstein: *Bemerkungen über die Grundlagen der Mathematik – Remarks on The Foundations of Mathematics.* Basil Blackwell, Oxford, 1956.

Register

Printed in the United States
By Bookmasters